大气气溶胶粒子散射特性研究

徐　强　赵文娟　王　旭　吴振森　编著

科学出版社

北　京

内 容 简 介

本书主要介绍均匀球形、分层球形、均匀旋转对称椭球形、圆柱体、切比雪夫形及簇团气溶胶粒子对平面波的散射特性，分析不同因素对其散射参量的影响，包括散射强度、微分散射截面和散射相函数随散射角的变化，以及散射效率因子、吸收效率因子和消光效率因子随粒子尺度参数的变化。书中运用蒙特卡罗方法，讨论具有一定浓度分布雾霾的光辐射传输特性，比较不同介质占比、不同入射波长对雾霾辐射传输特性的影响。针对不同混合簇团组成的雾霾结构，讨论其透过率和反射率随传输距离的变化情况。此外，本书介绍矢量有形波束（贝塞尔波束和拉盖尔-高斯波束）照射均匀球形粒子和分层球形粒子散射特性，计算矢量有形波束与雾霾组分气溶胶粒子散射的微分散射截面随散射角的变化。

本书可以作为大气科学、环境科学、遥感应用、地球物理等领域科研人员的参考用书，也可以作为相关专业高校师生的参考书。

图书在版编目(CIP)数据

大气气溶胶粒子散射特性研究/徐强等编著. —北京：科学出版社，2024.10
ISBN 978-7-03-077850-5

Ⅰ. ①大… Ⅱ. ①徐… Ⅲ. ①气溶胶-散射-特性-研究 Ⅳ. ①O648.18

中国国家版本馆 CIP 数据核字（2024）第 023034 号

责任编辑：宋无汗 郑小羽 / 责任校对：王 瑞
责任印制：赵 博 / 封面设计：陈 敬

科学出版社出版
北京东黄城根北街 16 号
邮政编码：100717
http://www.sciencep.com
中煤（北京）印务有限公司印刷
科学出版社发行 各地新华书店经销
*
2024 年 10 月第 一 版 开本：720×1000 1/16
2025 年 1 月第二次印刷 印张：11
字数：221 000

定价：128.00 元
（如有印装质量问题，我社负责调换）

前　言

近年我国大气污染问题治理效果显著，但沙尘气溶胶污染、霾污染等仍有出现。国家鼓励和支持大气污染防治科学技术研究，开展对大气污染来源及其变化趋势的分析，推广先进适用的大气污染防治技术，发挥科学技术在大气污染防治中的支撑作用。

大气污染问题需要持续关注和治理，科研工作者需要不断发展新的科学技术来观测研究我国大气环境现状及其未来发展趋势，运用高效、准确、科学的理论和测量技术观测分析大气环境，有效遏制大气环境污染。

目前，光学探测大气新技术和新方法不断出现，如高光谱分辨率激光雷达、差分吸收激光雷达、激光多普勒雷达等，而气溶胶粒子散射是运用光学方法进行大气探测的物理基础，因此需要进一步研究气溶胶粒子散射机理，深度挖掘和分析散射光波的信息，研究基于沙尘/雾霾大气气溶胶激光波束传输散射的环境监测以及污染物成分的确定。

本书介绍大气气溶胶粒子的物理特性以及平面波与球形粒子散射的基本理论，给出粒子散射方法及其适用范围；研究平面波照射单个气溶胶粒子的散射特性，运用米氏理论计算单个均匀球形气溶胶粒子和分层球形气溶胶粒子的散射特性；运用 T 矩阵方法计算不同形状单个旋转对称气溶胶粒子的散射特性；运用离散偶极子近似法计算各种簇团的散射特性，分析气溶胶粒子组分、形状等参量对其散射参量的影响。在对气溶胶粒子和簇团散射特性研究的基础上，利用蒙特卡罗方法计算光束在一定浓度气溶胶粒子中的传输现象，分析不同粒子组成的气溶胶对光透过率和反射率的影响。将贝塞尔波束等有形波束空间场分布的表达式转换到球坐标系下各分量的表达式，然后使用积分局部近似方法计算波束因子的表达式，并计算球形气溶胶粒子对有形波束的散射特性。

上述关键技术是当前大气与环境光学研究的热点。本书介绍的非均匀、不同电尺寸簇团粒子散射，高浓度非均匀介质中波束传输散射理论还有更广泛的应用范围，如生物医学中生物细胞光学显微成像与操控、细胞结构及细胞病变原理的分析与医学诊疗，微纳米粒子簇团的动力学生长，纳米材料的生长与控制及其光学特性，激光多相流浓度和速度的非接触测量，燃料燃烧过程监测，军事激光雷达探测，激光通信等领域。

本书主要由徐强、赵文娟、王旭、吴振森撰写，白进强、李金刚、刘帅、吴柯、姬宁、王宇婷、陈润等参与了相关工作。

本书出版得到国家自然科学基金项目“低能见度簇团沙尘/雾霾激光脉冲波束全极化散射传输特性及机理”（61975158）的资助支持。

由于作者水平有限，书中不妥之处在所难免，恳请广大读者批评指正。

符号对照表

符号	符号名称
a_n 、 b_n	米氏散射系数
$a_1(\theta)$ 、 $P(\theta)$	散射相函数
C_{abs}	吸收截面
C_{ext}	消光截面
C_{sca}	散射截面
E	电场强度
g 、 $\langle\cos\theta\rangle$	不对称因子
$g_{n,\text{TE}}^{m}$ 、 $g_{n,\text{TM}}^{m}$	波束因子
H	磁场强度
I_{H}	平行于散射面的散射强度
I_{V}	垂直于散射面的散射强度
$h_n^{(1)}(x)$	第一类 n 阶汉克尔函数
$j_n(x)$	n 阶贝塞尔函数
k	波数
l	波束拓扑荷数
m	复折射率
$\boldsymbol{M}$ 、 $\boldsymbol{N}$	矢量球谐波函数
$n(r)$	谱分布函数
$P_n^{(m)}$	m 阶 n 次第一类连带勒让德函数
Q_{abs}	吸收效率因子
Q_{ext}	消光效率因子
Q_{sca}	散射效率因子
r	粒子半径
S_1 、 S_2 、 S_3 、 S_4	散射振幅函数
U	标量势
x	粒子尺度参数
α	贝塞尔波束半圆锥角
β 、 φ	方位角
λ	波长
θ	散射角
σ	微分散射截面
μ_0	自由空间的磁导率
ω_0	波束束腰半径
ω	角频率
$\omega(z)$	高斯波束的束宽
ϖ	单次散射反照率
π_n 、 τ_n	散射角函数
ψ	高斯波束的相位因子

目　录

前言

符号对照表

第 1 章　绪论 ······ 1

1.1　研究背景及意义 ······ 1

1.2　研究进展 ······ 2

第 2 章　大气气溶胶粒子的物理特性和基本散射理论 ······ 5

2.1　大气气溶胶粒子的物理特性 ······ 5

2.1.1　大气气溶胶粒子的粒径分布函数 ······ 5

2.1.2　大气气溶胶粒子的复折射率和反演方法 ······ 8

2.2　基本光学参数 ······ 9

2.2.1　光学截面与效率因子 ······ 9

2.2.2　斯托克斯矢量和穆勒矩阵 ······ 10

2.2.3　不对称因子 ······ 12

2.3　单个大气气溶胶粒子散射的基本理论 ······ 13

2.3.1　瑞利散射 ······ 13

2.3.2　米氏散射 ······ 14

2.3.3　几何光学近似 ······ 17

2.3.4　T 矩阵方法 ······ 19

2.3.5　离散偶极子近似法 ······ 21

第 3 章　单个气溶胶粒子对平面波的散射特性 ······ 23

3.1　均匀球形和分层球形气溶胶粒子散射特性 ······ 23

3.1.1　单个分层球形气溶胶粒子的米氏理论 ······ 23

3.1.2　均匀球形和分层球形气溶胶粒子散射特性比较 ······ 26

3.2　单个均匀旋转对称气溶胶粒子散射特性 ······ 30

3.2.1　椭球气溶胶粒子散射特性 ······ 31

3.2.2 一般旋转对称非球形气溶胶粒子散射特性的数值计算 ……36
3.3 非规则气溶胶粒子散射特性 ……50
3.3.1 双球气溶胶粒子散射特性 ……51
3.3.2 水滴形气溶胶粒子散射特性 ……57
3.3.3 含水层气溶胶粒子散射特性 ……65
第 4 章 簇团气溶胶粒子散射特性 ……72
4.1 簇团理论发展概述 ……73
4.2 多球粒子散射特性 ……74
4.2.1 GMMT 原理 ……74
4.2.2 多球粒子散射强度的数值计算 ……80
4.3 雾霾组分随机簇团气溶胶粒子的散射特性 ……83
4.3.1 簇团粒子的理论模型 ……83
4.3.2 雾霾组分随机簇团气溶胶粒子散射特性的数值计算 ……84
4.4 各种簇团的散射特性 ……88
4.4.1 单一介质簇团散射特性 ……88
4.4.2 混合组分簇团散射特性 ……100
4.4.3 含水层簇团散射特性 ……105
4.5 激光在雾霾中的传输特性 ……112
4.5.1 气溶胶的粒径分布模型 ……113
4.5.2 蒙特卡罗方法求解辐射传输方程 ……114
4.5.3 激光在雾霾中的斜程传输 ……119
4.5.4 不同浓度及组分雾霾激光传输 ……119
4.5.5 不同能见度光在雾霾中的辐射传输计算 ……125
第 5 章 单个雾霾组分球形气溶胶粒子对有形波束的散射特性 ……128
5.1 有形波束与球形气溶胶粒子散射原理 ……128
5.1.1 广义洛伦茨-米氏理论原理 ……128
5.1.2 波束因子的计算 ……132
5.2 单个雾霾组分球形气溶胶粒子对高斯波束的散射特性 ……134
5.2.1 高斯波束的球形气溶胶粒子散射波束因子计算 ……134
5.2.2 单个雾霾组分均匀球形气溶胶粒子对高斯波束的散射特性 ……136
5.2.3 均匀球形和分层球形气溶胶粒子对高斯波束散射特性的比较 ……138
5.3 单个雾霾组分气溶胶粒子对贝塞尔波束的散射特性 ……139

5.3.1 贝塞尔波束的球形粒子散射波束因子计算 …… 140
5.3.2 单个雾霾组分均匀球形气溶胶粒子对贝塞尔波束的散射特性 …… 143
5.3.3 均匀球形和分层球形气溶胶粒子对贝塞尔波束散射特性的比较 …… 145
5.4 单个雾霾组分气溶胶粒子对拉盖尔-高斯波束的散射特性 …… 149
5.4.1 拉盖尔-高斯波束的球形气溶胶粒子散射波束因子计算 …… 149
5.4.2 单个雾霾组分均匀球形气溶胶粒子对拉盖尔-高斯波束的散射特性 …… 155
5.4.3 均匀球形和分层球形气溶胶粒子对拉盖尔-高斯波束散射特性的比较 …… 157
参考文献 …… 161
缩略语对照表 …… 166

第1章 绪 论

大气气溶胶粒子作为地气系统重要组成成分之一，对气候效应和环境效应起关键的影响作用，尤其在可见光波段对光的辐射与传输有重大影响。一方面，大气气溶胶粒子通过散射和吸收太阳光，使光波的能量衰减，直接影响地气系统的辐射能收支；另一方面，气溶胶粒子把吸收的能量转化为自身热量，起到加热大气的作用[1]，这样会直接或间接影响区域或全球的生态环境。大气气溶胶粒子是指悬浮在大气中的直径为 10^{-3}～10^{2}μm 的固体、液体和固液混合性的粒子。自然界中的气溶胶粒子主要来源于海洋、土壤、生物圈和火山喷发等。虽然气溶胶粒子相对较少，仅占大气的十亿分之一左右，但它对大气辐射传输和环境气候变化，以及人类的生活具有重要的意义[2]。

1.1 研究背景及意义

大气环境污染已成为我国当前面临的严重的环境问题之一[3]，尤其是雾霾天气，给人类的生产、生活等带来了比较严重的不良影响。雾霾污染物粒子的主要来源是生产、生活等活动过程向大气中排放污染性气体和固体颗粒物，污染性气体反应后形成气溶胶粒子。因为这些粒子的体积较小、存在时间较长，所以它们对人类环境产生较大的影响。雾霾天气下高浓度的气溶胶往往能较大程度地降低大气的能见度，导致交通事故的频繁发生，并且雾霾天气下空气中 $PM_{2.5}$ 中的大部分有害颗粒会被人体通过呼吸道吸入，尤其是亚微米颗粒黏附于上、下呼吸道及肺泡中，对人类的身体健康产生巨大的威胁。

以前研究影响大气能见度的主要物质有扬尘、浮尘、沙尘和雾等。其中，扬尘、浮尘、沙尘主要是总悬浮颗粒物（total suspended particulate，TSP）或体积更大的颗粒物，其主要来源于地球表面干旱的土壤和道路扬尘。雾为小液滴，主要由水蒸气冷却凝聚而成，其中部分小液滴含有凝结核，凝结核大多为粒子直径（简称“粒径”）很小的颗粒物（小液滴为分层物质）。影响大气能见度的主要天气现象有沙尘暴、雾和雾霾。谭吉华[4]的研究成果表明，在雾霾天气下，大气颗粒物的化学组分中，水溶性物质（如硫酸铵、硝酸铵和硫酸等）和碳组分粒子（元素碳和有机碳）是造成大气可见度降低的最主要的化学物质。因此，研究和掌握雾霾天气下气溶胶主要化学成分的光散射特性，对掌握大气气溶胶粒子的监测，以及研究现阶段大气中光的辐射传输特性具有重要的意义，尤其为复杂环境下的光波散射奠定了理论基础，这对导航和遥感监测等方面的工作也具有重大意义。

大气气溶胶的光散射特性是从微观上描述光波与气溶胶粒子的相互作用，其作用机理是研究光波在大气传输中大气气溶胶粒子对光波的散射和吸收的基础。大气气溶胶粒子对光波传输的影响主要取决于入射光的波长以及气溶胶粒子的化学组成成分、形状、复折射率等[1]。因此，研究大气气溶胶粒子的散射特性对分析实际应用中雾霾天气下大气对激光的衰减作用、透过率以及辐射传输特性具有重要意义[5]。

实际大气中的气溶胶粒子并不是严格的球形粒子或旋转对称粒子（如旋转对称的椭球粒子、切比雪夫粒子等），而是不规则形状粒子等。但是，对于含有大量气溶胶粒子的实际大气气溶胶系统来说，理论上将气溶胶粒子近似成球形粒子能很好地减小计算的复杂度，对解决实际问题具有简化作用。对非球形粒子的散射特性研究也具有重要的理论意义和实际价值，尤其对实际散射问题中的反演修正研究。

随着激光技术的快速发展，由于矢量有形波束具有连续螺旋状相位、独特的动力学特性、轨道角动量特性和拓扑结构，因此，利用电磁散射理论研究复杂粒子体系对不同类型矢量有形波束的散射强度分布、偏振特性、光谱特性、辐射力、扭矩和结合力特性，可以反演和分析气溶胶粒子的形状、结构、尺寸、物性参数等物理特性。这些研究作为粒子波束散射共性基础，在生物细胞光学显微成像与操控，细胞病变原理的分析与医学诊疗，纳米材料的生长与控制及其光学特性，激光多普勒技术的多相流浓度和速度的非接触测量，燃料燃烧过程监测，微纳米粒子簇团的动力学生长，与环保相关的大气微纳米烟尘簇团粒子光束传输与散射特性等众多领域具有重要的学术意义和广泛的实用价值，这在很大程度上促进了矢量有形光束在介质中的传输和散射理论的发展[6]。

1.2　研 究 进 展

大气气溶胶粒子的光学特性主要取决于入射光的波长，以及气溶胶粒子的形状、尺寸、化学组成成分、浓度和复折射率等物理参数。大气气溶胶粒子的形状在理论计算时假设为球形、旋转椭球形和切比雪夫形旋转对称体，这样可以较方便地简化计算。对于冰水混合等含核体气溶胶粒子的散射特性，一般采用分层球形粒子来研究其散射特性。研究散射常用的方法主要有米氏理论方法、T 矩阵方法、分离变量法、时域有限差分（finite difference time domain，FDTD）法、离散偶极子近似（discrete dipole approximation，DDA）法、广义多球米氏理论（generalized multi-particles Mie theory，GMMT）方法和广义洛伦茨-米氏理论（generalized Lorenz-Mie theory，GLMT）方法等。

自 1908 年德国物理学家 Mie 提出单个均匀球形粒子散射的解析解，关于粒子散射的研究已经取得了很大的发展。随着20世纪50～60年代计算机的产生和发展，各种数值解不断出现，一些科学家推动了米氏理论的快速发展，如Hulst[7]、Kerker[8]、Bohren等[9]对米氏理论进行了详细的介绍，Cao等[10]基于米氏理论计算了粒子散射光偏振及旋转。在后续过程中，各种形状粒子的散射也取得了较大发展，如Rayleigh首先完整地解决了电磁波垂直入射问题。均匀椭球粒子的散射由Asano等[11]给出了严格解。1965年Waterman[12]利用扩展边界条件法（extended boundary condition method，EBCM）计算了非球形粒子的光散射问题，提出了著名的计算均匀粒子散射传输矩阵的方法（T矩阵方法）。他将入射场和散射场运用矢量球谐波函数展开，然后基于矩阵来描述展开系数之间的关系。通过科学家的发展，T矩阵方法得到了更大的发展，2002年Aydin等[13]研究了雨滴模型的尺寸分布等因素对椭球形雨滴粒子衰减特性的影响；Mishchenko等[14,15]研究了更接近实际雨滴形状的Chenbyshev粒子和广义Chenbyshev粒子的衰减特性。Mackowski等使用T矩阵方法研究了多层粒子散射特性[16,17]。

电磁散射问题的解决基于对麦克斯韦方程的求解，将入射场和散射体内部场使用矢量球谐波函数展开，然后将散射体外部的电磁场也用矢量球谐波函数展开，使用边界条件求解散射场的展开系数与入射场展开系数之间的关系。然而，多散射体的散射情况远没有单个球形粒子那样简单，因为多体散射要考虑散射体之间的相互作用，散射体上的每个散射场都可以作为下一个散射体的入射场，所以多体散射的解显得较复杂。矢量球谐波函数加法定理解决了多体散射的问题，该定理主要表述了矢量球谐波函数在不同位置展开时参量之间的关系。1971年Bruning等[18]首次公布了双球粒子散射问题的计算方法。Fuller和Katawar利用级次散射的方法，解决了相对复杂情况下双球粒子体系的散射问题，同时将该方法应用到多球粒子体系散射的计算。随后，关于多球粒子的散射取得了巨大的发展，其中最具代表性的就是Xu[19]在1995年给出了广义多球米氏理论计算方法，通过对每个粒子入射场的描述来求解多球粒子体系散射场、散射振幅矩阵等散射特性，并编写了计算多球粒子散射特性的程序。

激光具有的亮度高、单色性好、方向性好等优点，使其研究得到了飞速发展，并且被广泛应用于各个行业。激光的出现加速了激光与粒子相互作用的研究和应用，如研究粒子与激光的相互作用在粒径分析、大气遥感、表面探测等领域的重要应用[20]。波束散射最有代表性的就是由Gouesbet等[21]提出的计算波束散射的广义洛伦茨-米氏理论，他们给出了球形粒子对高斯波级数的计算方法以及高斯波球坐标系、柱坐标系中展开系数的三种计算方法[22]。我国西安电子科技大学在波束与粒子的电磁（光波）散射方面也取得了较多成果，Xu等[23,24]研究了激光光束、矢量光束平流雾和辐射雾的多次散射问题。屈檀等将矢量波理论与广义多球米氏理论相结合，研究了大气中气溶胶簇团对高阶贝塞尔涡旋光束散射的解析解，各向异性球对拉盖尔-高斯涡旋光束的散射和传播[25,26]。崔志伟等运用离散偶极子近似法研究了结构光场粒子散射问题，利用涡旋差分散射方法研究了介电手性粒子对扭曲光的散射特性[27,28]。汪加洁等运用矢量复射线模型解决光/电磁波与具有光滑表面的任何形状粒子的相互作用三维散射问题[29,30]。李正军等研究了轴上高阶贝塞尔涡旋光束照射下均匀单轴各向异性球体散射的解析解[31,32]。

现阶段大气气溶胶的研究主要体现在大气气溶胶光学厚度等方面的研究，光学厚度是表征大气浑浊度和气溶胶含量的重要物理量。同时，气溶胶的光学特性可以间接反映气溶胶的组成成分、形状、尺寸等特征。气溶胶的基本研究都是关于气溶胶粒子的形成、分布、形状方面的研究，关于气溶胶光散射特性的研究都是气溶胶对平面波散射的研究，但是由于气溶胶粒子的多相性、成分复杂性以及时空分布等因素的影响[33]，使用均匀规则体准确地计算气溶胶粒子的解析解是不可能的。目前，气溶胶的研究都是给出满足一定条件的数值解，或者运用卫星遥感结合地面探测等多种方法，测量反演大气气溶胶的光学厚度、谱分布和时空分布等参数，采用多光谱、多角度和极化信息来反演气溶胶光学参数[34,35]。这方面的研究目前集中在大气物理学科，气溶胶光散射特性的研究为气溶胶光学参数的反演提供重要的参考性。国内外气溶胶传输特性的研究也较多，并发展了许多算法，主要算法有解析法、离散偶极子近似法、时域有限差分法以及广义多球米氏理论。例如，Purcell 等使用离散偶极子近似法研究了大气气溶胶中尘埃聚集粒子的散射特性和极化特性[36,37]。

本书将粒子的光散射应用在大气气溶胶的研究中，主要研究单个均匀球形和分层球形雾霾组分的气溶胶粒子对平面波或有形波束的散射特性，分析雾霾气溶胶粒子对激光传输的影响，对矢量有形波束（贝塞尔波束和拉盖尔-高斯波束）照射均匀球形粒子和分层球形粒子的散射原理进行分析，计算矢量有形波束的雾霾组分气溶胶粒子散射的微分散射截面。

第 2 章　大气气溶胶粒子的物理特性和基本散射理论

本章主要介绍大气气溶胶粒子的物理特性，以及平面波与球形粒子散射的基本理论知识。首先，基于大气气溶胶粒子的物理特性介绍大气气溶胶粒子的粒径分布函数，以及影响大气气溶胶粒子光散射特性的复折射率等。例如，散射特性计算中使用的复折射率的测量和反演方法，以及计算多分散体系散射特性所使用的关于粒子近似满足的几种粒径分布函数等。其次，介绍比较经典的计算粒子散射特性的方法及其适用范围，如瑞利散射、米氏散射、几何光学散射近似等。最后，介绍 T 矩阵方法、离散偶极子近似法等非规则粒子散射特性计算方法。

2.1　大气气溶胶粒子的物理特性

大气气溶胶粒子是指悬浮在大气中具有一定稳定性、沉降速度小、粒径为 10^{-3}～10^{2}μm 的分子团、固态或液态微粒组成的分散体系，如沙尘、烟雾、植物孢子、云雾水滴、冰晶雨雪等较大粒子，硝酸盐、硫酸盐等可溶性盐粒子和碳质气溶胶（简称“碳溶胶”）粒子等。大气气溶胶不但与大气环境质量和人类健康有密切的关系，而且起到云凝结核的作用，使云对太阳辐射的反射率增加，降水量减少，从而影响地气系统的能量平衡、目标环境特性和激光的大气传输等[38,39]。

由于大气气溶胶的来源不同，从而大气气溶胶粒子的物理性质、化学特性也大不相同。例如，大气气溶胶粒子形状尺寸不相同、化学组成成分不相同，其对气候环境效应的影响也不相同，因此在研究大气气溶胶的物理特性时必须综合考虑各方面因素的影响。

2.1.1　大气气溶胶粒子的粒径分布函数

20 世纪 70 年代，在对城市烟雾进行大量详细的探测分析后，得出大气气溶胶尺寸分布由核模态、积聚模态和粗模态三种分离的模态构成[40]。其中，核模态的范围为爱根核，其半径小于 0.1μm，是一种最不稳定的质粒，具有瞬变特性，通过长时间的增长和聚合变化会转化成积聚模态，是积聚模态的初始形态；积聚模态为大粒子，其半径为 0.1～1.0μm，积聚模态最稳定，可以通过干湿沉降的方法移出大气，常含有害物质元素和化合物，是直接危害人体健康的主要气溶胶物质；粗模态为巨粒子，其半径为 1～100μm，在空气中滞留的时间较短，通常可以通过干湿沉降的方法移出大气，其主要通过大风或沙尘暴天气进行长距离输送。

大气气溶胶粒子的粒径分布比较复杂，其粒径分布为 10^{-3}～10^{2}μm，其中粒径为 10^{-1}～10^{2}μm 的气溶胶粒子称为霾气溶胶粒子，粒径为 10^{-3}～10^{-1}μm 的气溶胶粒子称为爱根核。

在研究大气气溶胶光学散射特性问题时，用来描述大气气溶胶粒子粒径分布的函数比较多，下面是几种常见的描述大气气溶胶粒径分布的函数。

1）霾气溶胶粒子的分布函数

粒子谱分布函数是表征气溶胶粒子数随半径变化的函数，具体表示每一个粒子半径间隔之间的粒子总数目。粒子谱分布函数可以写成粒子数与粒子半径谱分布的形式 ($\mathrm{d}N/\mathrm{d}r$)，表示在单位体积内每个单位粒子半径距离内的粒子数目；粒子谱分布函数也可改写为体积谱分布的函数形式 ($\mathrm{d}V/\mathrm{d}\ln r$)，表示在单位体积中每相隔单位粒子半径距离内所容纳粒子的体积。粒子谱分布和体积谱分布具有如式（2.1）给出的转换关系：

$$\frac{\mathrm{d}V}{\mathrm{d}\ln r}=\frac{4}{3}\pi r^{4}\frac{\mathrm{d}N}{\mathrm{d}r} \tag{2.1}$$

其中，V 为体积；N 为粒子数目；r 为气溶胶粒子的半径。

描述大气气溶胶的谱分布形式有离散分布和连续分布两种。实际中测量的数据总是离散的，离散的数据可以通过数学中函数形式的拟合转换成连续的谱分布形式。

Deirmendjian[41]提出的指数谱分布函数形式如下：

$$n(r)=Ar^{\alpha}\exp(-br^{\gamma}) \tag{2.2}$$

其中，A、b、α 和 γ 为正的常数，是描述气溶胶粒子谱分布的系数。如果令

$$r_{\mathrm{c}}^{\gamma}=\frac{\alpha}{b\gamma} \tag{2.3}$$

则式（2.2）可以表达为

$$n(r_{\mathrm{c}})=Ar_{\mathrm{c}}^{\alpha}\exp\left(-\frac{\alpha}{\gamma}\right) \tag{2.4}$$

其中，r_{c} 为气溶胶粒子半径的均值。

Junge[42]在大量观测的基础上，提出了 Junge 霾分布函数，它的表达式如下：

$$n(r)=\frac{\mathrm{d}N}{\mathrm{d}\lg r}=cr^{-\upsilon} \tag{2.5}$$

其中，c 为常数，它的值与气溶胶粒子的浓度有关；N 为单位体积内的粒子数目；指数 υ 决定了分布曲线的斜率。

式（2.5）也可以改写成非对数的形式：

$$n(r)=\frac{\mathrm{d}N}{\mathrm{d}r}=0.434cr^{-(\upsilon+1)} \tag{2.6}$$

其中，当 $3<\upsilon<4$ 时，基本符合典型的霾气溶胶；当 $\upsilon\approx 2$ 时，霾气溶胶中含有较多的雾。

2）雾滴的分布函数

由霾向雾的转化过程增加了气溶胶的相对湿度，气溶胶相对湿度的增加可以由若干气象过程中的其中一种过程来实现[43]。当其中某一过程起主导作用的时候就产生了特定类型的雾，如平流雾、辐射雾、平流-辐射雾、蒸汽雾、上坡雾和锋面雾等。

Chu 等[44]把式（2.2）用于雾后改写成下面的形式：

$$n\left(\frac{r}{r_c}\right)=A\left(\frac{r}{r_c}\right)^{\alpha}\exp\left[-b\left(\frac{r}{r_c}\right)^{\gamma}\right] \tag{2.7}$$

其中，比例 r/r_c 代替了式（2.2）中的 r。

3）雨滴的分布函数

Marshall 等[45]研究发现，每单位雨滴直径间隔内的雨滴浓度通常可以使用下面所给的公式来表示：

$$N_D=N_0\exp(-\Lambda D) \tag{2.8}$$

其中，$N_0=8\times10^3\text{m}^{-3}/\text{mm}$；$\Lambda=4.1R^{-0.21}\text{mm}^{-1}$，$R$ 是表示降雨强度的量值，其单位为 mm/h；D 为单位雨滴直径，其单位为 mm。

除以上的分布函数外，还时常用到修正的伽马谱分布函数和对数正态分布函数，它们的表达式分别如下所述。

4）修正的伽马谱分布函数

水云和雾的粒子谱分布可用如下修正的伽马谱分布函数描述[46]：

$$n(r)=\frac{\mathrm{d}N}{\mathrm{d}r}=\frac{\alpha^{\alpha+1}}{r_c^{\alpha+1}\Gamma(\alpha+1)}r^{\alpha}\exp\left(-\alpha\frac{r}{r_c}\right) \tag{2.9}$$

其中，α、r_c 是根据所研究大气气溶胶粒子的种类而设定的常数。

5）对数正态分布函数

对数正态分布函数是一种对数服从正态分布的概率分布函数，描述大气气溶胶粒子大部分为细粒子时的尺寸分布特征[47]：

$$n(r)=\frac{1}{\sqrt{2\pi}\sigma r}\exp\left[-\frac{(\ln r-\ln r_c)^2}{2\sigma^2}\right] \tag{2.10}$$

其中，r_c 是气溶胶粒子半径的均值；σ 是标准方差，称为形状参数。

实际上，由于气溶胶的存在与它所处的周围环境有关，因此气溶胶会根据周围不同的环境来进行不同方式的混合。按混合方式的不同，气溶胶可以分为外混合型气溶胶和内混合型气溶胶这两种理想的情况[48]。

外混合型气溶胶主要是指单个气溶胶粒子中的物质只含有单一组分，具有不同组分的气溶胶粒子各自以相互独立的形式存在于整个气溶胶中。

内混合型气溶胶粒子是指气溶胶系统中的单个气溶胶粒子不是由单一组分的

物质组成，而是由多种气溶胶成分组成的混合体，其中每个粒子都表现出多种物质成分共同的物理性质和化学性质[49]。对于内混合型气溶胶粒子，较常见的处理方法是选取均匀球形模型或分层球形模型。均匀球形模型将气溶胶粒子作为均匀球形粒子来处理，认为每个粒子内各个成分均匀混合，即反映的是成分混合物平均物理性质和化学性质。分层球形模型将气溶胶粒子作为同心球形气溶胶粒子或偏心球形气溶胶粒子来处理，即认为气溶胶粒子的每一层代表一种物质。因为气溶胶的化学成分是除形状之外主要影响气溶胶粒子光学特性的因素之一，所以气溶胶的不同成分构成的混合状态，其光散射特性具有较大的差异[50,51]。本书主要计算外混合型气溶胶粒子和内混合型同心球形气溶胶粒子的光散射特性，内混合型气溶胶粒子散射特性的计算需要反演气溶胶的平均复折射率。

2.1.2 大气气溶胶粒子的复折射率和反演方法

气溶胶的化学成分是决定大气气溶胶光学特性的最主要因素之一，但是气溶胶本身的化学成分较复杂，除含有沙尘、矿物质、烟雾、雪花和冰晶之外，还常含有大量的可溶性盐，如硫酸盐、硝酸盐、碳酸盐、硅酸盐和海盐等[52,53]。然而，气溶胶化学组分的多样性使得其复折射率存在不同程度的差异，因此气溶胶粒子的光学特性也存在一定程度的差异。根据光传输中折射率的定义可以将气溶胶粒子复折射率的表达式写成：

$$m = c / c_{\mathrm{p}} \tag{2.11}$$

式中，c 为真空中光速；c_{p} 为介质中光速。

复折射率 m 是衡量气溶胶粒子对光的散射和吸收特性的重要参数。通常，复折射率为复数形式，即 $m = m_{\mathrm{r}} + \mathrm{i} * m_{\mathrm{i}}$，这样既可以用复折射率表示气溶胶粒子对光的散射特性，又可以用复折射率描述气溶胶粒子对光的吸收特性。其中，实数部分 m_{r} 主要与气溶胶粒子的散射特性有关，虚数部分 m_{i} 主要与气溶胶粒子的吸收特性有关[54,55]。

气溶胶粒子的化学组分主要决定复折射率，因此不同化学组分对复折射率的影响差异较大，这也表明不同的化学成分对气溶胶粒子光学特性的影响较大。研究结果还表明，相同组分的气溶胶粒子在不同波长光的照射下复折射率有所不同，因而其光学特性也有较大的差异。这说明，气溶胶粒子的复折射率不仅与气溶胶粒子的化学组分有关系，而且与入射光的波长有关系。表 2.1 给出了沙尘、烟煤、水溶性粒子在两种波长下的复折射率。

表 2.1　沙尘、烟煤、水溶性粒子在两种波长下的复折射率

波长/μm	沙尘	烟煤	水溶性粒子
0.633	$1.53+\mathrm{i}8\times10^{-3}$	$1.75+\mathrm{i}0.43$	$1.53+\mathrm{i}6\times10^{-3}$
0.860	$1.52+\mathrm{i}8\times10^{-3}$	$1.75+\mathrm{i}0.43$	$1.52+\mathrm{i}1.2\times10^{-2}$

关于气溶胶粒子复折射率的测量和计算方法基本分为三种类型[51]：①测量直接取样得到的气溶胶粒子样品的吸收系数；②光声方法；③反演方法，如测量气溶胶粒子的谱分布、散射系数、吸收系数，通过米氏理论可以反演出气溶胶粒子的平均复折射率。方法①是一种较常用的方法，简单易行，但是由于在气溶胶粒子的测量中改变了粒子的悬浮特性，因此测量所得结果的误差较大。方法②的测量灵敏度较高，但同时要求的设备和技术都比较复杂，目前还不能被广泛地应用于实际的测量中。因为方法①和②受各自优缺点的限制，所以较多研究使用的还是反演方法，它通过仪器测量气溶胶的谱分布，利用复折射率对其测量结果的差异来反演气溶胶粒子的复折射率。关于复折射率反演的计算已经有较多的学者进行了研究，如李学彬等[56,57]通过以光散射理论为原理的粒子计数器和以粒子飞行时间为原理的粒子计数器两种仪器测量的直径受复折射率影响的差异来反演大气气溶胶复折射率的虚部；李学彬等[55,58]也测量了粒子的动力学直径和两个散射角下的散射强度，通过米氏理论利用测量结果反演出单个气溶胶粒子的复折射率。

2.2　基本光学参数

在光学散射研究中，需要对各种光学参数进行测量，以便更好地掌握目标粒子特性和散射场分布情况。本节主要对几种常用的光学参数进行分析和简单的公式推导，为以后的研究奠定基础。

2.2.1　光学截面与效率因子

当入射光照射目标粒子时，两者会进行相互作用，从而发生光的散射、吸收和消光现象，图2.1展示了单粒子的光散射现象。光学截面是对这几种现象发生程度和效率的一种度量。

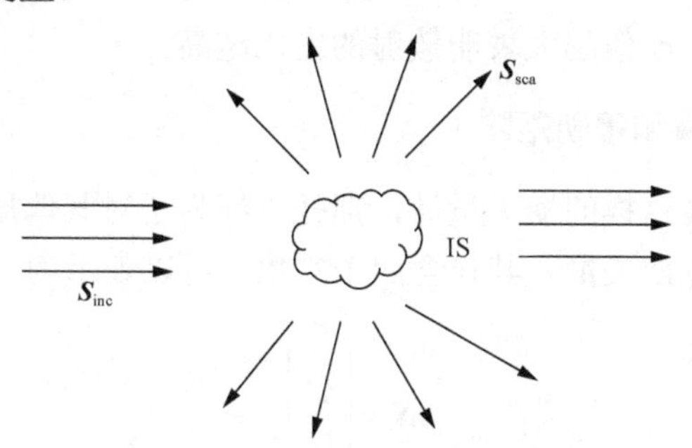

图2.1　单粒子的光散射现象示意图

S_{inc} 为入射光斯托克斯矢量；S_{sca} 为散射光斯托克斯矢量；IS 为散射穆勒矩阵

若设入射通量密度为F_{inc}，散射、吸收和消光的辐射通量分别为Φ_{sca}、Φ_{abs}和Φ_{ext}，则三种光学截面可以表示为

$$C_{\text{sca}}=\frac{\Phi_{\text{sca}}}{F_{\text{inc}}},\quad C_{\text{abs}}=\frac{\Phi_{\text{abs}}}{F_{\text{inc}}},\quad C_{\text{ext}}=\frac{\Phi_{\text{ext}}}{F_{\text{inc}}} \tag{2.12}$$

其中，辐射通量Φ的单位为W；C_{sca}为粒子的散射截面，C_{abs}为粒子的吸收截面，C_{ext}为粒子的消光截面，其单位都是m^2。由于粒子的消光辐射通量等于散射辐射通量和吸收辐射通量之和，因此消光截面等于散射截面和吸收截面之和，可以表示为

$$C_{\text{ext}}=C_{\text{sca}}+C_{\text{abs}} \tag{2.13}$$

为了便于比较不同粒子光学截面和其尺度因素的关系，通常采用归一化的思想，将散射截面、吸收截面和消光截面与粒子几何截面的比值定义为散射效率因子Q_{sca}、吸收效率因子Q_{abs}和消光效率因子Q_{ext}，即

$$Q_{\text{sca}}=\frac{C_{\text{sca}}}{A_{\text{proj}}},\quad Q_{\text{abs}}=\frac{C_{\text{abs}}}{A_{\text{proj}}},\quad Q_{\text{ext}}=\frac{C_{\text{ext}}}{A_{\text{proj}}} \tag{2.14}$$

其中，A_{proj}为粒子在垂直于入射波方向的投影面积。当粒子是半径为r的规则球形时，A_{proj}的大小为$\pi\cdot r^2$。在计算一些不规则粒子或者簇团的光学截面时，往往采用等体积球投影的几何截面代替。由N个半径为r的球形粒子组成的簇团，其等体积球投影的几何面积A_{proj}可以表示为

$$A_{\text{proj}}=\pi\cdot R_0^2=\pi\cdot(N\cdot r^3)^{2/3} \tag{2.15}$$

其中，R_0为等体积球的半径。

单次散射反照率ϖ是基于光学截面定义的参量，其表示散射截面和消光截面的比值，反映散射效率的占比情况，即

$$\varpi=\frac{C_{\text{sca}}}{C_{\text{ext}}}=\frac{Q_{\text{sca}}}{Q_{\text{ext}}} \tag{2.16}$$

ϖ值不超过1，ϖ值越大表明散射的占比越高。

2.2.2 斯托克斯矢量和穆勒矩阵

针对平面电磁波这样的横矢量波，斯托克斯为了对其偏振的辐射场进行完整描述，引入了斯托克斯矢量。其包含四个实数，可以表示为

$$\boldsymbol{S}=\begin{pmatrix}F\\Q\\U\\V\end{pmatrix} \tag{2.17}$$

其中，四个实数参量的单位都是W/m^2，具体可以表示为

$$F=\frac{1}{2}\sqrt{\frac{\varepsilon}{k}}\cdot(|E_{0,\parallel}|^2+|E_{0,\perp}|^2) \tag{2.18}$$

$$Q=\frac{1}{2}\sqrt{\frac{\varepsilon}{k}}\cdot(E_{\parallel}\cdot E_{\parallel}^*-E_{\perp}\cdot E_{\perp}^*) \tag{2.19}$$

$$U=\frac{1}{2}\sqrt{\frac{\varepsilon}{k}}\cdot(E_{\parallel}\cdot E_{\perp}^*+E_{\perp}\cdot E_{\parallel}^*) \tag{2.20}$$

$$V=\mathrm{i}\cdot\frac{1}{2}\sqrt{\frac{\varepsilon}{k}}\cdot(E_{\parallel}\cdot E_{\perp}^*-E_{\perp}\cdot E_{\parallel}^*) \tag{2.21}$$

其中，$\mathrm{i}=\sqrt{-1}$；$|E_{0,\parallel}|^2=E_{\parallel}\cdot E_{\parallel}^*$，$|E_{0,\perp}|^2=E_{\perp}\cdot E_{\perp}^*$，$E_{\parallel}$ 和 $E_{\perp}$ 为复振幅矢量的两个分量；ε 和 k 均为常量；*表示共轭。F 为总辐照度，Q 为光场与选定的参考平面平行和垂直的线偏振分量的差值，U 为光场与参考平面成±45°时线偏振面上的线偏振辐照度，V 为圆偏振辐照度，这四者满足：

$$F^2=Q^2+U^2+V^2 \tag{2.22}$$

穆勒矩阵（IS）可以用来描述粒子的光学散射过程。在实际应用中，往往可以通过目标散射体的穆勒矩阵值估算其尺寸和大致形状特征。穆勒矩阵的具体描述公式主要通过斯托克斯矢量的变换得到。设电磁波入射辐射和散射辐射的斯托克斯矢量分别为 $\boldsymbol{S}_{\mathrm{inc}}$ 和 $\boldsymbol{S}_{\mathrm{sca}}$，则穆勒矩阵可以表示为

$$\boldsymbol{S}_{\mathrm{sca}}=\left(\frac{1}{k\cdot R}\right)^2\cdot\mathrm{IS}\cdot\boldsymbol{S}_{\mathrm{inc}} \tag{2.23}$$

其中，R 是坐标原点到散射粒子的径向距离；k 是修正波数，单位为 m^{-1}。穆勒矩阵的各个元素是一组量纲为一的量，它们主要由粒子和入射波两方面因素决定。粒子方面，其形状、大小和种类（复折射率 $\tilde{m}$）都会对穆勒矩阵产生影响。同时，入射波波长的不同以及散射方向的选取都会不同程度地影响穆勒矩阵。

对于一般的粒子散射问题，穆勒矩阵可以表示为

$$\mathrm{IS}=\begin{pmatrix} S_{11} & S_{12} & S_{13} & S_{14} \\ S_{21} & S_{22} & S_{23} & S_{24} \\ S_{31} & S_{32} & S_{33} & S_{34} \\ S_{41} & S_{42} & S_{43} & S_{44} \end{pmatrix} \tag{2.24}$$

其中，各个矩阵元素的值可以通过复振幅散射矩阵（IA）来计算。IA 可以通过以下方程来描述：

$$\begin{pmatrix} E_{\parallel} \\ E_{\perp} \end{pmatrix}_{\mathrm{sca}}=\frac{\exp[\mathrm{i}\cdot k\cdot(R-z)]}{-\mathrm{i}\cdot k\cdot R}\cdot\begin{pmatrix} A_{11} & A_{12} \\ A_{21} & A_{22} \end{pmatrix}\cdot\begin{pmatrix} E_{\parallel} \\ E_{\perp} \end{pmatrix}_{\mathrm{inc}} \tag{2.25}$$

其中，z 为光场传播距离。该方程阐述了散射复电场矢量和入射复电场矢量之间的关系。IA 包含光经过粒子单次散射的全部信息。

当目标粒子呈球对称时，或者目标粒子集合（取向随机）中总有等量的镜像取向粒子时，由于复振幅散射矩阵中 A_{12} 和 A_{21} 元素为零，因此穆勒矩阵仅剩下四个元素，则由式（2.23）可知，此时入射辐射和散射辐射的斯托克斯分量关系为

$$\begin{pmatrix} F \\ Q \\ U \\ V \end{pmatrix}_{\text{sca}} = \left(\frac{1}{k \cdot R}\right)^2 \cdot \begin{pmatrix} S_{11} & S_{12} & 0 & 0 \\ S_{12} & S_{11} & 0 & 0 \\ 0 & 0 & S_{33} & S_{34} \\ 0 & 0 & -S_{34} & S_{33} \end{pmatrix} \cdot \begin{pmatrix} F \\ Q \\ U \\ V \end{pmatrix}_{\text{inc}} \tag{2.26}$$

若略去系数因子，则由式（2.26）可以得到平行极化散射强度 $I_{\parallel}$ 和垂直极化散射强度 $I_{\perp}$，其定义式为

$$I_{\parallel} = S_{11} + S_{12} = |A_{11}|^2 \tag{2.27}$$

$$I_{\perp} = S_{11} - S_{12} = |A_{22}|^2 \tag{2.28}$$

这里，式（2.27）和式（2.28）进行了归一化处理。

偏振度 P_{d} 指光束中偏振光强与总光强的比值，因此，当 P_{d} 为 1 时，代表光是完全偏振光，其偏振态不随时间改变。一般情况下，P_{d} 值为 0～1，说明光的偏振态随时间变化。通过穆勒矩阵元素，可以给出目标粒子的偏振度表达式为

$$P_{\text{d}} = \sqrt{\frac{\sum_{i=1}^{4}\sum_{j=1}^{4} S_{ij}^2 - S_{11}^2}{3S_{11}^2}} \tag{2.29}$$

2.2.3　不对称因子

不对称因子 g 是为了分析前向散射和后向散射的对称性而引入的量纲一参数，它可以大致描述粒子散射的角分布情况，因此常常需要对它进行计算和分析。其表达式为

$$g = \iint_{4\pi} p'(\theta) \cdot \cos\theta \mathrm{d}^2\Omega = \frac{1}{2}\int_{-1}^{1} \cos\theta \cdot p(\cos\theta) \mathrm{d}\cos\theta \tag{2.30}$$

其中，θ 是散射角；$\Omega = 1/R^2$，是对应的立体角；$p'(\theta)$ 和 $p(\cos\theta)$ 分别是相函数和量纲一相函数，二者定义式分别为

$$p'(\theta) = \frac{f(\theta)}{k^2 \cdot C_{\text{sca}}} \tag{2.31}$$

$$p(\cos\theta) = 4\pi \cdot p'(\theta) \tag{2.32}$$

其中，$f(\theta)$ 为散射函数，是一个主要用于描述散射场角分布情况的量纲一参数。

由式（2.30）可知，前向散射占比越大，$\cos\theta$ 越接近 1，此时 $g \approx 1$。同理，当 $g \approx -1$ 时，表示后向镜面反射。对于各向同性散射（如瑞利散射）而言，辐射场在所有散射角方向的分布都是一样的，所以 $g = 0$。

2.3　单个大气气溶胶粒子散射的基本理论

当物体的形状比较规则，并且接近于球形时，可以使用米氏理论来计算散射体的散射特性。但是，多数情况下，散射体的形状是比较复杂的，因此针对介质电磁散射的三个不同区域，即瑞利区、谐振区和几何光学区，可以使用近似处理散射振幅的表达式来获得适合于不同区域的结果。

2.3.1　瑞利散射

瑞利在 1897 年推导出了一个关于散射的近似理论，当物体被电磁波照射时，散射体的尺度参数 $x = ka \ll 1$ 和 $ka|n-1| \ll 1$，其中 $k = 2\pi/\lambda$，a 为散射体的半径，λ 为波长，n 为介质折射率，上面的关系式表明散射体的半径远小于入射光的波长，散射体内部和附近的电场呈现静电场特征，且界面内外场的相位差也相当小。散射体被入射电场极化，激发的散射场类似于偶极子辐射。若介质内部的电极化强度矢量 $\boldsymbol{P}$ 满足

$$\boldsymbol{J}_{\mathrm{ef}} = -\mathrm{i}\omega\varepsilon_0(\varepsilon_{\mathrm{r}}-1)\boldsymbol{E} = -\mathrm{i}\omega\boldsymbol{P} \tag{2.33}$$

则均匀散射体的内部场 $\boldsymbol{E} = 3/(\varepsilon_{\mathrm{r}}+2)\boldsymbol{E}_{\mathrm{i}}$。其中，$\varepsilon_0$ 是真空介电常数；ε_{r} 是相对介电常数；$\boldsymbol{J}_{\mathrm{ef}}$ 为偶极子辐射场；$\boldsymbol{E}_{\mathrm{i}}$ 为入射电场。均匀场极化方向平行于入射电场极化方向，相当于偶极子辐射，散射振幅的表达式为

$$\boldsymbol{f}(\hat{\boldsymbol{o}},\hat{\boldsymbol{i}}) = \frac{k^2}{4\pi}\frac{3(\varepsilon_{\mathrm{r}}-1)}{\varepsilon_{\mathrm{r}}+2}V[-\boldsymbol{o}\times\boldsymbol{o}\times\boldsymbol{e}_{\mathrm{i}}]E_{\mathrm{i}} \tag{2.34}$$

其中，V 为散射体体积；$|[-\boldsymbol{o}\times\boldsymbol{o}\times\boldsymbol{e}_{\mathrm{i}}]| = \sin\chi$，$\chi$ 为入射电场极化方向单位矢量 $\boldsymbol{e}_{\mathrm{i}}$ 与散射方向单位矢量 $\boldsymbol{o}$ 之间的夹角。因此，微分散射截面（DSCS）的表达式如下：

$$\sigma_{\mathrm{d}}(\boldsymbol{o},\boldsymbol{i}) = \frac{k^4}{(4\pi)^2}\left|\frac{3(\varepsilon_{\mathrm{r}}-1)}{\varepsilon_{\mathrm{r}}+2}\right|^2 V^2\sin^2\chi \tag{2.35}$$

式（2.35）表明，微分散射截面与入射光波长的四次方成反比，与散射体的体积平方成正比，这被称为瑞利散射[59,60]。

瑞利散射的散射效率因子的表达式如下：

$$Q_{\mathrm{sca}} = \frac{8}{3}x^4\left|\frac{m^2-1}{m^2+2}\right|^2 \tag{2.36}$$

吸收效率因子的表达式如下：

$$Q_{\mathrm{abs}} = 4x\,\mathrm{Im}\left(\frac{m^2-1}{m^2+2}\right) \tag{2.37}$$

斯托克斯散射矩阵的表达式如下：

$$\tilde{\boldsymbol{F}}(\theta)=\frac{3}{4}\begin{bmatrix}1+\cos^2\theta & -\sin^2\theta & 0 & 0\\ -\sin^2\theta & 1+\cos^2\theta & 0 & 0\\ 0 & 0 & 2\cos\theta & 0\\ 0 & 0 & 0 & 2\cos\theta\end{bmatrix} \tag{2.38}$$

式中，θ 为散射角。

根据斯托克斯散射矩阵可以得到瑞利散射的散射相函数为

$$P(\theta)=\frac{3}{4}(1+\cos^2\theta) \tag{2.39}$$

根据散射截面与散射效率因子的关系 $C_{\text{sca}}=\pi r^2 Q_{\text{sca}}$，就可以计算出散射截面和吸收截面。散射效率因子和吸收效率因子的表达式与粒子体积有一定的比例关系，其中球形粒子的体积 $V=4/3\pi r^3$。这说明散射效率因子与入射光波长的四次方成反比，吸收效率因子与入射光的波长成反比。由散射截面与效率因子的表达式可知，吸收截面与散射体的体积成正比。式（2.39）表明小粒子的散射中吸收作用占较小的比例，而消光作用中起主导作用的是吸收作用[61,62]。

2.3.2　米氏散射

1908 年德国物理学家 Mie 提出对单个均匀球形粒子散射的解析解算法，通过后来研究者的不断完善，形成了现在的米氏理论。平面电磁波照射单个均匀球形粒子散射如图 2.2 所示，设平面电磁波沿 z 轴方向入射，电矢量沿 x 轴方向极化，入射到半径为 a 的介质球上，取球心坐标点为原点，将入射场、球体内部场及散射场分别应用矢量球谐波函数展开[33,60]。

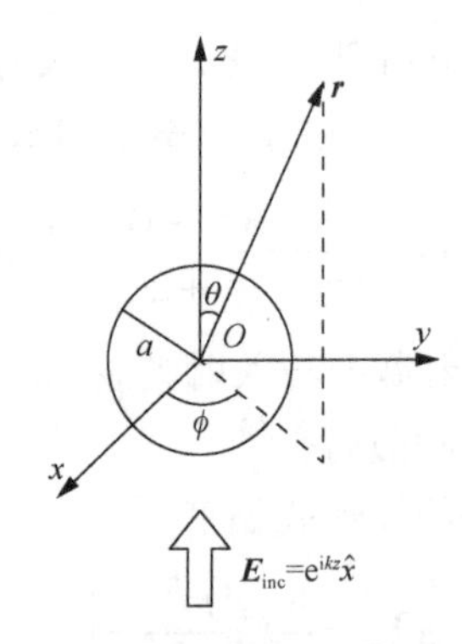

图 2.2　平面电磁波照射单个均匀球形粒子散射

θ 为矢径 $\boldsymbol{r}$ 与 z 轴的夹角；ϕ 为矢径 $\boldsymbol{r}$ 在 xOy 平面投影与 x 轴夹角；$\boldsymbol{E}_{\text{inc}}$ 为沿 z 轴入射电磁波电场

入射场为

$$\boldsymbol{E}_{\text{i}}=E_0\sum_{n=1}^{\infty}\text{i}^n\frac{2n+1}{n(n+1)}(\boldsymbol{M}_{\text{o1n}}^{(1)}-\text{i}\boldsymbol{N}_{\text{e1n}}^{(1)}) \tag{2.40}$$

$$\boldsymbol{H}_{\mathrm{i}}=\frac{-k}{\omega\mu}E_0\sum_{n=1}^{\infty}\mathrm{i}^n\frac{2n+1}{n(n+1)}(\boldsymbol{M}_{\mathrm{o1n}}^{(1)}-\mathrm{i}\boldsymbol{N}_{\mathrm{e1n}}^{(1)}) \tag{2.41}$$

球体内部场为

$$\boldsymbol{E}_1=\sum_{n=1}^{\infty}E_n(c_n\boldsymbol{M}_{\mathrm{o1n}}^{(1)}-\mathrm{i}d_n\boldsymbol{N}_{\mathrm{o1n}}^{(1)}) \tag{2.42}$$

$$\boldsymbol{H}_1=\frac{-k_1}{\omega\mu}\sum_{n=1}^{\infty}E_n(d_n\boldsymbol{M}_{\mathrm{o1n}}^{(1)}+\mathrm{i}c_n\boldsymbol{N}_{\mathrm{o1n}}^{(1)}) \tag{2.43}$$

散射场为

$$\boldsymbol{E}_{\mathrm{s}}=\sum_{n=1}^{\infty}E_n(\mathrm{i}a_n\boldsymbol{N}_{\mathrm{e1n}}^{(3)}-b_n\boldsymbol{M}_{\mathrm{o1n}}^{(3)}) \tag{2.44}$$

$$\boldsymbol{H}_{\mathrm{s}}=\frac{k}{\omega\mu}\sum_{n=1}^{\infty}E_n(\mathrm{i}b_n\boldsymbol{N}_{\mathrm{o1n}}^{(3)}+a_n\boldsymbol{M}_{\mathrm{e1n}}^{(3)}) \tag{2.45}$$

其中，a_n、b_n、c_n、d_n 为四个待定的展开系数，a_n、b_n 为米氏散射系数，c_n、d_n 为内部场展开系数；$E_n=\mathrm{i}^nE_0(2n+1)/[n(n+1)]$；$\boldsymbol{M}_{\mathrm{o1n}}^{(1)}$、$\boldsymbol{N}_{\mathrm{o1n}}^{(1)}$、$\boldsymbol{M}_{\mathrm{e1n}}^{(3)}$、$\boldsymbol{N}_{\mathrm{e1n}}^{(3)}$ 为矢量球谐波函数，它们的表达式如式（2.46）～式（2.49）所示。

$$\boldsymbol{M}_{\mathrm{o1n}}^{(1)}=\cos\varphi\pi_n(\cos\theta)Z_n(\rho)\hat{e}_\theta+\sin\varphi\tau_n(\cos\theta)Z_n(\rho)\hat{e}_\varphi \tag{2.46}$$

$$\boldsymbol{M}_{\mathrm{e1n}}^{(3)}=-\sin\varphi\pi_n(\cos\theta)Z_n(\rho)\hat{e}_\theta-\cos\varphi\tau_n(\cos\theta)Z_n(\rho)\hat{e}_\varphi \tag{2.47}$$

$$\begin{aligned}\boldsymbol{N}_{\mathrm{o1n}}^{(1)}=&\,n(n+1)\sin\varphi\sin\theta\pi_n(\cos\theta)\frac{Z_n(\rho)}{\rho}\boldsymbol{e}_{\mathrm{r}}\\&+\sin\varphi\tau_n(\cos\theta)\frac{[\rho Z_n(\rho)]'}{\rho}\boldsymbol{e}_\theta+\cos\varphi\pi_n(\cos\theta)\frac{[\rho Z_n(\rho)]'}{\rho}\boldsymbol{e}_\varphi\end{aligned} \tag{2.48}$$

$$\begin{aligned}\boldsymbol{N}_{\mathrm{e1n}}^{(3)}=&\,n(n+1)\cos\varphi\sin\theta\pi_n(\cos\theta)\frac{Z_n(\rho)}{\rho}\boldsymbol{e}_{\mathrm{r}}\\&+\cos\varphi\tau_n(\cos\theta)\frac{[\rho Z_n(\rho)]'}{\rho}\boldsymbol{e}_\theta-\sin\varphi\pi_n(\cos\theta)\frac{[\rho Z_n(\rho)]'}{\rho}\boldsymbol{e}_\varphi\end{aligned} \tag{2.49}$$

利用边界条件

$$(\boldsymbol{E}_{\mathrm{i}}+\boldsymbol{E}_{\mathrm{s}}-\boldsymbol{E}_1)\times\boldsymbol{e}_{\mathrm{r}}=0 \tag{2.50}$$

$$(\boldsymbol{H}_{\mathrm{i}}+\boldsymbol{H}_{\mathrm{s}}-\boldsymbol{H}_1)\times\boldsymbol{e}_{\mathrm{r}}=0 \tag{2.51}$$

可以解得米氏散射系数 a_n、b_n 和内部场展开系数 c_n、d_n 的值：

$$a_n=\frac{\mu m^2j_n(mx)[xj_n(x)]'-\mu_1j_n(x)[mxj_n(mx)]'}{\mu m^2j_n(mx)[xh_n^{(1)}(x)]'-\mu_1h_n^{(1)}(x)[mxj_n(mx)]'} \tag{2.52}$$

$$b_n=\frac{\mu_1j_n(mx)[xj_n(x)]'-\mu j_n(x)[mxj_n(mx)]'}{\mu_1j_n(mx)[xh_n^{(1)}(x)]'-\mu h_n^{(1)}(x)[mxj_n(mx)]'} \tag{2.53}$$

$$c_n = \frac{\mu_1 j_n(x)[xh_n^{(1)}(x)]' - \mu_1 h_n^{(1)}(x)[xj_n(x)]'}{\mu_1 j_n(mx)[xh_n^{(1)}(x)]' - \mu h_n^{(1)}(x)[mxj_n(mx)]'} \tag{2.54}$$

$$d_n = \frac{\mu_1 m j_n(x)[xh_n^{(1)}(x)]' - \mu m h_n^{(1)}(x)[xj_n(x)]'}{\mu m^2 j_n(mx)[xh_n^{(1)}(x)]' - \mu_1 h_n^{(1)}(x)[mxj_n(mx)]'} j_n(x) \tag{2.55}$$

其中，x为粒子的尺度参数，$x = 2\pi r/\lambda$，r为散射粒子的半径，λ为入射波的波长；$m = m_{\mathrm{r}} + \mathrm{i}m_{\mathrm{i}}$，为散射粒子的复折射率，$m_{\mathrm{r}}$和$m_{\mathrm{i}}$分别为复折射率的实部和虚部；$j_n(x)$和$h_n^{(1)}(x)$分别为$n$阶贝塞尔函数和第一类$n$阶汉克尔函数；$\mu$和$\mu_1$为磁导率。

将散射系数代入散射场的表达式，散射场可以表示为

$$E_{\mathrm{s}\theta} = E_0 \frac{\mathrm{i}\exp(\mathrm{i}kr)}{kr} S_2(\theta)\cos\phi \tag{2.56}$$

$$E_{\mathrm{s}\phi} = -E_0 \frac{\mathrm{i}\exp(\mathrm{i}kr)}{kr} S_1(\theta)\sin\phi \tag{2.57}$$

其中，散射幅度函数$S_1(\theta)$、$S_2(\theta)$定义为

$$S_1(\theta) = \sum_{n=1}^{\infty} \frac{2n+1}{n(n+1)}[a_n\pi_n(\cos\theta) + b_n\tau_n(\cos\theta)] \tag{2.58}$$

$$S_2(\theta) = \sum_{n=1}^{\infty} \frac{2n+1}{n(n+1)}[a_n\tau_n(\cos\theta) + b_n\pi_n(\cos\theta)] \tag{2.59}$$

其中，a_n和b_n为米氏散射系数；π_n和τ_n为散射角函数。π_n和τ_n的表达式如下：

$$\pi_n = \frac{P_n^{(1)}(\cos\theta)}{\sin\theta}, \quad \tau_n = \frac{\mathrm{d}P_n^{(1)}(\cos\theta)}{\mathrm{d}\theta} \tag{2.60}$$

其中，θ为散射角；$P_n^{(1)}(\cos\theta)$为一阶n次第一类连带勒让德函数。

计算出散射系数a_n和b_n、散射幅度函数$S_1(\theta)$和$S_2(\theta)$后，就可以计算粒子的散射相函数$P(\theta)$、消光效率因子Q_{ext}、散射效率因子Q_{sca}、吸收效率因子Q_{abs}、不对称因子g以及单次散射反照率ϖ。

散射相函数描述了光经过粒子散射后能量的空间分布情况，其中非偏振态下散射相函数的表达式如下：

$$P(\theta) = \frac{|S_1(\theta)|^2 + |S_2(\theta)|^2}{\sum_{n=1}^{\infty}(2n+1)\left(|a_n|^2 + |b_n|^2\right)} \tag{2.61}$$

吸收效率因子Q_{abs}、散射效率因子Q_{sca}和消光效率因子Q_{ext}分别表示粒子对入射光的吸收、散射和消光作用。球形粒子与平面波作用的效率因子的表达式如式（2.62）～式（2.64）所示：

$$Q_{\text{ext}} = \frac{2}{x^2} \text{Re} \sum_{n=1}^{\infty} (2n+1)(a_n + b_n) \tag{2.62}$$

$$Q_{\text{sca}} = \frac{2}{x^2} \sum_{n=1}^{\infty} (2n+1)\left(|a_n|^2 + |b_n|^2\right) \tag{2.63}$$

$$Q_{\text{abs}} = Q_{\text{ext}} - Q_{\text{sca}} \tag{2.64}$$

不对称因子描述的是粒子散射中前向散射和后向散射的对称性。不对称因子被定义为散射角余弦值的加权平均，值域为$[-1,1]$，洛伦茨-米氏（Lorenz-Mie，LM）理论中不对称因子的表达式如下：

$$g = \langle \cos\theta \rangle = \frac{4\pi}{k_1^2 C_{\text{sca}}} \text{Re} \sum_{n=1}^{\infty} \left[\frac{n(n+2)}{n+1} (a_n a_{n+1}^* + b_n b_{n+1}^*) + \frac{2n+1}{n(n+1)} a_n b_n^* \right] \tag{2.65}$$

$$\varpi = \frac{Q_{\text{sca}}}{Q_{\text{ext}}} \tag{2.66}$$

其中，ϖ 为单次散射反照率，表示散射在消光中所占的比例，反映了粒子对光波的散射能力。

2.3.3 几何光学近似

几何光学近似（geometrical optics approximation，GOA）又称为光迹估计，是一种通用的计算光学散射近似的方法，适用于任意形状、任意取向且尺寸比入射光波长大得多的散射体。在使用几何光学近似时，为了区别物体表面上不同区域内入射的光线，入射平面波可以被看成各自具有独立路径的平行光线的集合，通过追踪大量均匀光线撞击物体的过程来得到数值结果。将入射到散射体的光线分成两部分，一部分被折射，另一部分被反射。使用菲涅耳（Fresnel）公式和斯涅尔（Snell）法则可以确定入射光线折射角、反射光与入射光的斯托克斯参量。由于散射体内部光线的多次反射，折射光线可能会与上次的折射光线重合，这就使得散射体对光的吸收作用增强，散射光线减弱。可以追踪散射体内部的所有光线，直到光线的强度减小到规定的截止值。通过改变入射光线的极化，将所有的逸出光线集中到预定的狭小角度区，并加入一些没有规律的斯托克斯参量，这样就可以得到表示粒子散射特性的光线踪迹相位矩阵 $\boldsymbol{Z}^{\text{RT}}$。在忽略偏振的情况下，所有入射到物体表面的光线要么被散射，要么被吸收，因此光迹衰减矩阵总是对角矩阵，由下式得出：

$$\boldsymbol{K}^{\text{RT}} = C_{\text{ext}}^{\text{RT}} \boldsymbol{\Delta} \tag{2.67}$$

其中，$\boldsymbol{\Delta}$ 为一个 4×4 的单位矩阵；$\boldsymbol{K}^{\text{RT}}$ 为光迹衰减矩阵；$C_{\text{ext}}^{\text{RT}}$ 为光线追踪消光截面。

光线追踪消光截面 $C_{\text{ext}}^{\text{RT}}$ 与入射光线的偏振态无关，它等于粒子在垂直于入射方向平面内投影的几何面积 G，即

$$C_{\text{ext}}^{\text{RT}}=G \tag{2.68}$$

光线的散射还要考虑入射波在投影面上的夫琅禾费（Fraunhofer）衍射，因此几何光学相位矩阵 $\boldsymbol{Z}^{\text{GO}}$ 和几何光学矩阵 $\boldsymbol{K}^{\text{GO}}$ 的表达式如下：

$$\boldsymbol{Z}^{\text{GO}}=\boldsymbol{Z}^{\text{RT}}+\boldsymbol{Z}^{\text{D}}=\boldsymbol{Z}^{\text{RT}}+\boldsymbol{Z}_{11}^{\text{D}}\boldsymbol{\varDelta} \tag{2.69}$$

$$\boldsymbol{K}^{\text{GO}}=\boldsymbol{K}^{\text{RT}}+\boldsymbol{K}^{\text{D}}=C_{\text{ext}}^{\text{GO}}\boldsymbol{\varDelta} \tag{2.70}$$

其中，

$$C_{\text{ext}}^{\text{GO}}=C_{\text{ext}}^{\text{RT}}+C_{\text{ext}}^{\text{D}}=2G \tag{2.71}$$

$\boldsymbol{Z}^{\text{D}}$ 为衍射光线相位矩阵；$\boldsymbol{K}^{\text{D}}$ 为衍射光线衰减矩阵；$C_{\text{ext}}^{\text{D}}$ 为衍射光线消光截面。

几何光学散射截面 $C_{\text{sca}}^{\text{GO}}$ 就是光线追踪散射截面 $C_{\text{sca}}^{\text{RT}}$ 和衍射光线散射截面 $C_{\text{sca}}^{\text{D}}$ 的和：

$$C_{\text{sca}}^{\text{GO}}=C_{\text{sca}}^{\text{RT}}+C_{\text{sca}}^{\text{D}} \tag{2.72}$$

因为衍射能量没有被吸收，所以衍射光线散射截面等于衍射光线消光截面 $C_{\text{ext}}^{\text{D}}$：

$$C_{\text{sca}}^{\text{D}}=C_{\text{ext}}^{\text{D}}=G \tag{2.73}$$

光线追踪散射截面 $C_{\text{sca}}^{\text{RT}}$ 总小于光线追踪消光截面 $C_{\text{ext}}^{\text{RT}}$，即 $C_{\text{sca}}^{\text{RT}}<C_{\text{ext}}^{\text{RT}}=G$。

对于球形粒子来说，几何光学近似是比较简单的，光线踪迹都是在一个平面内，因此相位矩阵衍射部分的表达式如下：

$$\boldsymbol{Z}^{\text{D}}(\boldsymbol{n}^{\text{sca}},\boldsymbol{n}^{\text{inc}})=\frac{Gx^2}{16\pi}\left[\frac{2J_1(x\sin\Theta)}{x\sin\Theta}\right]^2(1+\cos\Theta)^2\boldsymbol{\varDelta} \tag{2.74}$$

其中，$\boldsymbol{n}^{\text{sca}}$、$\boldsymbol{n}^{\text{inc}}$ 分别是散射波波矢、入射波波矢；x 是球体的尺度参数；$\theta=\arccos(\hat{n}^{\text{sca}}\cdot\hat{n}^{\text{inc}})$，是散射角；$J_1(\cdot)$ 是第一类贝塞尔函数。

对于非球形粒子，光线踪迹是以蒙特卡罗方法估计的形式表现出来的，这是因为衍射通常是通过对相同区域的球形物体利用上述方程计算得到的。

几何光学近似的最大优点就是可以应用于多种基本形状的散射体，但该方法是近似定义的，因此在散射体尺度参数较小的范围内使用几何光学近似时，计算结果需要被检验，通过与利用麦克斯韦方程计算的精确结果进行比较来验证。由于标准的光线踪迹中并没有考虑不同光线之间的相位关系，因此几何光学近似方法忽略了相干后向散射的影响，这样会低估粒子内部在相同路径而方向与入射方向相反的光线传播的影响，尤其对内部有多种物质的散射体，这种现象比较明显。为了得到较准确的结果，不但要确定光线踪迹的能量，还要考虑干涉作用下光线踪迹的相位。尽管相干后向散射不会影响混合组成物的光学特性且对非对称参数没有较大的影响，但是总体上会增加后向散射的相位，因此会影响实验结果和后向散射光的遥感技术。

2.3.4　T 矩阵方法

截至目前，T 矩阵方法是计算非球形旋转对称粒子散射特性最有效、最广泛采用的方法之一，它依据的原理是扩展边界条件法，最早被 Waterman 在 1965 年提出。T 矩阵方法适用于旋转对称小粒子光散射的计算，由于它对小粒子光散射计算的高精确性，因此其计算结果通常作为精确的计算结果与其他计算方法进行对比[62]。

设入射平面波的波动方程

$$\boldsymbol{E}^{\text{inc}}(\boldsymbol{r})=\boldsymbol{E}_0^{\text{inc}}\mathrm{e}^{\mathrm{i}k_1\boldsymbol{n}^{\text{inc}}\cdot\boldsymbol{r}},\quad \boldsymbol{E}_0^{\text{inc}}\cdot\boldsymbol{n}^{\text{inc}}=0 \tag{2.75}$$

照射到任意单个散射体上时，都可以按如下方式使用矢量球谐波函数展开：

$$\boldsymbol{E}^{\text{inc}}(\boldsymbol{r})=\sum_{n=1}^{\infty}\sum_{m=-n}^{n}[a_{mn}\mathrm{Rg}\boldsymbol{M}_{mn}(k_1\boldsymbol{r})+b_{mn}\mathrm{Rg}\boldsymbol{N}_{mn}(k_1\boldsymbol{r})] \tag{2.76}$$

$$\boldsymbol{E}^{\text{sca}}(\boldsymbol{r})=\sum_{n=1}^{\infty}\sum_{m=-n}^{n}[p_{mn}\boldsymbol{M}_{mn}(k_1\boldsymbol{r})+q_{mn}\mathrm{Rg}\boldsymbol{N}_{mn}(k_1\boldsymbol{r})],\quad r>r_{>} \tag{2.77}$$

其中，k_1 为周围环境介质中的波数；$r_{>}$ 为实验室坐标系中从散射体中心点到散射体边缘的最小半径；$\mathrm{Rg}\boldsymbol{M}_{mn}(k_1\boldsymbol{r})$ 和 $\mathrm{Rg}\boldsymbol{N}_{mn}(k_1\boldsymbol{r})$ 为矢量球谐波函数的正则函数。根据上面的方法可以得到入射平面波展开系数的表达式：

$$\begin{cases}a_{mn}=4\pi(-1)^m\mathrm{i}^n d_n\boldsymbol{E}_0^{\text{inc}}\cdot\boldsymbol{C}_{mn}^*(\theta^{\text{inc}})\exp(-\mathrm{i}m\varphi^{\text{inc}})\\ b_{mn}=4\pi(-1)^m\mathrm{i}^{n-1}d_n\boldsymbol{E}_0^{\text{inc}}\cdot\boldsymbol{B}_{mn}^*(\theta^{\text{inc}})\exp(-\mathrm{i}m\varphi^{\text{inc}})\end{cases} \tag{2.78}$$

根据麦克斯韦方程及电磁场边界条件可以使用如下转换矩阵 $\boldsymbol{T}$ 来表示入射电磁场的展开系数与散射电磁场的展开系数：

$$\begin{bmatrix}p\\q\end{bmatrix}=\boldsymbol{T}\begin{bmatrix}a\\b\end{bmatrix}=\begin{bmatrix}T^{11}&T^{12}\\T^{21}&T^{22}\end{bmatrix}\begin{bmatrix}a\\b\end{bmatrix} \tag{2.79}$$

即

$$p_{mn}=\sum_{n'=1}^{\infty}\sum_{m'=-n'}^{n'}(T_{mnm'n'}^{11}a_{m'n'}+T_{mnm'n'}^{12}b_{m'n'}) \tag{2.80}$$

$$q_{mn}=\sum_{n'=1}^{\infty}\sum_{m'=-n'}^{n'}(T_{mnm'n'}^{21}a_{m'n'}+T_{mnm'n'}^{22}b_{m'n'}) \tag{2.81}$$

其中，转换矩阵 $\boldsymbol{T}$ 的表达式为

$$\boldsymbol{T}(P)=-(\mathrm{Rg}\boldsymbol{Q})\boldsymbol{Q}^{-1} \tag{2.82}$$

因此，只要计算出转换矩阵 $\boldsymbol{T}$ 就能计算出散射系数，而计算转换矩阵 $\boldsymbol{T}$ 需要得到 $\boldsymbol{Q}$ 的表达式：

$$\begin{cases} Q_{mnm'n'}^{11} = -\mathrm{i}k_1k_2J_{mnm'n'}^{21} - \mathrm{i}k_1^2J_{mnm'n'}^{12} \\ Q_{mnm'n'}^{12} = -\mathrm{i}k_1k_2J_{mnm'n'}^{11} - \mathrm{i}k_1^2J_{mnm'n'}^{22} \\ Q_{mnm'n'}^{21} = -\mathrm{i}k_1k_2J_{mnm'n'}^{22} - \mathrm{i}k_1^2J_{mnm'n'}^{11} \\ Q_{mnm'n'}^{22} = -\mathrm{i}k_1k_2J_{mnm'n'}^{12} - \mathrm{i}k_1^2J_{mnm'n'}^{21} \end{cases} \tag{2.83}$$

并且有

$$\begin{bmatrix} J_{mnm'n'}^{11} \\ J_{mnm'n'}^{12} \\ J_{mnm'n'}^{13} \\ J_{mnm'n'}^{14} \end{bmatrix} = (-1)^m \int_S \mathrm{d}S\hat{\boldsymbol{n}} \cdot \begin{bmatrix} \mathrm{Rg}\boldsymbol{M}_{m'n'}(k_2r,\theta,\varphi) \times \boldsymbol{M}_{-mn}(k_1r,\theta,\varphi) \\ \mathrm{Rg}\boldsymbol{M}_{m'n'}(k_2r,\theta,\varphi) \times \boldsymbol{N}_{-mn}(k_1r,\theta,\varphi) \\ \mathrm{Rg}\boldsymbol{N}_{m'n'}(k_2r,\theta,\varphi) \times \boldsymbol{M}_{-mn}(k_1r,\theta,\varphi) \\ \mathrm{Rg}\boldsymbol{N}_{m'n'}(k_2r,\theta,\varphi) \times \boldsymbol{N}_{-mn}(k_1r,\theta,\varphi) \end{bmatrix} \tag{2.84}$$

式（2.82）中 $\mathrm{Rg}\boldsymbol{Q}$ 各元素的表达式如式（2.85）所示：

$$\begin{cases} \mathrm{Rg}Q_{mnm'n'}^{11} = -\mathrm{i}k_1k_2\mathrm{Rg}J_{mnm'n'}^{21} - \mathrm{i}k_1^2\mathrm{Rg}J_{mnm'n'}^{12} \\ \mathrm{Rg}Q_{mnm'n'}^{12} = -\mathrm{i}k_1k_2\mathrm{Rg}J_{mnm'n'}^{11} - \mathrm{i}k_1^2\mathrm{Rg}J_{mnm'n'}^{22} \\ \mathrm{Rg}Q_{mnm'n'}^{21} = -\mathrm{i}k_1k_2\mathrm{Rg}J_{mnm'n'}^{22} - \mathrm{i}k_1^2\mathrm{Rg}J_{mnm'n'}^{11} \\ \mathrm{Rg}Q_{mnm'n'}^{22} = -\mathrm{i}k_1k_2\mathrm{Rg}J_{mnm'n'}^{12} - \mathrm{i}k_1^2\mathrm{Rg}J_{mnm'n'}^{21} \end{cases} \tag{2.85}$$

并且有

$$\begin{bmatrix} \mathrm{Rg}J_{mnm'n'}^{11} \\ \mathrm{Rg}J_{mnm'n'}^{12} \\ \mathrm{Rg}J_{mnm'n'}^{13} \\ \mathrm{Rg}J_{mnm'n'}^{14} \end{bmatrix} = (-1)^m \int_S \mathrm{d}S\hat{\boldsymbol{n}} \cdot \begin{bmatrix} \mathrm{Rg}\boldsymbol{M}_{m'n'}(k_2r,\theta,\varphi) \times \mathrm{Rg}\boldsymbol{M}_{-mn}(k_1r,\theta,\varphi) \\ \mathrm{Rg}\boldsymbol{M}_{m'n'}(k_2r,\theta,\varphi) \times \mathrm{Rg}\boldsymbol{N}_{-mn}(k_1r,\theta,\varphi) \\ \mathrm{Rg}\boldsymbol{N}_{m'n'}(k_2r,\theta,\varphi) \times \mathrm{Rg}\boldsymbol{M}_{-mn}(k_1r,\theta,\varphi) \\ \mathrm{Rg}\boldsymbol{N}_{m'n'}(k_2r,\theta,\varphi) \times \mathrm{Rg}\boldsymbol{N}_{-mn}(k_1r,\theta,\varphi) \end{bmatrix} \tag{2.86}$$

其中，$\boldsymbol{M}$、$\boldsymbol{N}$ 为矢量球谐波函数。

任意方向旋转对称微粒的散射可以使用如下量纲一斯托克斯散射矩阵表示：

$$\boldsymbol{F}(\theta) = \begin{bmatrix} a_1(\theta) & b_1(\theta) & 0 & 0 \\ b_1(\theta) & a_2(\theta) & 0 & 0 \\ 0 & 0 & a_3(\theta) & b_2(\theta) \\ 0 & 0 & b_2(\theta) & a_4(\theta) \end{bmatrix} \tag{2.87}$$

其中，θ 为散射角，其定义为入射平面与散射平面之间的夹角。散射矩阵表示入射光斯托克斯矢量向散射光斯托克斯矢量的转换。

无量纲斯托克斯散射矩阵中散射矩阵元 $a_1(\theta)$ 被称为散射相函数，它描述的是粒子散射光空间的能量分布，其物理意义的表达式为 $a_1(\theta,\varphi)=\mathrm{d}E/\mathrm{d}\Omega$，其中 φ 为方位角，E 为入射光的能量，Ω 为散射立体角，即散射相函数描述的是空间单位立体角散射光的能量与入射光能量的关系。如果粒子为旋转对称型粒子，则散射相函数与方位角无关，其满足下面归一化条件[62]：

$$\frac{1}{2}\int_0^{\pi}\mathrm{d}\theta\sin\theta a_1(\theta)=1 \tag{2.88}$$

使用 $\boldsymbol{T}$ 矩阵计算旋转对称粒子的消光截面、散射截面和不对称参数，计算公式如下：

$$\langle C_{\mathrm{ext}}\rangle=-\frac{\lambda^2}{2\pi}\mathrm{Re}\sum_{n=1}^{\infty}\sum_{m=-n}^{n}[T_{mnmn}^{11}(P)+T_{mnmn}^{22}(P)] \tag{2.89}$$

$$\langle C_{\mathrm{sca}}\rangle=\frac{\lambda^2}{2\pi}\sum_{n=1}^{\infty}\sum_{m=-n}^{n}\sum_{n'=1}^{\infty}\sum_{m'=-n'}^{n'}\sum_{k=1}^{2}\sum_{l=1}^{2}\left|T_{mnm'n'}^{kl}(P)\right|^2 \tag{2.90}$$

$$\langle\cos\theta\rangle=\frac{2\pi}{\langle C_{\mathrm{sca}}\rangle}\int_0^{\pi}\mathrm{d}\theta\sin\theta a_1(\theta) \tag{2.91}$$

其中，$T_{mnmn}^{11}(P)$、$T_{mnm'n'}^{kl}(P)$ 和 $T_{mnmn}^{22}(P)$ 为矩阵 $\boldsymbol{T}$ 中的元素，且散射（消光和吸收）效率因子与散射（消光和吸收）截面满足 $Q_{\mathrm{sca}}=\langle C_{\mathrm{sca}}\rangle/\langle G\rangle$，$\langle G\rangle$ 为单个粒子的平均投影面积[61,62]。

2.3.5　离散偶极子近似法

离散偶极子近似法的最大优点就是可以巧妙地将散射体看作被限制在一定范围内的一组相互作用的偶极子，偶极子之间的距离间隔为 d，入射光的波长为 λ。数值研究结果表明，偶极子必须满足 $|m|kd<1$，其中 m 为散射体的复折射率，$k(k=2\pi/\lambda)$ 为波数。使用由 N 组相互作用的偶极子组成的阵列来近似代替所要研究的散射体[63]。设每个电偶极子的极化率为 a_j，中心位置为 $\boldsymbol{r}_j$，每个偶极子在局部场 $\boldsymbol{E}(\boldsymbol{r}_j)$ 作用下的电偶极矩 $\boldsymbol{P}_j=a_j\cdot\boldsymbol{E}(\boldsymbol{r}_j)$，其中 $\boldsymbol{E}(\boldsymbol{r}_j)$ 是 $\boldsymbol{r}_j$ 处的电场。因为入射电场 $\boldsymbol{E}_{\mathrm{inc}.j}=\boldsymbol{E}_0\exp(\mathrm{i}\boldsymbol{k}\cdot\boldsymbol{r}_j-\mathrm{i}\omega t)$，再叠加上其余 $N-1$ 个偶极子的电场，所以 $\boldsymbol{E}(\boldsymbol{r}_j)$ 的表达式为[64,65]

$$\boldsymbol{E}(\boldsymbol{r}_j)=\boldsymbol{E}_{\mathrm{inc}.j}-\sum_{k\neq j}\boldsymbol{A}_{jk}\boldsymbol{P}_k \tag{2.92}$$

其中，$-\boldsymbol{A}_{jk}\boldsymbol{P}_k$ 是位置 $\boldsymbol{r}_j$ 处的电场，考虑迟滞效应，每一个元素 $\boldsymbol{A}_{jk}$ 都可以看成一个 3×3 的矩阵：

$$\boldsymbol{A}_{jk}\boldsymbol{P}_k=\left\{k^2\boldsymbol{r}_{jk}\times(\boldsymbol{r}_{jk}\times\boldsymbol{P}_k)+\frac{1-\mathrm{i}kr_{jk}}{r_{jk}^2}\times[r_{jk}^2\boldsymbol{P}_k-3\boldsymbol{r}_{jk}(\boldsymbol{r}_{jk}\cdot\boldsymbol{P}_k)]\right\}\cdot\frac{\exp(\mathrm{i}kr_{jk})}{r_{jk}^3},\ j\neq k \quad (2.93)$$

其中，$r_{jk}=|\boldsymbol{r}_j-\boldsymbol{r}_k|$；$\boldsymbol{r}_{jk}=(\boldsymbol{r}_j-\boldsymbol{r}_k)/r_{jk}$。因此，散射场的计算归结为一个 $3N$ 维的复线性方程的求解：

$$\sum_{k=1}^{N}\boldsymbol{A}_{jk}\boldsymbol{P}_k=\boldsymbol{E}_{\mathrm{inc},j} \quad (2.94)$$

因此，散射场和入射场可以使用如下的矩阵关系式来表示：

$$\begin{pmatrix}\boldsymbol{E}_\mathrm{s}\cdot\boldsymbol{\theta}_\mathrm{s}\\ \boldsymbol{E}_\mathrm{s}\cdot\boldsymbol{\phi}_\mathrm{s}\end{pmatrix}=\frac{\exp(\mathrm{i}kr)}{kr}\begin{pmatrix}f_{11} & f_{12}\\ f_{21} & f_{22}\end{pmatrix}\begin{pmatrix}\boldsymbol{E}_\mathrm{i}(0)\cdot\boldsymbol{e}_{01}\\ \boldsymbol{E}_\mathrm{i}(0)\cdot\boldsymbol{e}_{02}\end{pmatrix} \quad (2.95)$$

其中，f_{ml} 表示散射矩阵 $\boldsymbol{F}$ 的各个元素；$\boldsymbol{e}_{01}$、$\boldsymbol{e}_{02}$ 分别表示入射波的两种极化状态；$\boldsymbol{\theta}_\mathrm{s}$ 表示平行于散射面的极化状态；$\boldsymbol{\phi}_\mathrm{s}$ 表示垂直于散射面的极化状态。

散射振幅矩阵与散射矩阵的关系如下：

$$\begin{bmatrix}S_2 & S_3\\ S_4 & S_1\end{bmatrix}=\mathrm{i}\begin{bmatrix}-f_{11} & -f_{12}\\ f_{21} & f_{22}\end{bmatrix}\begin{bmatrix}a & b\\ c & d\end{bmatrix}\begin{bmatrix}\cos\phi_\mathrm{s} & \sin\phi_\mathrm{s}\\ \sin\phi_\mathrm{s} & -\cos\phi_\mathrm{s}\end{bmatrix} \quad (2.96)$$

其中，a、b、c、d 为振幅比例系数；散射振幅矩阵各个元素的表达式如下：

$$\begin{cases}S_1=-\mathrm{i}\left[f_{21}(b\cos\phi_\mathrm{s}-a\sin\phi_\mathrm{s})+f_{22}(d\cos\phi_\mathrm{s}-c\sin\phi_\mathrm{s})\right]\\ S_2=-\mathrm{i}\left[f_{11}(a\cos\phi_\mathrm{s}+b\sin\phi_\mathrm{s})+f_{12}(c\cos\phi_\mathrm{s}+d\sin\phi_\mathrm{s})\right]\\ S_3=\mathrm{i}\left[f_{11}(b\cos\phi_\mathrm{s}-a\sin\phi_\mathrm{s})+f_{12}(d\cos\phi_\mathrm{s}-c\sin\phi_\mathrm{s})\right]\\ S_4=\mathrm{i}\left[f_{21}(a\cos\phi_\mathrm{s}+b\sin\phi_\mathrm{s})+f_{12}(c\cos\phi_\mathrm{s}+d\sin\phi_\mathrm{s})\right]\end{cases} \quad (2.97)$$

穆勒矩阵的首元素可以通过入射辐射和散射辐射的斯托克斯参量计算得到，该首元素也被称为散射相函数，其与散射振幅矩阵各个元素的关系式如下所示：

$$S_{11}=\frac{1}{2}\left(|S_1|^2+|S_2|^2+|S_3|^2+|S_4|^2\right) \quad (2.98)$$

第3章　单个气溶胶粒子对平面波的散射特性

本章主要研究平面波照射单个气溶胶粒子的散射特性。运用米氏理论计算单个均匀球形气溶胶粒子和分层球形气溶胶粒子的散射特性。利用T矩阵方法计算不同形状单个均匀旋转对称气溶胶粒子的散射特性。使用离散偶极子近似法计算非旋转对称椭球气溶胶粒子的散射相函数。

3.1　均匀球形和分层球形气溶胶粒子散射特性

3.1.1　单个分层球形气溶胶粒子的米氏理论

当平面电磁波入射到同轴多层球形粒子时，设每层球的尺度参数 $x_l = 2\pi N r_l / \lambda = k r_l$，且每层的相对复折射率 $m_l = N_l / N = n_l + \mathrm{i}k_l, l = 1,2,\cdots,L$，其中 λ 是入射波的波长，r_l 是第 l 层球的外径，N 和 N_l 分别是外界介质的复折射率和第 l 层介质的复折射率，k 是波数，n_l 和 k_l 分别是相对复折射率的实部和虚部，L 是多层球层数。球外部介质的复折射率 $m_{L+1} = 1$，取整个空间磁导率与自由空间磁导率相同，即 $\mu=\mu_0$。设入射波为 x 轴方向极化的波，其电场表达式为 $\boldsymbol{E}_\mathrm{i} = E_0 \exp(\mathrm{i}\boldsymbol{k}\cdot\boldsymbol{r}\cdot\cos\theta)\boldsymbol{e}_x$。因此，整个空间就可以分为两部分，即多层球内部环境和多层球所处的外部环境。设入射波的时谐因子为 $\exp(-\mathrm{i}\omega t)$，内部电场和外部电场使用矢量球谐波函数表示的表达式如下[66,67]：

$$\boldsymbol{E}_\mathrm{in} = \sum_{n=1}^{\infty} E_n \left[c_n^{(l)} \boldsymbol{M}_{\mathrm{o}1n}^{(1)} - \mathrm{i} d_n^{(l)} \boldsymbol{N}_{\mathrm{e}1n}^{(1)} \right] \tag{3.1}$$

$$\boldsymbol{E}_\mathrm{out} = \sum_{n=1}^{\infty} E_n \left[\mathrm{i} a_n^{(l)} \boldsymbol{N}_{\mathrm{e}1n}^{(3)} - b_n^{(l)} \boldsymbol{M}_{\mathrm{o}1n}^{(3)} \right] \tag{3.2}$$

设第 l 层区域电场 $\boldsymbol{E}_l$ 和磁场 $\boldsymbol{H}_l$ 的表达式如下：

$$\boldsymbol{E}_l = \sum_{n=1}^{\infty} E_n \left[c_n^{(l)} \boldsymbol{M}_{\mathrm{o}1n}^{(1)} - \mathrm{i} d_n^{(l)} \boldsymbol{N}_{\mathrm{e}1n}^{(1)} + \mathrm{i} a_n^{(l)} \boldsymbol{N}_{\mathrm{e}1n}^{(3)} - b_n^{(l)} \boldsymbol{M}_{\mathrm{o}1n}^{(3)} \right] \tag{3.3}$$

$$\boldsymbol{H}_l = -\frac{k_l}{\omega\mu} \sum_{n=1}^{\infty} E_n \left[d_n^{(l)} \boldsymbol{M}_{\mathrm{e}1n}^{(1)} + \mathrm{i} c_n^{(l)} \boldsymbol{N}_{\mathrm{o}1n}^{(1)} - \mathrm{i} b_n^{(l)} \boldsymbol{N}_{\mathrm{o}1n}^{(3)} - a_n^{(l)} \boldsymbol{M}_{\mathrm{e}1n}^{(3)} \right] \tag{3.4}$$

其中，$E_n = \mathrm{i}^n E_0 (2n+1)/[n(n+1)]$；$\omega$ 是角频率；$\boldsymbol{M}_{\mathrm{o}1n}^{(j)}$、$\boldsymbol{M}_{\mathrm{e}1n}^{(j)}$、$\boldsymbol{N}_{\mathrm{o}1n}^{(j)}$ 和 $\boldsymbol{N}_{\mathrm{e}1n}^{(j)} (j = 1,3)$ 是矢量球谐波函数，其径向与贝塞尔函数 $j_n(k_l r)$ 和第一类汉克尔函数 $h_n^{(1)}(k_l r)$ 有关。

设第一层球 $(0 \leqslant r \leqslant r_1)$ 的内部电磁场 $(\boldsymbol{E}_1$、$\boldsymbol{H}_1)$ 的表达式如下：

$$\boldsymbol{E}_1=\sum_{n=1}^{\infty}E_n\left[c_n^{(1)}\boldsymbol{M}_{\text{o1n}}^{(1)}-\mathrm{i}d_n^{(1)}\boldsymbol{N}_{\text{e1n}}^{(1)}\right] \tag{3.5}$$

$$\boldsymbol{H}_1=-\frac{k_1}{\omega\mu}\sum_{n=1}^{\infty}E_n\left[d_n^{(1)}\boldsymbol{M}_{\text{e1n}}^{(1)}+\mathrm{i}c_n^{(1)}\boldsymbol{N}_{\text{o1n}}^{(1)}\right] \tag{3.6}$$

由于在多层球体外部区域总电场等于入射电场和散射电场的叠加，即$\boldsymbol{E}=\boldsymbol{E}_{\text{i}}+\boldsymbol{E}_{\text{s}}$，因此根据米氏理论原理，入射电磁场和散射电磁场的表达式如下：

$$\boldsymbol{E}_{\text{i}}=\sum_{n=1}^{\infty}E_n\left[\boldsymbol{M}_{\text{o1n}}^{(1)}-\mathrm{i}\boldsymbol{N}_{\text{e1n}}^{(1)}\right] \tag{3.7}$$

$$\boldsymbol{H}_{\text{i}}=-\frac{k}{\omega\mu}\sum_{n=1}^{\infty}E_n\left[\boldsymbol{M}_{\text{e1n}}^{(1)}+\mathrm{i}\boldsymbol{N}_{\text{o1n}}^{(1)}\right] \tag{3.8}$$

$$\boldsymbol{E}_{\text{s}}=\sum_{n=1}^{\infty}E_n\left[\mathrm{i}a_n\boldsymbol{N}_{\text{e1n}}^{(3)}-b_n\boldsymbol{M}_{\text{o1n}}^{(3)}\right] \tag{3.9}$$

$$\boldsymbol{H}_{\text{s}}=-\frac{k}{\omega\mu}\sum_{n=1}^{\infty}E_n\left[-\mathrm{i}b_n\boldsymbol{N}_{\text{o1n}}^{(3)}-a_n\boldsymbol{M}_{\text{e1n}}^{(3)}\right] \tag{3.10}$$

由式（3.7）～式（3.10）可以推导出$a_n^{(1)}=b_n^{(1)}=0$、$c_n^{(L+1)}=d_n^{(L+1)}=1$、$a_n=a_n^{(L+1)}$和$b_n=b_n^{(L+1)}$。扩展系数$c_n^{(l)}$、$d_n^{(l)}$、$a_n^{(l)}$、$b_n^{(l)}$以及米氏散射系数$a_n$、$b_n$可以通过电磁场边界条件切向连续解得。其中，米氏散射系数a_n、b_n的表达式如下所示：

$$a_n=a_n^{(L+1)}=\frac{\left[H_n^a(m_Lx_L)/m_L+n/x_L\right]\psi_n(x_L)-\psi_{n-1}(x_L)}{\left[H_n^a(m_Lx_L)/m_L+n/x_L\right]\zeta_n(x_L)-\zeta_{n-1}(x_L)} \tag{3.11}$$

$$b_n=b_n^{(L+1)}=\frac{\left[m_LH_n^b(m_Lx_L)+n/x_L\right]\psi_n(x_L)-\psi_{n-1}(x_L)}{\left[m_LH_n^b(m_Lx_L)+n/x_L\right]\zeta_n(x_L)-\zeta_{n-1}(x_L)} \tag{3.12}$$

式（3.11）和式（3.12）中$\psi_n(x_L)$、$\zeta_n(x_L)$与贝塞尔函数有关，且$H_n^a(m_Lx_L)$和$H_n^b(m_Lx_L)$的计算表达式如下：

$$H_n^a(m_1x_1)=D_n^{(1)}(m_1x_1) \tag{3.13}$$

$$H_n^a(m_lx_l)=\frac{G_2D_n^{(1)}(m_lx_l)-Q_n^{(l)}G_1D_n^{(3)}(m_lx_l)}{G_2-Q_n^{(l)}G_1},\quad l=2,3,\cdots,L \tag{3.14}$$

$$H_n^b(m_1x_1)=D_n^{(1)}(m_1x_1) \tag{3.15}$$

$$H_n^b(m_lx_l)=\frac{\tilde{G}_2D_n^{(1)}(m_lx_l)-Q_n^{(l)}\tilde{G}_1D_n^{(3)}(m_lx_l)}{\tilde{G}_2-Q_n^{(l)}\tilde{G}_1},\quad l=2,3,\cdots,L \tag{3.16}$$

其中，

$$\begin{cases}D_n^{(1)}(z)=\psi_n'(z)/\psi_n(z)\\ D_n^{(3)}(z)=\zeta_n'(z)/\zeta_n(z)\end{cases} \tag{3.17}$$

$$Q_n^{(l)}=\frac{\psi_n(m_lx_{l-1})}{\zeta_n(m_lx_{l-1})}\Big/\frac{\psi_n(m_lx_l)}{\zeta_n(m_lx_l)} \tag{3.18}$$

$$\begin{cases} G_1 = m_l H_n^a(m_{l-1}x_{l-1}) - m_{l-1}D_n^{(1)}(m_l x_{l-1}) \\ G_2 = m_l H_n^a(m_{l-1}x_{l-1}) - m_{l-1}D_n^{(3)}(m_l x_{l-1}) \\ \tilde{G}_1 = m_{l-1} H_n^b(m_{l-1}x_{l-1}) - m_l D_n^{(1)}(m_l x_{l-1}) \\ \tilde{G}_2 = m_{l-1} H_n^b(m_{l-1}x_{l-1}) - m_l D_n^{(3)}(m_l x_{l-1}) \end{cases} \tag{3.19}$$

对于 $D_n^{(1)}(z)$，可以使用向下递推的方法进行计算，递推公式如下所示：

$$\begin{cases} D_{N_{\max}}^{(1)}(z) = 0 + \mathrm{i}0 \\ D_{n-1}^{(1)}(z) = \dfrac{n}{z} - \dfrac{1}{D_n^{(1)}(z) + n/z}, \quad n = N_{\max}, N_{\max}-1, \cdots, 1 \end{cases} \tag{3.20}$$

$N_{\max} = \max\left(N_{\text{stop}}, |m_l x_l|, |m_l x_{l-1}|\right) + 15, l = 1,2,\cdots,L$。其中，$N_{\text{stop}}$ 的表达式如下：

$$N_{\text{stop}} = \begin{cases} x_L + 4x_L^{1/3} + 1, & 0.02 \leqslant x_L < 8 \\ x_L + 4.05x_L^{1/3} + 2, & 8 \leqslant x_L < 4200 \\ x_L + 4x_L^{1/3} + 2, & 4200 \leqslant x_L < 20000 \end{cases} \tag{3.21}$$

对于 $D_n^{(3)}(z)$，可以使用下面的方法进行计算：

$$\begin{cases} \psi_0(z)\zeta_0(z) = \dfrac{1}{2}[1 - (\cos(2a) + \mathrm{i}\sin(2a))\exp(-2b)] \\ D_0^{(3)}(z) = \mathrm{i} \end{cases} \tag{3.22}$$

$$\begin{cases} \psi_n(z)\zeta_n(z) = \psi_{n-1}(z)\zeta_{n-1}(z) \times \left[\dfrac{n}{z} - D_{n-1}^{(1)}(z)\right]\left[\dfrac{n}{z} - D_{n-1}^{(3)}(z)\right] \\ D_n^{(3)}(z) = D_n^{(1)}(z) + \dfrac{\mathrm{i}}{\psi_n(z)\zeta_n(z)} \end{cases} \tag{3.23}$$

其中，$z = a + \mathrm{i}b$。

比率 $Q_n^{(l)}$ 可以使用下面的方法进行计算：

$$Q_0^{(l)} = \frac{\exp(-\mathrm{i}2a_1) - \exp(-\mathrm{i}2b_1)}{\exp(-\mathrm{i}2a_2) - \exp(-\mathrm{i}2b_2)} \times \exp[-2(b_2 - b_1)] \tag{3.24}$$

$$Q_n^{(l)} = Q_{n-1}^{(l)} \left(\frac{x_{l-1}}{x_l}\right)^2 \frac{\left[z_2 D_n^{(1)}(z_2) + n\right]}{\left[z_1 D_n^{(1)}(z_1) + n\right]} \frac{\left[n - z_2 D_{n-1}^{(3)}(z_2)\right]}{\left[n - z_1 D_{n-1}^{(3)}(z_1)\right]}, \quad n = 1,2,\cdots,N_{\max} \tag{3.25}$$

其中，$z_1 = m_l x_{l-1} = a_1 + \mathrm{i}b_1$；$z_2 = m_l x_l = a_2 + \mathrm{i}b_2$。

最后，$\psi_n(x_L)$ 和 $\zeta_n(x_L)$ 可以根据下面的表达式计算得到：

$$\begin{cases}\psi_0(x_L)=\sin x_L\\ \psi_n(x_L)=\psi_{n-1}(x_L)\left[\dfrac{n}{x_L}-D_{n-1}^{(1)}(x_L)\right], \quad n=1,2,\cdots,N_{\max}\end{cases} \tag{3.26}$$

$$\begin{cases}\zeta_0(x_L)=\sin x_L-\mathrm{i}\cos x_L\\ \zeta_n(x_L)=\zeta_{n-1}(x_L)\left[\dfrac{n}{x_L}-D_{n-1}^{(3)}(x_L)\right], \quad n=1,2,\cdots,N_{\max}\end{cases} \tag{3.27}$$

以上是对分层球形粒子米氏散射理论的简单介绍，其与均匀球形粒子唯一的区别就是米氏散射系数 a_n 和 b_n 的计算，分层球形粒子散射系数要通过 l 个边界条件切向连续推导得到，计算比较复杂。其他物理量的表达式，如散射相函数 $(P(\theta))$、消光效率因子 (Q_{ext})、散射效率因子 (Q_{sca})、吸收效率因子 (Q_{abs}) 等，都与均匀球形粒子的表达式相同。

3.1.2　均匀球形和分层球形气溶胶粒子散射特性比较

选取入射可见光的波长 $\lambda=0.55\mu\text{m}$，在该波长入射光的作用下，雾霾中硫酸铵气溶胶、硫酸气溶胶、硝酸铵气溶胶、碳质气溶胶和水的复折射率[68]如表 3.1 所示。

表 3.1　雾霾中硫酸铵气溶胶、硫酸气溶胶、硝酸铵气溶胶、碳质气溶胶和水在波长 λ=0.55μm 时的复折射率

气溶胶组分	硫酸铵	硫酸	硝酸铵	碳质（元素碳和有机碳）	水
复折射率（实部）	1.520	1.431	1.554	1.750	1.333
复折射率（虚部）	1×10^{-7}	2×10^{-8}	1×10^{-8}	0.44	1.96×10^{-9}

因为雾霾中单个气溶胶粒子的大小属于污染物 $PM_{2.5}$ 的范围，所以在数值计算的过程中，可以选取不同组分半径 $r=1.0\mu\text{m}$ 的单个气溶胶粒子作为散射体来研究各种物质的散射特性。对于分层球形气溶胶粒子，选取含水层的两层单个气溶胶粒子作为散射体，其中内层球半径 $r_1=0.8\mu\text{m}$，外层球半径 $r_2=1.0\mu\text{m}$。

下面计算入射光波长 $\lambda=0.55\mu\text{m}$ 的平面波与单个均匀球形气溶胶粒子和相应含水分层球形气溶胶粒子相互作用的散射相函数随散射角的变化，如图 3.1 所示，并对均匀球形气溶胶粒子和含水分层球形气溶胶粒子的散射相函数进行对比。

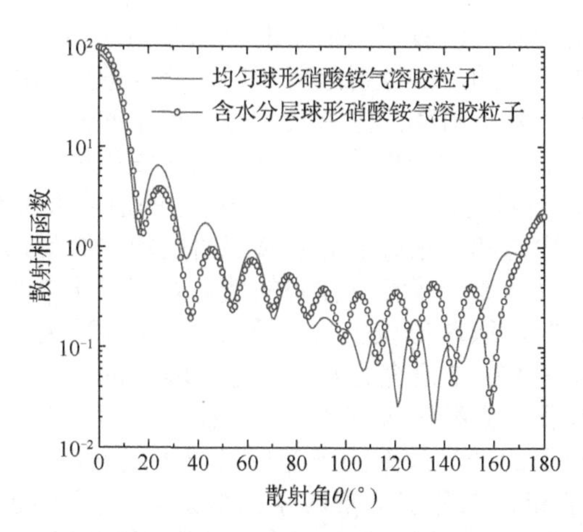

图 3.1　平面波与单个均匀球形气溶胶粒子和相应含水分层球形气溶胶粒子相互作用的散射相函数随散射角的变化

由图 3.1 可以看出，含水层对气溶胶粒子的前向散射没有太大影响，对气溶胶粒子的侧向散射和后向散射影响最大，这个结论在含水层碳质气溶胶粒子的散射相函数中表现得比较明显，因为碳质气溶胶复折射率的实部和虚部较水的复折射率大，并且含水层较薄，所以粒子的前向散射没有受到太大影响。前向散射主要是衍射，与复折射率的实部有较大关系，后向散射主要与复折射率的虚部有较大关系，并且粒子的后向散射对复折射率的虚部较敏感，因此含水层碳质气溶胶的后向散射呈现出较均匀球形气溶胶大的振荡现象，这种规律在图 3.2 所示四种均匀球形气溶胶的散射相函数中也存在较明显的表现。由于硫酸铵和硝酸铵复折射率的实部较相近，所以硫酸铵和硝酸铵气溶胶的散射相函数中前向散射曲线的趋势相同，而侧向和后向散射曲线表现出较大的差异。

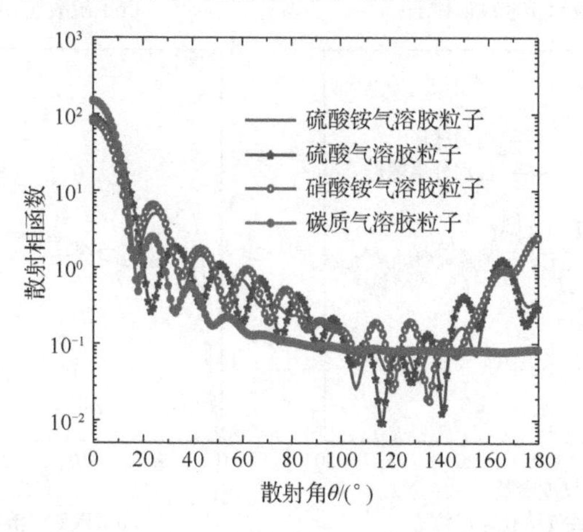

图 3.2　四种均匀球形气溶胶粒子的散射相函数

硫酸气溶胶和硝酸铵气溶胶复折射率的虚部有相同的数量级，因此硫酸和硝酸铵气溶胶的散射相函数的后向散射趋势相同，侧向散射的影响比较复杂，没有较明显的规律。当粒子复折射率的虚部较大时，粒子的侧、后向散射趋于一个较稳定的范围内，不会出现较大的振荡，这主要因为复折射率虚部影响吸收，当虚部较大的时候，吸收特性增强，散射趋于一个稳定的值，从而不存在强烈的振荡。

下面对平面波与均匀和含水分层硫酸铵气溶胶粒子、硫酸气溶胶粒子、硝酸铵气溶胶粒子和碳质气溶胶粒子相互作用的散射效率因子、吸收效率因子和消光效率因子进行仿真计算。取球形粒子的半径为r，则对应的球形粒子的尺度参数$x=2\pi r/\lambda$，取内径$r_1=0.8r$来研究含水分层球形粒子的效率因子。硫酸铵气溶胶粒子、硫酸气溶胶粒子、硝酸铵气溶胶粒子和碳质气溶胶粒子各自的均匀球形粒子和含水分层球形粒子的消光效率因子随球形粒子尺度参数的变化曲线如图 3.3 所示，均匀球形粒子和含水分层球形粒子的散射效率因子随球形粒子尺度参数的变化曲线如图 3.4 所示，均匀球形粒子和含水分层球形粒子的吸收效率因子随球形粒子尺度参数的变化曲线如图 3.5 所示。

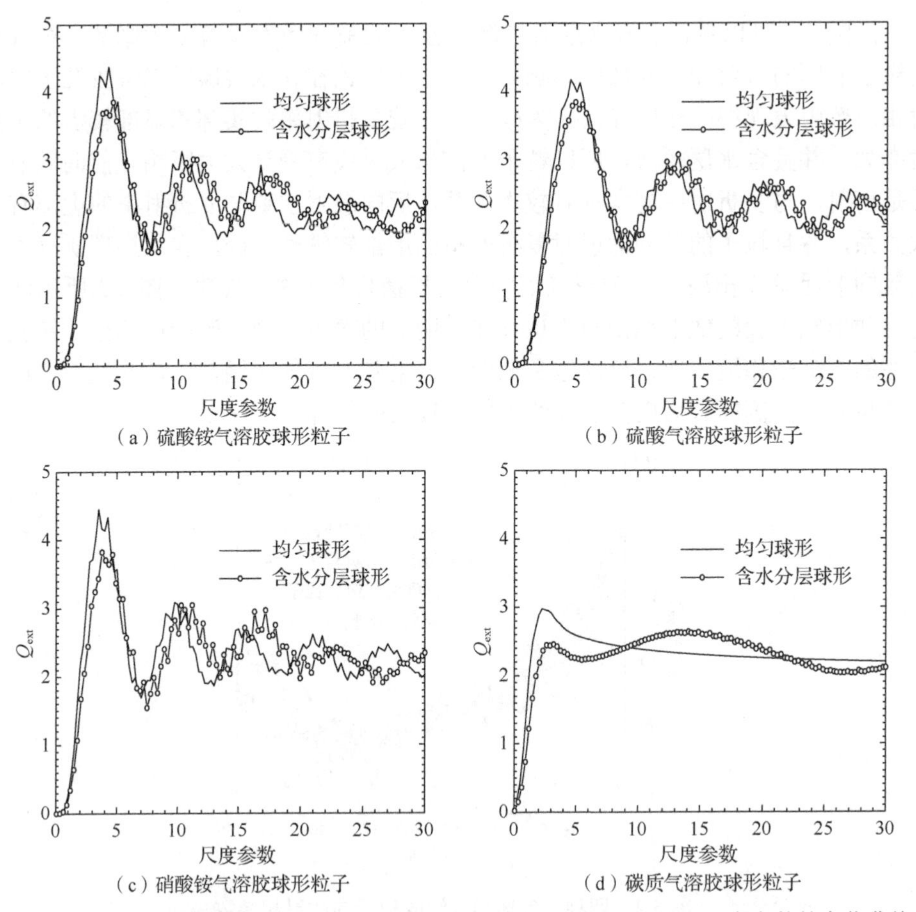

（a）硫酸铵气溶胶球形粒子　（b）硫酸气溶胶球形粒子

（c）硝酸铵气溶胶球形粒子　（d）碳质气溶胶球形粒子

图 3.3　均匀球形粒子和含水分层球形粒子的消光效率因子随球形粒子尺度参数的变化曲线

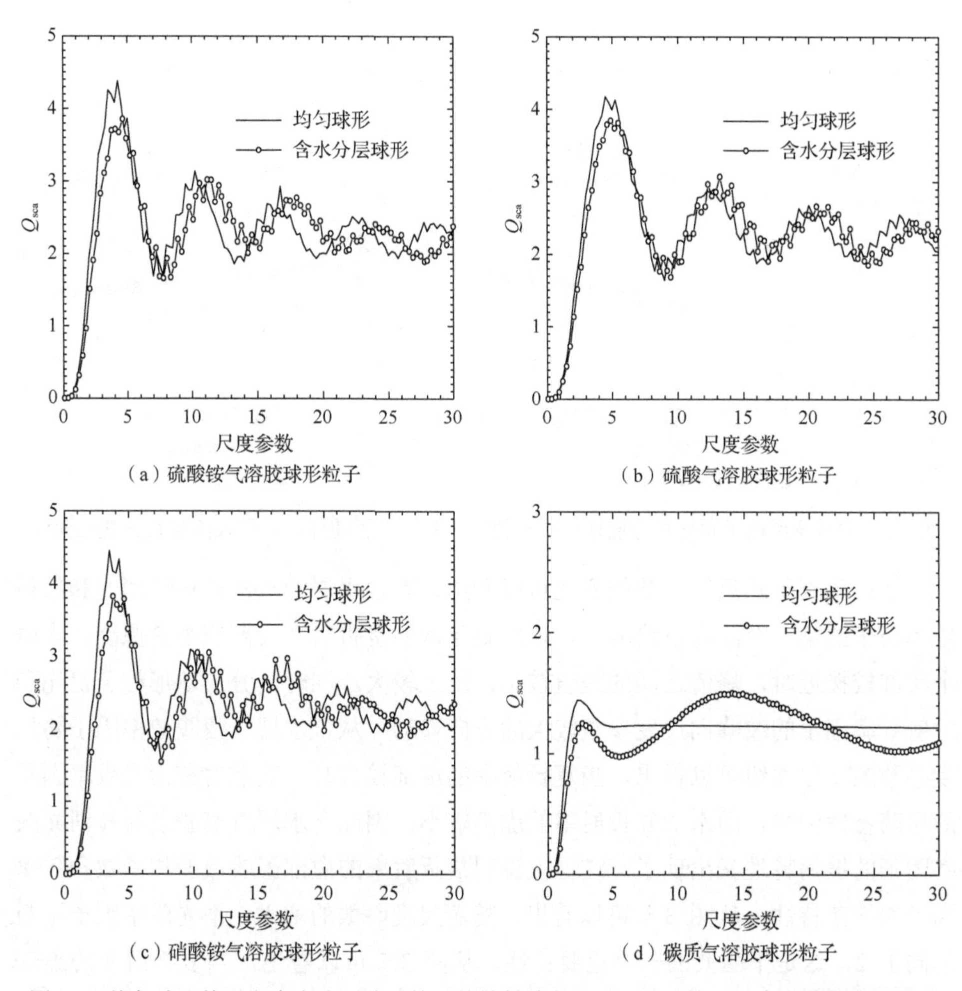

(a) 硫酸铵气溶胶球形粒子 (b) 硫酸气溶胶球形粒子

(c) 硝酸铵气溶胶球形粒子 (d) 碳质气溶胶球形粒子

图 3.4 均匀球形粒子和含水分层球形粒子的散射效率因子随球形粒子尺度参数的变化曲线

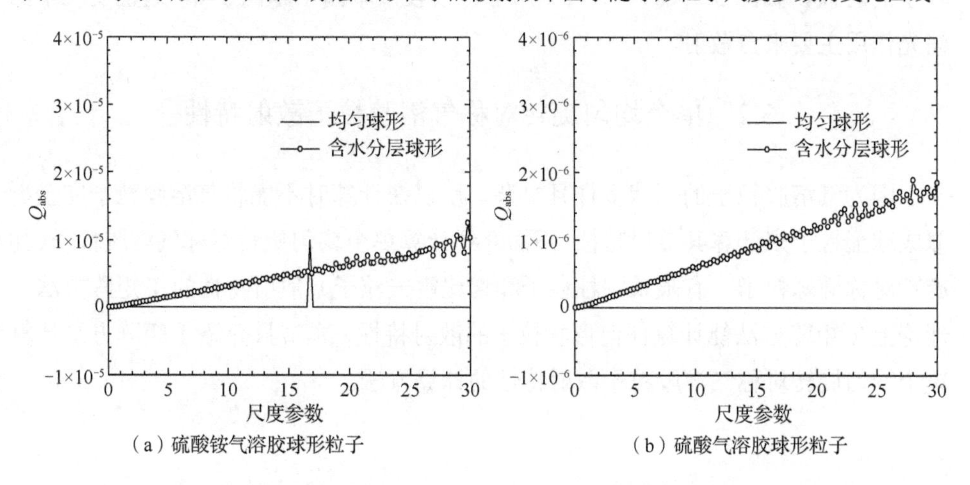

(a) 硫酸铵气溶胶球形粒子 (b) 硫酸气溶胶球形粒子

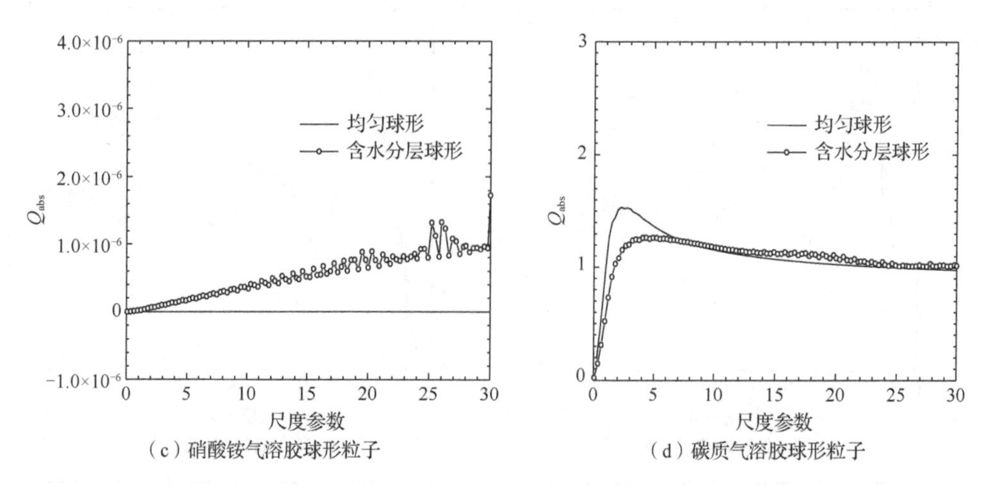

（c）硝酸铵气溶胶球形粒子　（d）碳质气溶胶球形粒子

图 3.5　均匀球形粒子和含水分层球形粒子的吸收效率因子随球形粒子尺度参数的变化曲线

从效率因子随尺度参数的变化可以看出，有含水层的气溶胶粒子消光和散射效率因子的第一个波峰值均减小，这主要是水的复折射率实部较小的原因。当两个实部较接近时，峰值之间的差值较小，反之较大。同时，分层球形粒子消光和散射效率因子的波峰向尺度参数较大的方向移动。从含水层气溶胶效率因子随尺度参数的变化曲线可以得出，当复折射率的虚部较大时，其散射和消光效率因子的振荡特性消失，而水的复折射率的虚部较小，因此含水层气溶胶散射和消光效率因子的振荡特性又出现了，这再次说明复折射率的虚部影响散射相函数和效率因子的振荡特性。从图 3.3 可以看出，随着尺度参数的增大，消光效率因子不断趋向于 2，这是平面波的一个重要特性。从图 3.5 可以看出，当复折射率的虚部较小的时候，如图 3.5（a）～（c）所示，吸收效率因子趋向于 0，这说明粒子的消光作用主要来自散射。

3.2　单个均匀旋转对称气溶胶粒子散射特性

因为气溶胶粒子的形状多样且复杂，所以在计算时不能将气溶胶粒子完全近似成球形粒子来计算其散射特性。下面介绍计算单个均匀旋转对称气溶胶粒子（如旋转对称椭球粒子、有限长圆柱粒子和切比雪夫粒子）散射特性的 T 矩阵方法。理论上 T 矩阵方法能计算任何形状粒子的散射特性，本节只介绍 T 矩阵方法计算单个均匀旋转对称气溶胶粒子散射特性的计算方法。

3.2.1　椭球气溶胶粒子散射特性

针对最常见的椭球粒子，这里仅讨论其长短轴比（轴比是指椭球长短轴长度之比）变化、入射光方向变化以及入射波长变化对粒子散射特性的影响。

首先，讨论椭球粒子长短轴比对光学特性的影响。设入射波长为 0.55μm，选取介质为硫酸铵粒子，轴比分别为 2∶1、4∶1 和 8∶1，长轴在 x 轴上，入射光方向为 x 轴正向，图 3.6 是椭球粒子在坐标系中的示意图。利用网格对其进行剖分，选取整数坐标为每个偶极子的位置坐标，可以得到椭球粒子偶极子阵列。

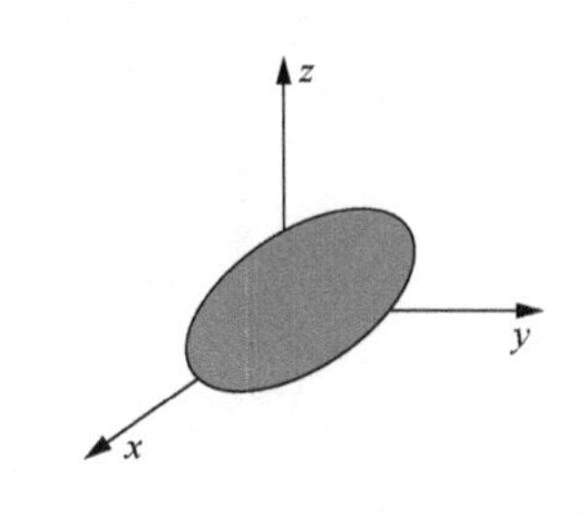

图 3.6　椭球粒子在坐标系中的示意图

图 3.7 给出了不同轴比椭球粒子效率因子的变化情况。可以看出，随着粒子轴比的增大，消光效率因子的第一个峰值明显增大，此后三种不同轴比椭球粒子消光效率因子数值都在 2 处振荡，变化基本一致。三种轴比椭球粒子的吸收效率因子都随着尺度参数的增大而上升，当轴比增大时，曲线振荡幅度增大。可以预见，当椭球粒子形状越趋近球形粒子，吸收效率因子的曲线越平滑。

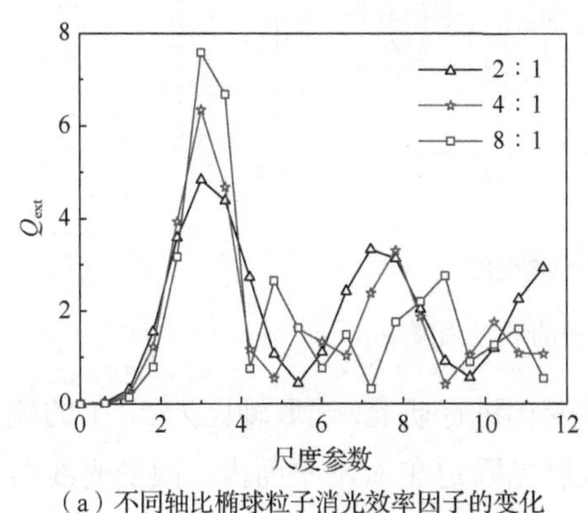

（a）不同轴比椭球粒子消光效率因子的变化

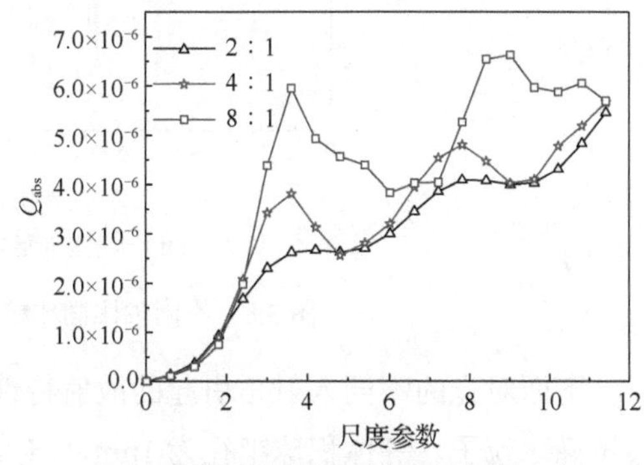

（b）不同轴比椭球粒子吸收效率因子的变化

图 3.7　不同轴比椭球粒子效率因子的变化情况

图 3.8 是不同轴比椭球粒子的散射强度变化。可以看出，粒子形状越趋近于球形，其前向散射越大，这是由粒子垂直于入射光的截面积增大所致。轴比越小，水平极化散射强度在散射角为 30°～150° 的振荡越规律，振荡位置也略高。

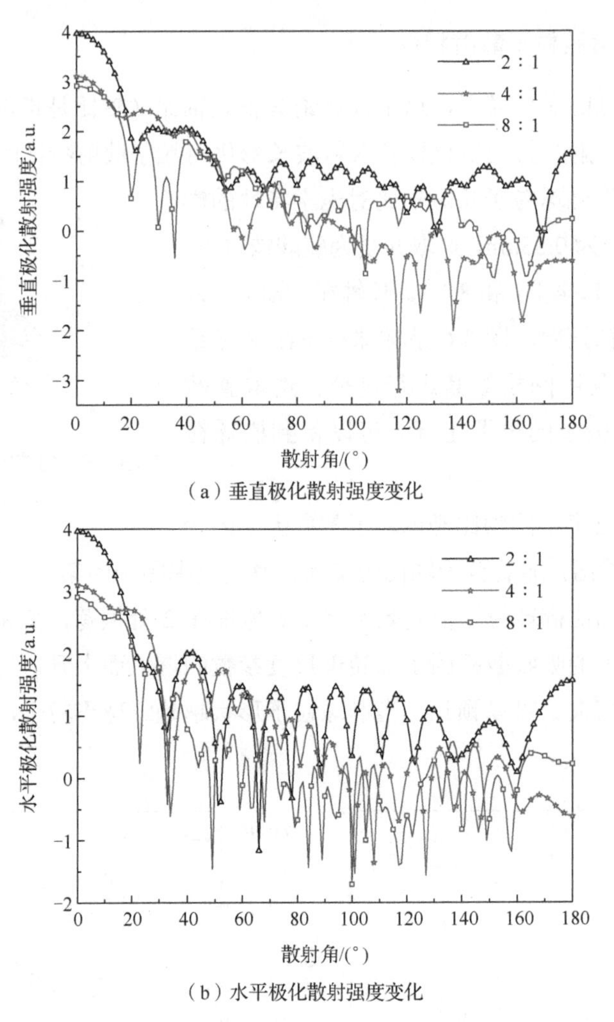

（a）垂直极化散射强度变化

（b）水平极化散射强度变化

图 3.8　不同轴比椭球粒子的散射强度变化

下面对光的不同入射角引起的散射特性变化进行研究。选取轴比为 2∶1 的硫酸铵椭球粒子，等体积球半径为 1μm，将入射光固定在 xOy 平面内，改变光线与 x 轴夹角 θ 的大小，图 3.9 是四种不同入射方向光的示意图。图 3.10 是入射角余弦 $\cos\theta$ 为 0.75、0.5、0.25 和 0 时椭球粒子近场散射。可以看出，由于椭球的不对称性，θ 的改变引起了近场散射的变化。

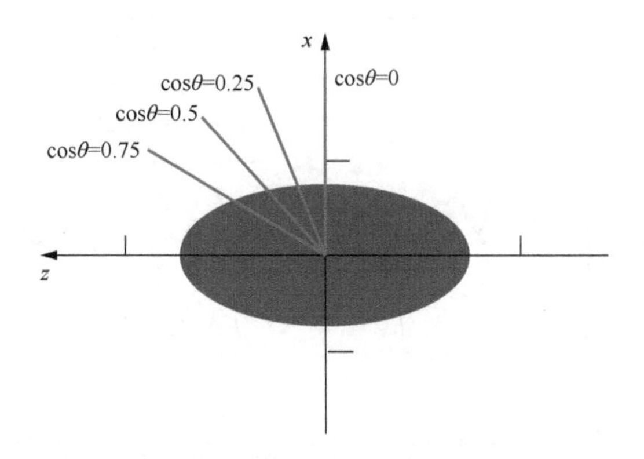

图 3.9　四种不同入射方向光的示意图

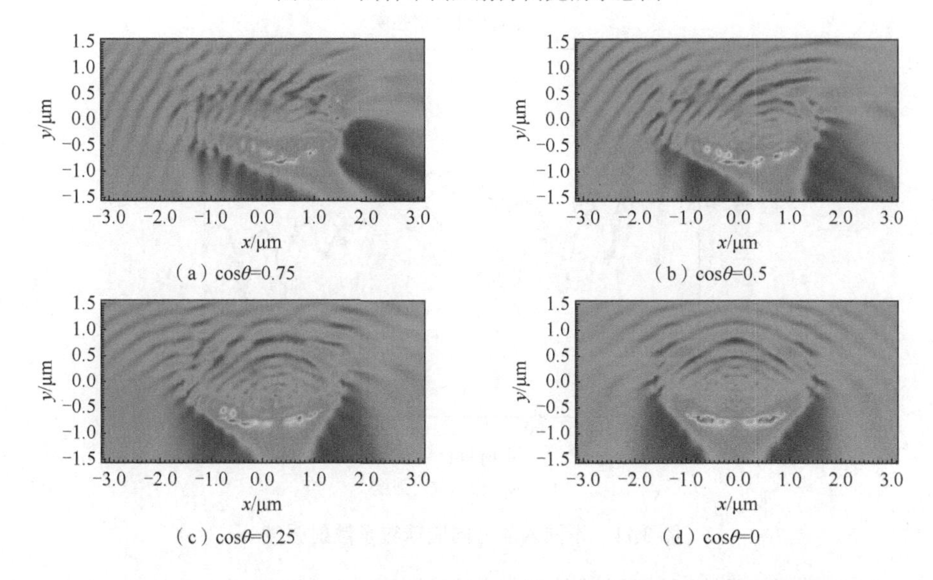

图 3.10　入射角余弦 $\cos\theta$ 为 0.75、0.5、0.25 和 0 时椭球粒子近场散射

针对上述四个入射方向，图 3.11 分别给出了不同入射方向椭球粒子散射强度。可以看出，不同入射方向对垂直极化散射强度的影响不大。在散射角为 60°～120°时，水平极化散射强度整体上随着入射角 θ 的增加而减小，当 θ 等于 90°时，光线沿椭球粒子短轴入射。

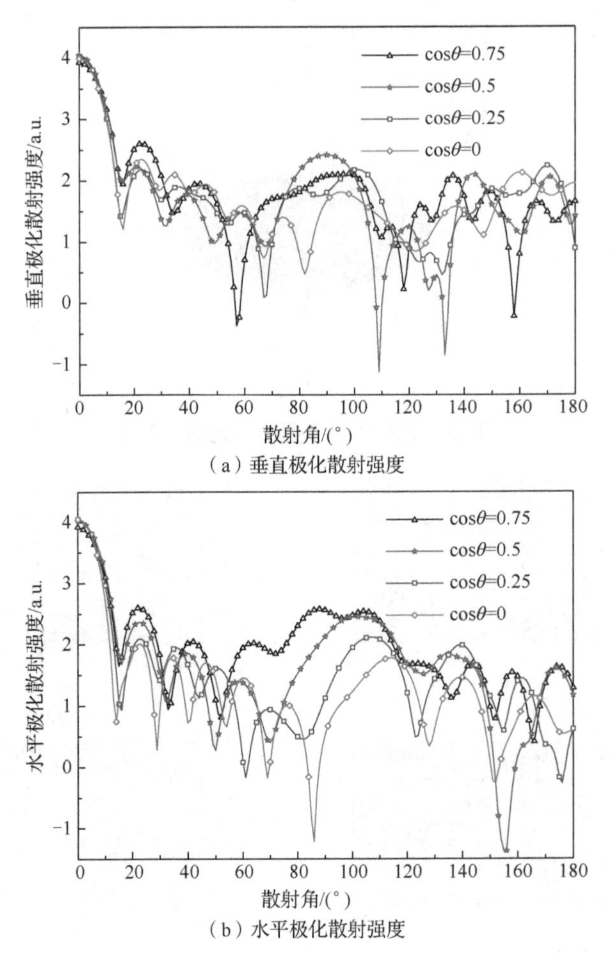

（a）垂直极化散射强度

（b）水平极化散射强度

图 3.11　不同入射方向椭球粒子散射强度

最后，讨论入射波长对椭球粒子散射特性的影响。设粒子为轴比 2∶1 的硫酸铵椭球粒子，其等效半径设为 0.5μm。入射波长分别为 0.55μm、1μm 和 1.5μm。从图 3.12 所示不同入射波长椭球粒子散射强度可以看出，随着波长的增大，垂直和水平极化散射强度的振荡都逐渐消失。尤其在水平极化场中，波长为 0.55μm 时，当散射角为 60°～160°时，可以看到规则的周期性振荡；当波长增加至 1.5μm 时，其曲线趋于平滑，振荡消失。图 3.13 是不同入射波长椭球粒子散射偏振度，随着波长增加，振荡减少。

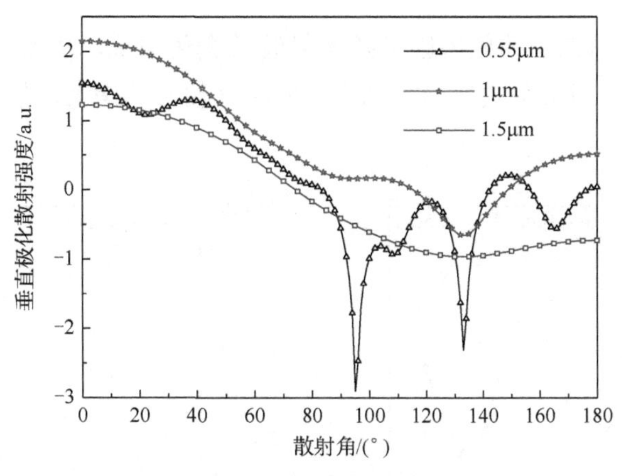

（a）垂直极化散射强度

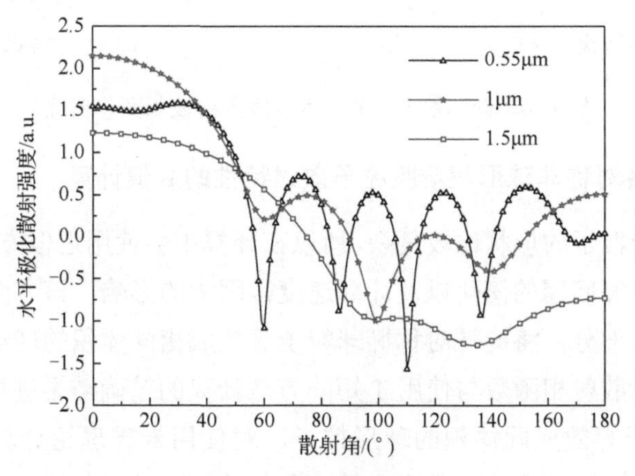

（b）水平极化散射强度

图 3.12　不同入射波长椭球粒子散射强度

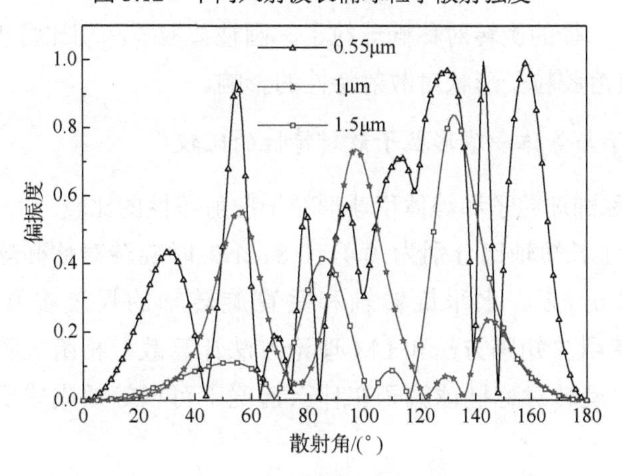

图 3.13　不同入射波长椭球粒子散射偏振度

图 3.14 是椭球粒子的效率因子随入射波长变化情况。从图可知，波长越小，消光效率因子峰值对应的尺度参数越小；同时，波长的增大，使粒子吸收效率因子有明显的增加。

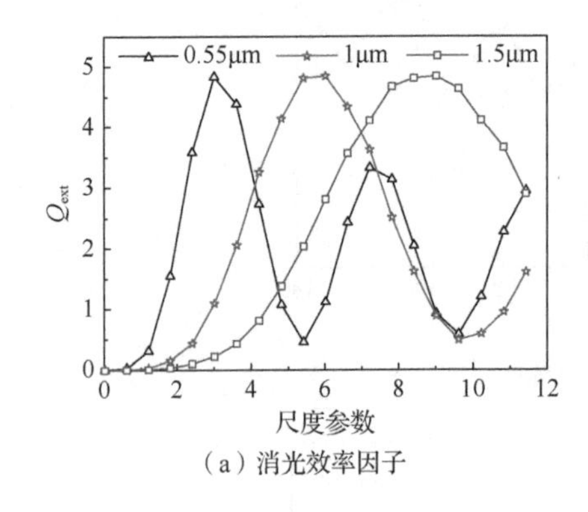

（a）消光效率因子

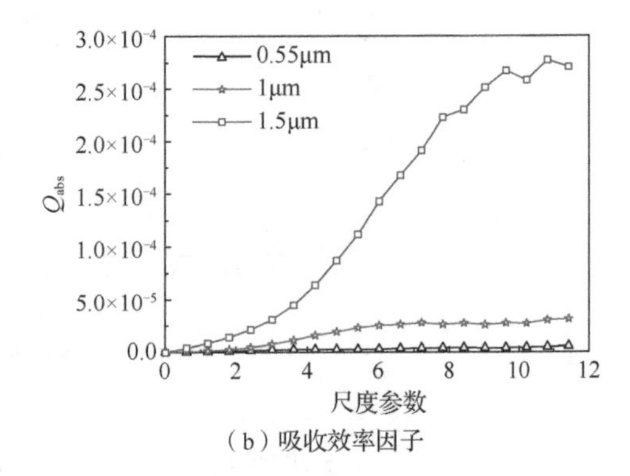

（b）吸收效率因子

图 3.14　椭球粒子的效率因子随入射波长变化情况

3.2.2　一般旋转对称非球形气溶胶粒子散射特性的数值计算

因为气溶胶粒子的形状比较复杂，所以在计算中会使用近似方法来进行处理，这主要考虑了计算问题的简化以及计算速度等因素的影响。该方面数值计算分为两个部分：第一部分，将旋转对称椭球粒子等效成相同体积的球形粒子，对使用米氏理论计算的散射相函数与使用 T 矩阵方法计算的精确结果进行比较，将非旋转对称椭球粒子等效成同体积的球形粒子，对使用米氏理论计算的结果与使用 DDA 法计算的结果进行比较，得出在什么条件下椭球粒子能等效近似成球形粒子来计算散射特性；第二部分，比较不同旋转对称粒子的形状对散射特性的影响，主要是等体积、半径的旋转对称椭球粒子、圆柱体粒子和切比雪夫粒子之间的比较，简单了解气溶胶粒子形状对散射特性的影响。

1. 椭球粒子与等体积球形粒子散射特性的比较

1）旋转对称椭球粒子和等体积球形粒子散射特性的比较

表 3.2 给出了长短轴比分别为 0.4、0.8、1.0 时旋转对称椭球粒子的等体积尺度参数 $x_v = 2\pi r_v / \lambda$ 、水平旋转轴和垂直旋转轴的尺度参数 $x_a = 2\pi r_a / \lambda$ 和 $x_b = 2\pi r_b / \lambda$ 。使用 T 矩阵方法和 LM 理论方法计算散射相函数随散射角的变化情况，对比得出旋转对称椭球粒子在什么情况下可以等效成球形粒子来计算散射特性。

表 3.2　长短轴比分别为 0.4、0.8、1.0 时旋转对称椭球粒子的尺度参数

旋转对称椭球长短轴比	x_v	x_a	x_b
0.4	1.0	0.7368	1.8420
	4.0	2.9472	7.3681
	6.0	4.4208	10.0521
	9.0	6.6313	16.5781
0.8	1.0	0.9283	1.1604
	4.0	3.7133	4.6416
	6.0	5.5699	6.9624
	9.0	8.3549	10.4436
1.0	1.0	1.0000	1.0000
	4.0	4.0000	4.0000
	6.0	6.0000	6.0000
	9.0	9.0000	9.0000

本小节选取波长 $\lambda = 0.55\mu\text{m}$ 的可见光作为入射波。在该波长光的照射下雾霾主要污染物中硫酸铵气溶胶粒子的复折射率 $m = 1.52 + \text{i}10^{-7}$ 。以该气溶胶粒子作为散射体的化学成分来计算气溶胶粒子对光的散射特性，并比较 T 矩阵方法和 LM 理论方法（等效成球形）在计算旋转对称椭球粒子时的适用条件和各自的优缺点。

图 3.15 是不同形状均匀旋转对称椭球粒子和相应的等体积球形粒子与平面波相互作用的散射相函数随散射角变化曲线的对比，由图 3.15 可知，当粒子的有效半径和入射光的波长接近时，粒子的形状会对散射相函数产生较大的影响，当粒子长短轴比 $a:b = 0.4$ 时，较大椭球粒子（x_v=6,9）T 矩阵计算的侧向和后向散射相函数的变化较为平缓。当粒子长短轴比 $a:b = 0.8$ 时，较大椭球粒子（x_v=6,9）T 矩阵计算的侧向和后向散射相函数的变化较大。当粒子长短轴比 $a:b = 1.0$ 时，即为球形粒子，侧向散射相函数的变化明显。综合来看，当粒子的半径与入射波长相当的时候，粒子形状的差异会对散射相函数产生较大的影响。随着粒子的长短轴比接近于 1.0，散射相函数的差异逐渐减小，尤其在长短轴比 $a:b = 0.8$ 的时候，只在个别散射角度附近会有差异，这说明对于精确度要求不是很高的散射特性的计算，完全可以使用 LM 理论进行等效。当旋转对称椭球粒子的长短轴比等于 1.0 时，粒子的散射相函数完全重合，由于 LM 理论是经典的计算球形粒子散射特性的方法，精确性较高，因此说明 T 矩阵方法的正确性很高。但是，LM 理论程序较为简单，并且运算效率较高，因此当粒子的形状接近球形时，在精确度要求不是很高的时候，可以使用 LM 理论计算。当粒子为非旋转对称的椭球粒子时，采用 T 矩阵计算旋转对称椭球粒子散射特性的方法也并不适用，最简单的方法是等效成球形进行计算，但是当椭球的三个长短轴比差异较大时，等效会带来很大的误差，这两种方法都不适用，因此应该选取能计算不规则形状散射体的方法。

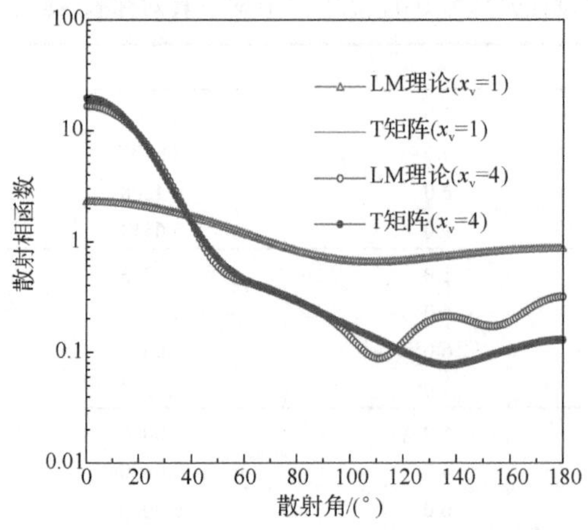

（a）$a:b$=0.4，x_v=1、4的均匀旋转对称椭球粒子和相应的等体积球形粒子

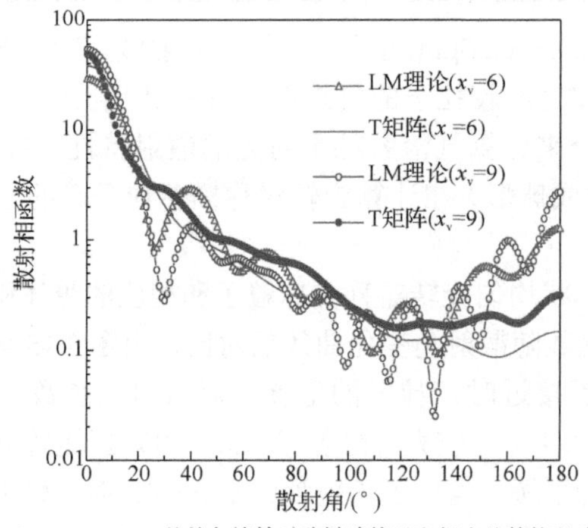

（b）$a:b$=0.4，x_v=6、9的均匀旋转对称椭球粒子和相应的等体积球形粒子

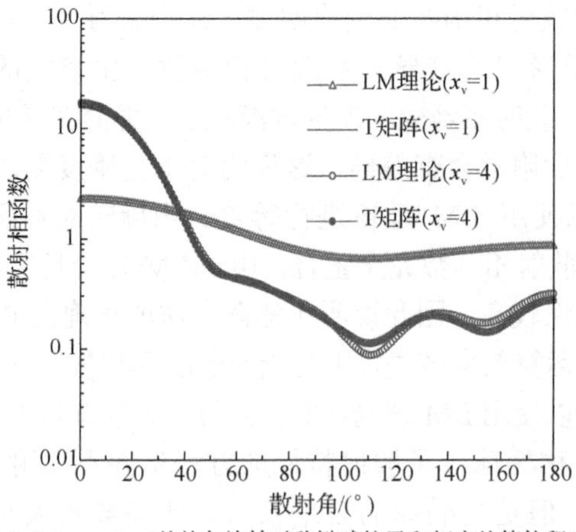

（c）$a:b$=0.8，x_v=1、4的均匀旋转对称椭球粒子和相应的等体积球形粒子

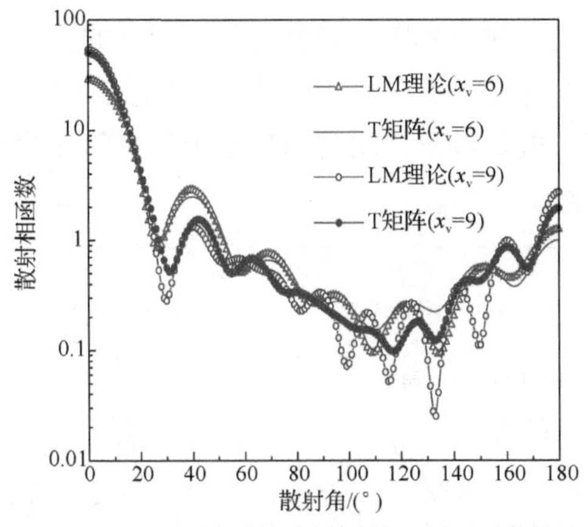

（d）a：b=0.8，x_v=6、9的均匀旋转对称椭球粒子和相应的等体积球形粒子

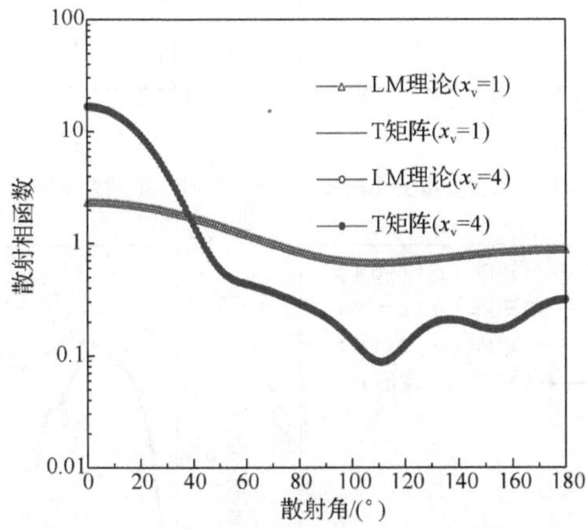

（e）a：b=1.0，x_v=1、4的均匀旋转对称椭球粒子和相应的等体积球形粒子

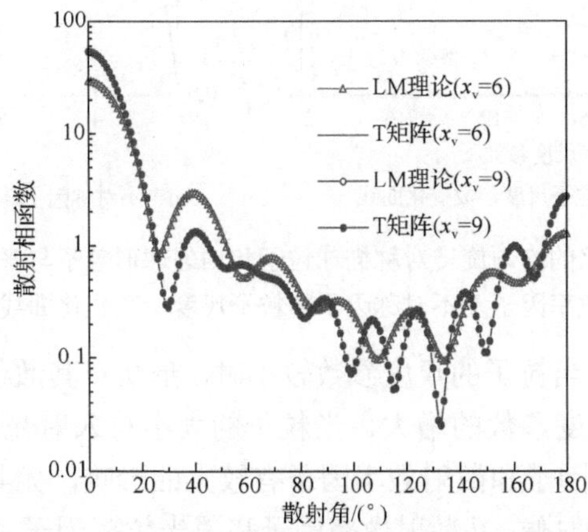

（f）a：b=1.0，x_v=6、9的均匀旋转对称椭球粒子和相应的等体积球形粒子

图 3.15　不同形状均匀旋转对称椭球粒子和相应的等体积球形粒子与平面波相互作用的散射相函数随散射角变化曲线的对比

单次散射反照率是散射效率因子与消光效率因子的比值，反映了散射在粒子消光中所占的比例。不对称因子反映了粒子前后向散射的不对称性。图 3.16 是不同轴比的均匀旋转对称椭球粒子和均匀球形粒子与平面波相互作用的效率因子随粒子尺度参数变化曲线。

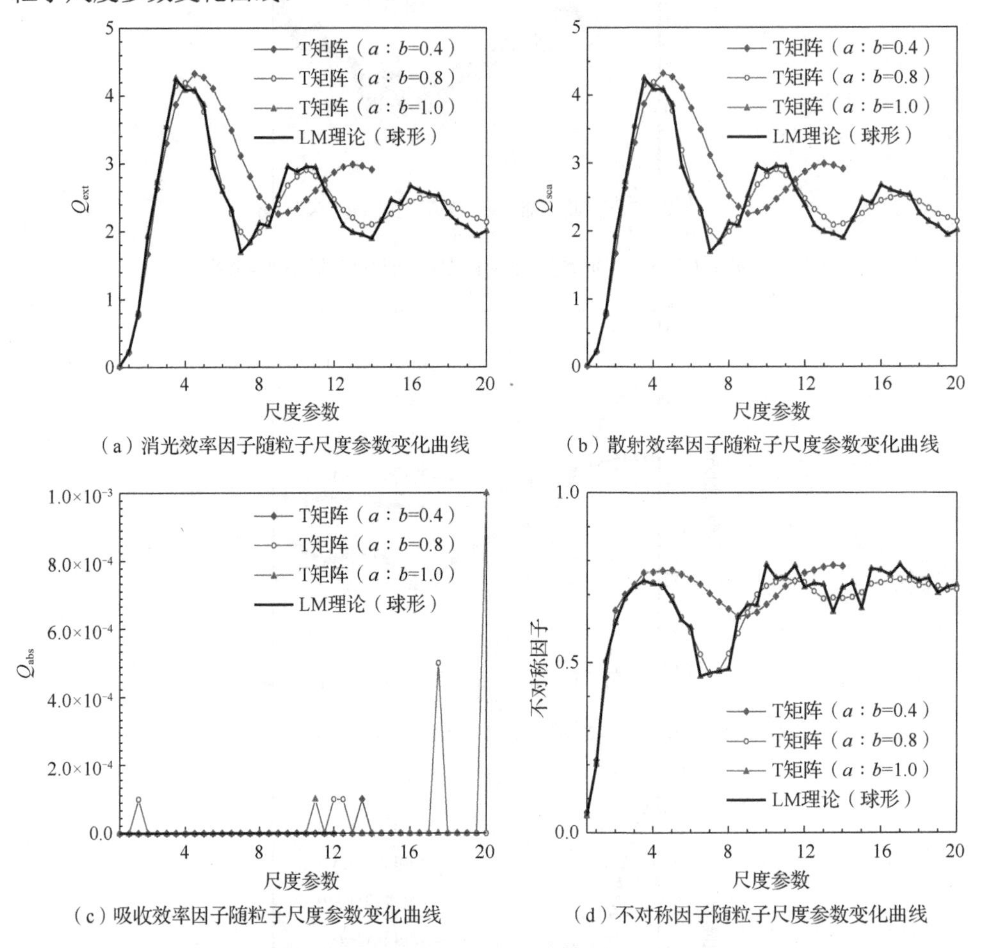

（a）消光效率因子随粒子尺度参数变化曲线

（b）散射效率因子随粒子尺度参数变化曲线

（c）吸收效率因子随粒子尺度参数变化曲线

（d）不对称因子随粒子尺度参数变化曲线

图 3.16　不同轴比的均匀旋转对称椭球粒子和均匀球形粒子与平面波相互作用的效率因子及不对称因子随粒子尺度参数变化曲线

由图 3.16 可知，当粒子的尺度参数较小时，形状对其散射特性和吸收特性没有影响，随着粒子尺度参数的增大，当粒子的大小与入射光的波长相当的时候，粒子形状对消光效率因子和散射效率因子有较大的影响，尤其当旋转对称椭球粒子的轴比 $a:b=0.4$ 的时候，其散射效率因子和消光效率因子整体上比球形粒子和接近于球形的旋转对称椭球粒子的大。总之，当轴比较小时散射效率因子和消光效率因子的波峰和波谷都比轴比较大时的大，且散射效率因子和消光效率因子的波峰和波谷均向尺度参数较大的方向移动。随着尺度参数的增大，采用 T 矩阵方法无法计算轴比较小且尺寸较大的旋转对称椭球粒子的散射特性。散射特性与吸收特性的关系主要与气溶胶粒子的复折射率有关，也与气溶胶粒子的形状和大小有关系。

在粒子的尺度参数较小时，旋转对称椭球粒子的轴比几乎不影响不对称因子，然而，随着粒子尺度参数的增大，不对称因子与散射、消光效率因子出现相近的变化。单次散射反照率主要受气溶胶粒子复折射率的影响较大，尤其是复折射率的虚部，虚部越大，吸收特性就越强，散射特性就越弱。因为硫酸铵气溶胶粒子的虚部非常小，可以忽略，所以几乎没有吸收，消光全部来自粒子的散射，故单次散射反照率恒为 1。

从以上 T 矩阵方法和 LM 理论方法数值计算的比较可以得到，当旋转对称粒子的轴比接近 1.0 时，两种方法计算的消光效率因子、散射效率因子、吸收效率因子和不对称因子随粒子尺度参数的变化趋势具有较大的相似程度，因此当旋转对称椭球粒子的轴比接近 1.0 时，可以等效成球形粒子使用 LM 理论计算其散射特性。

2）非旋转对称椭球粒子和等体积球形粒子散射特性的比较

非旋转对称椭球粒子散射依然选取波长 $\lambda = 0.55\mu\text{m}$ 的可见光作为入射波，非旋转对称椭球气溶胶粒子的轴比如表 3.3 所示。在该波长入射波的作用下空气中雾霾主要成分硫酸铵气溶胶粒子的复折射率 $m = 1.52 + \mathrm{i}10^{-7}$。以该种成分的气溶胶粒子来计算非旋转对称椭球气溶胶粒子对光的散射相函数。比较离散偶极子近似（DDA）法和 LM 理论方法计算非旋转对称椭球粒子散射特性时的适用情况和各自的优缺点，下面计算不同轴比和尺度参数的非旋转对称椭球粒子散射相函数随散射角的变化。

表 3.3　非旋转对称椭球气溶胶粒子的轴比

轴比	x_v	x_a	x_b	x_c
$a:b:c=1:2:3$	1.0	0.5503	1.1006	1.6510
	4.0	2.2013	4.4026	6.6038
	6.0	3.3019	6.6038	9.9058
	9.0	4.9529	9.9058	14.8587
$a:b:c=8:9:10$	1.0	0.8926	1.0041	1.1157
	4.0	3.5703	4.0166	4.4629
	6.0	5.3555	6.0249	7.5311
	9.0	8.0332	9.0373	10.0415
$a:b:c=1:1:1$	1.0	1.0000	1.0000	1.0000
	4.0	4.0000	4.0000	4.0000
	6.0	6.0000	6.0000	6.0000
	9.0	9.0000	9.0000	9.0000

首先使用 DDA 法和 LM 理论方法计算不同尺度参数球形硫酸铵气溶胶粒子的散射相函数随散射角变化的曲线。图 3.17 是均匀非旋转对称椭球粒子和相应的等体积球形粒子与平面波相互作用的散射相函数随散射角变化曲线的对比图。由图 3.17 可以看出，DDA 法和 LM 理论方法计算的球形硫酸铵气溶胶粒子的散射相函数随散射角的变化曲线符合得很好，只有后向散射部分有较小的差异，是由于偶极子数量较少而产生的误差，这也验证了 DDA 程序的可靠性。接下来将使用 DDA 法计算非旋转对称椭球轴比 $a:b:c=8:9:10$ 和 $a:b:c=1:2:3$ 时气溶胶粒子的散射相函数随散射角的变化曲线，并等效成球形使用 LM 理论方法进行计算，将两者进行对比。由图 3.17 可知，当非旋转对称椭球粒子的轴比 $a:b:c=8:9:10$，接近于球形时，两种方法计算的散射相函数随散射角变化曲线的趋势基本相同，但在量值上存在差异，尤其后向散射的差异较明显，这也说明粒子的形状对后向散

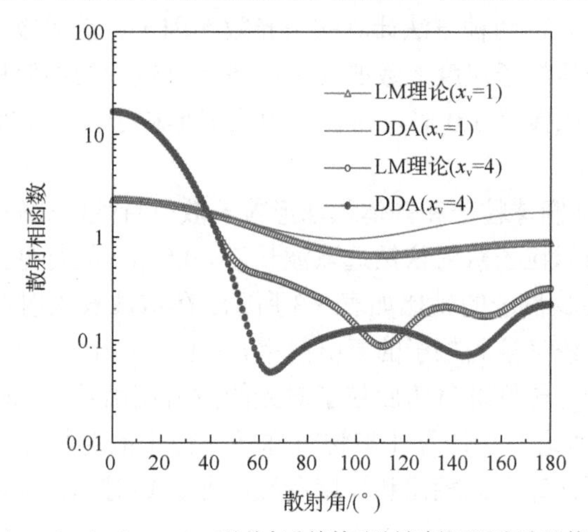

（a）轴比$a:b:c$=1∶2∶3，x_v=1、4的均匀非旋转对称椭球粒子和相应的等体积球形粒子

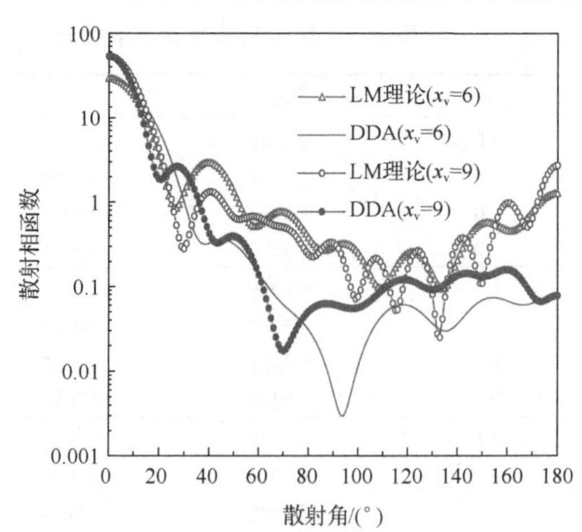

（b）轴比$a:b:c$=1∶2∶3，x_v=6、9的均匀非旋转对称椭球粒子和相应的等体积球形粒子

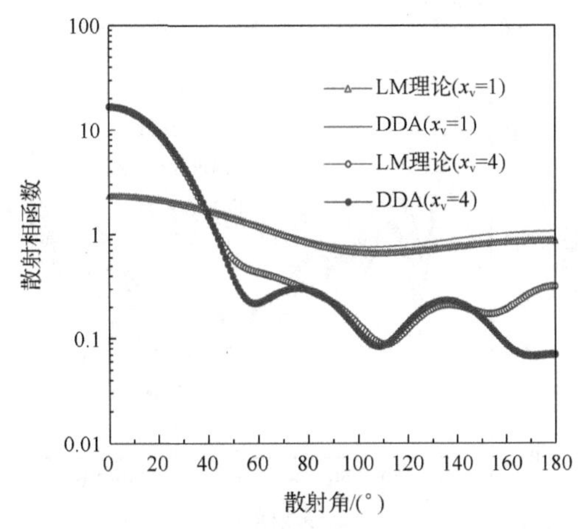

（c）轴比$a:b:c$=8：9：10，x_v=1、4的均匀非旋转对称椭球粒子和相应的等体积球形粒子

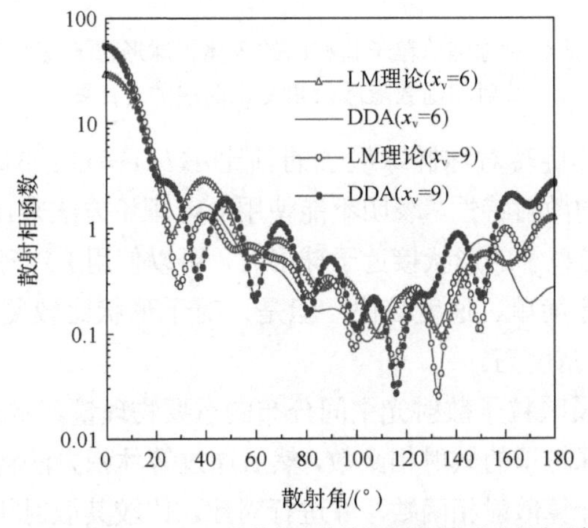

（d）轴比$a:b:c$=8：9：10，x_v=6、9的均匀非旋转对称椭球粒子和相应的等体积球形粒子

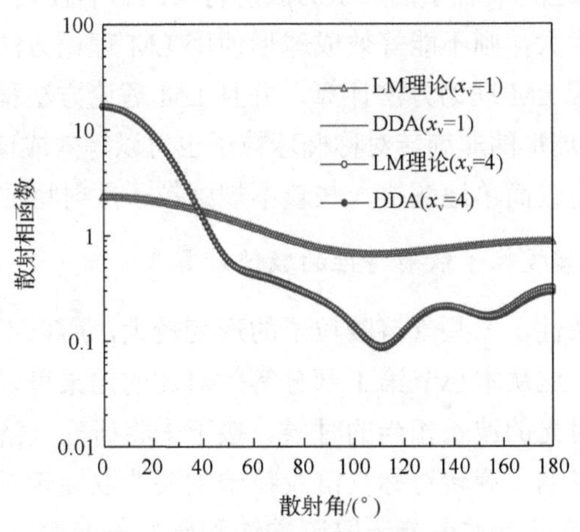

（e）轴比$a:b:c$=1：1：1，x_v=1、4的均匀非旋转对称椭球粒子和相应的等体积球形粒子

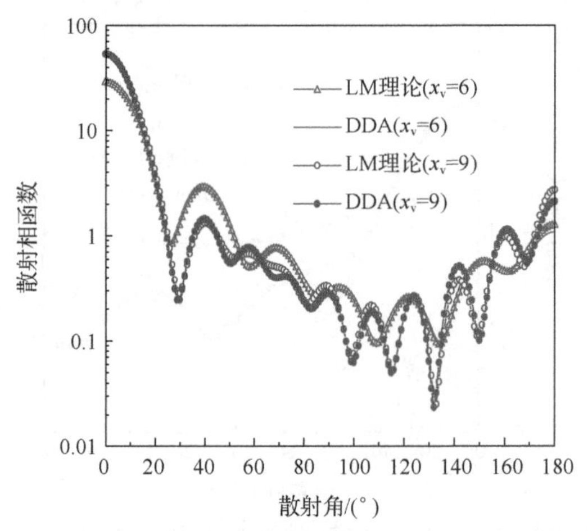

（f）轴比$a:b:c$=1：1：1，x_v=6、9的均匀非旋转对称椭球粒子和相应的等体积球形粒子

图 3.17　均匀非旋转对称椭球粒子和相应的等体积球形粒子与平面波相互作用的散射相函数随散射角变化曲线的对比图

射的影响较大。当非旋转对称椭球粒子的轴比$a:b:c=1:2:3$时，差异非常明显，表现出了完全不同的散射特性，表明不能使用LM理论方法来计算散射特性。由以上结果能够得出，当粒子的形状接近于球形时，可以使用LM理论方法进行散射特性的计算，并且程序简单、速度较快；但是，对于形状比较复杂的气溶胶粒子的散射，DDA法计算精度高。

散射相函数是反映粒子散射光空间分布的重要物理量，本小节使用T矩阵方法计算旋转对称椭球粒子的散射相函数，然后通过等体积方法将其等效成球形粒子使用LM理论方法计算散射相函数，并进行对比，比较其散射相函数发现，当入射光波长与粒子半径相当时，粒子的形状对散射特性的影响较大。如果旋转对称椭球粒子的轴比偏离1太大，则不能等效成球形使用LM理论方法进行计算，当轴比接近于1时可以使用LM理论方法计算，并且LM理论方法程序简单，计算效率高。此外，一些接近球形的非旋转对称椭球粒子也可以等效成球形粒子使用LM理论方法计算，这样能较简单地解决一些较不规则粒子散射特性的计算问题。

2. 旋转对称气溶胶粒子散射特性的数值计算

因为组分的复杂性，一些气溶胶粒子的形变较大，所以不能等效成球形粒子来计算其散射特性，这从本小节第1部分等效对比的结果可以看出，尤其在气溶胶粒子的半径与入射光的波长相当的时候。接下来将研究气溶胶粒子形状对气溶胶粒子散射特性的影响，旋转对称气溶胶粒子主要选取旋转对称椭球粒子、圆柱体粒子和切比雪夫粒子。本小节选取硫酸铵和碳质气溶胶粒子作为散射体的组分，这主要是因为硫酸铵气溶胶粒子、硫酸气溶胶粒子和硝酸铵气溶胶粒子的复折射率相近，为了减小篇幅，故只选取硫酸铵气溶胶粒子和碳质气溶胶粒子。

图 3.18 是不同形状旋转对称粒子。对于旋转对称体，选取直角坐标系的 z 轴与旋转轴重合。取对称轴方向的椭球粒子旋转半轴长度为 b，其对应的与旋转轴垂直的水平半轴长度为 a，如图 3.18（a）所示；取有限长回旋圆柱体粒子旋转轴方向的长度为 L，圆柱体粒子的直径为 D，如图 3.18（b）所示；切比雪夫粒子的旋转如图 3.18（c）所示。

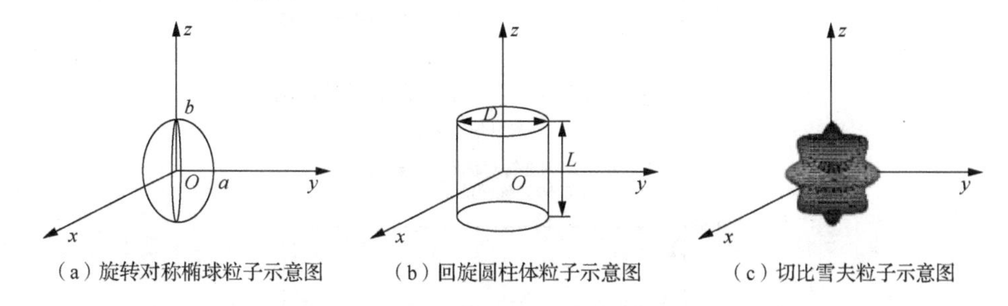

（a）旋转对称椭球粒子示意图　（b）回旋圆柱体粒子示意图　（c）切比雪夫粒子示意图

图 3.18　不同形状旋转对称粒子

（1）不同形状旋转对称粒子散射相函数的比较。

图 3.19 是不同轴比均匀旋转对称硫酸铵和碳质气溶胶粒子与平面波作用的散射相函数随散射角变化曲线。计算了入射平面波的波长 λ=0.55μm 时，在 xOz 散射面内，不同形状雾霾的主要成分硫酸铵气溶胶粒子和碳质气溶胶粒子的散射相函数随散射角的变化曲线。其中粒子的位置如图 3.18 所示，入射波的入射方向沿 z 轴。计算了旋转对称椭球粒子、圆柱体粒子以及不同形变参数下切比雪夫粒子的散射相函数随散射角的变化关系。

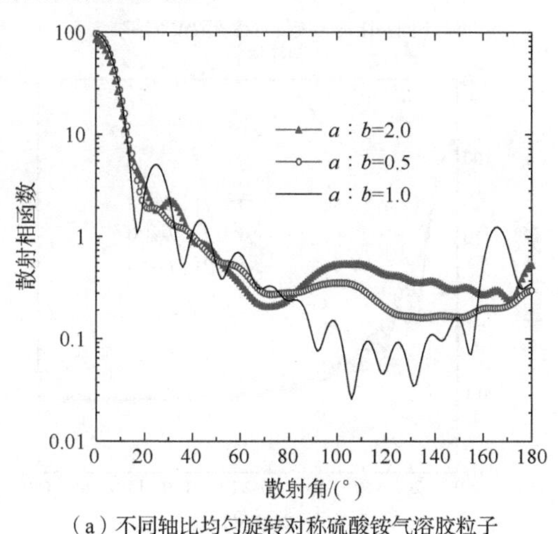

（a）不同轴比均匀旋转对称硫酸铵气溶胶粒子
（旋转对称椭球）

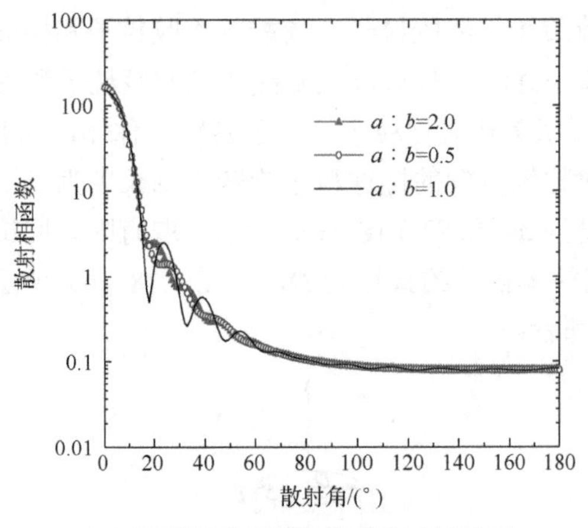

（b）不同轴比均匀旋转对称碳质气溶胶粒子（旋转对称椭球）

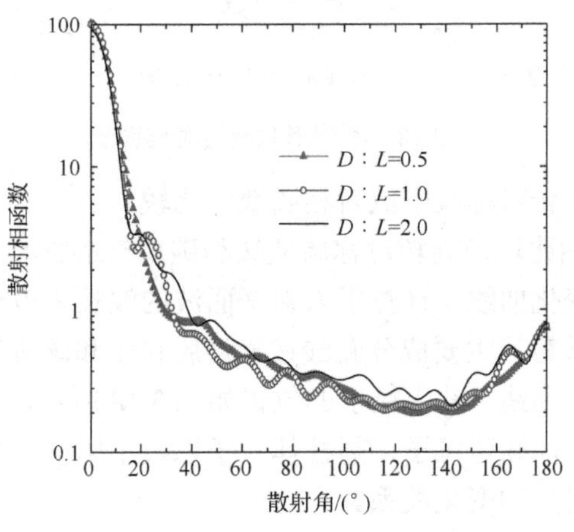

（c）不同轴比均匀旋转对称硫酸铵气溶胶粒子（圆柱体）

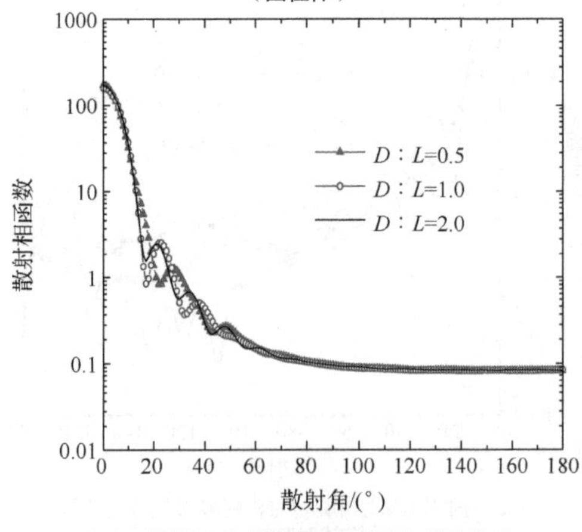

（d）不同轴比均匀旋转对称碳质气溶胶粒子（圆柱体）

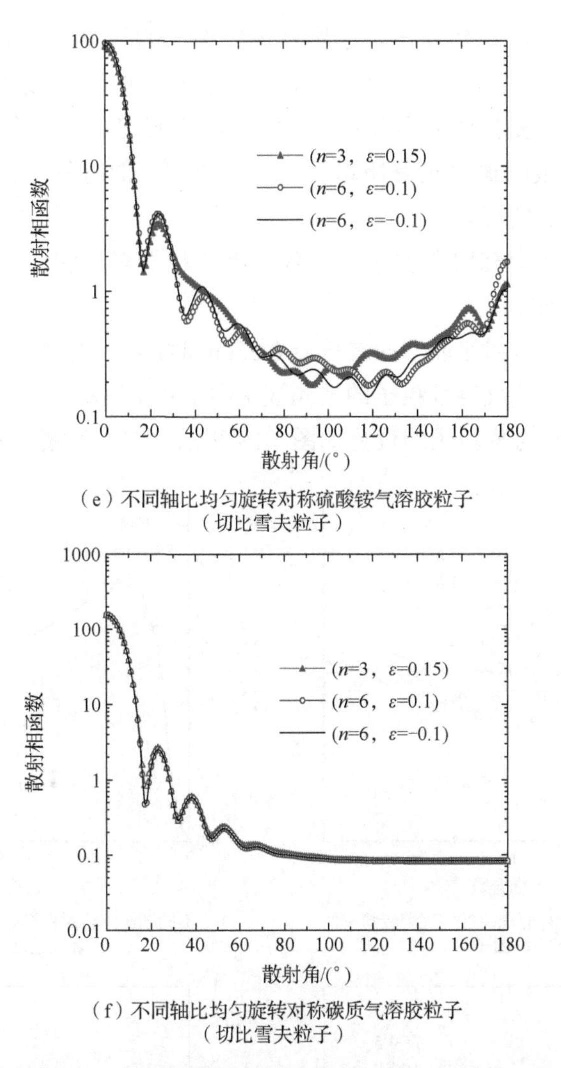

（e）不同轴比均匀旋转对称硫酸铵气溶胶粒子（切比雪夫粒子）

（f）不同轴比均匀旋转对称碳质气溶胶粒子（切比雪夫粒子）

图 3.19　不同轴比均匀旋转对称硫酸铵和碳质气溶胶粒子与平面波作用的散射相函数随散射角变化曲线

n、ε 为切比雪夫粒子形变参数

由图 3.19 可以看出，同种化学成分的旋转对称椭球粒子为扁平状时，其前向散射相函数比长椭球粒子的稍小，后向散射相函数比长椭球粒子的稍大，这在硫酸铵气溶胶的散射相函数中体现得较明显；碳质气溶胶的吸收特性较强，散射现象较弱，因此不同形状散射相函数差异不明显，尤其后向散射表现出两者基本相同的趋势。当均匀旋转椭球粒子趋于球形粒子时，其侧向和后向的振荡非常强烈，这也与气溶胶的化学成分有较大的关系，当吸收性较强时，后向散射趋

于稳定状态。对于圆柱体粒子，当圆柱体较细长的时候，其侧向和后向散射的振荡特性有所减弱，这主要在复折射率虚部较小的时候有较明显的体现。对于切比雪夫粒子，当复折射率虚部较小的时候，随着切比雪夫多项式阶数 n 的增加，其散射相函数的振荡也有所增强，当阶数较大的时候，形变的不同对其散射特性也有较明显的影响。

（2）不同形状旋转对称粒子消光效率因子和不对称因子随粒子等体积尺度参数变化曲线的比较。

图 3.20 给出了入射平面波的波长 λ=0.55μm 时，在 xOz 散射面内，不同形状雾霾的主要成分硫酸铵气溶胶粒子的消光效率因子和不对称因子随粒子等体积尺度参数的变化。旋转对称粒子的位置如图 3.18 所示，取入射波方向沿 z 轴。

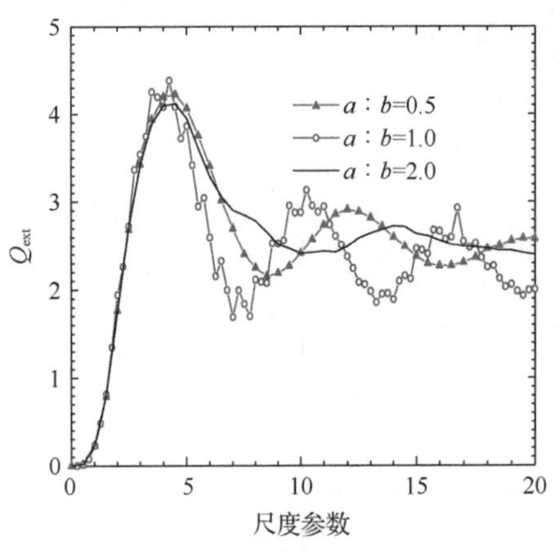

（a）不同轴比旋转对称椭球硫酸铵气溶胶粒子的消光效率因子

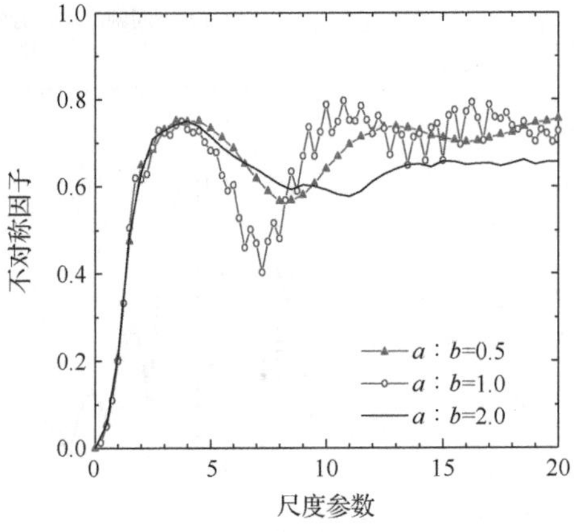

（b）不同轴比旋转对称椭球硫酸铵气溶胶粒子的不对称因子

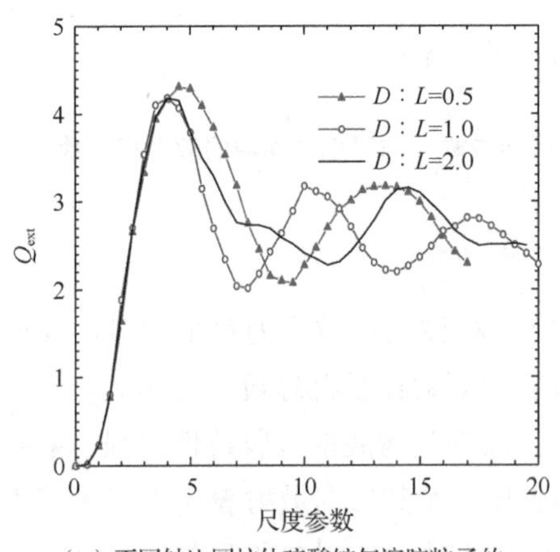

（c）不同轴比圆柱体硫酸铵气溶胶粒子的消光效率因子

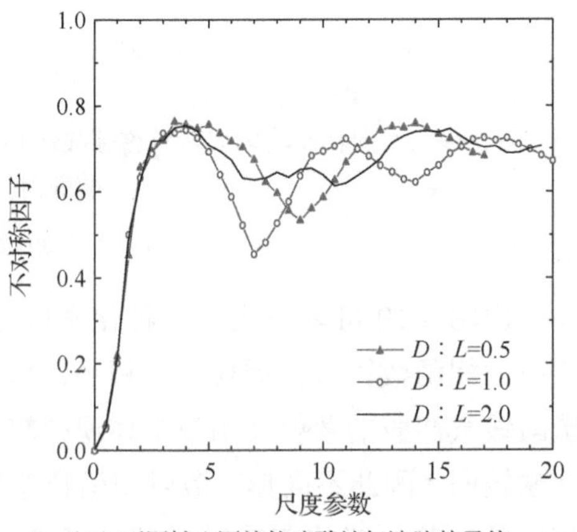

（d）不同轴比圆柱体硫酸铵气溶胶粒子的不对称因子

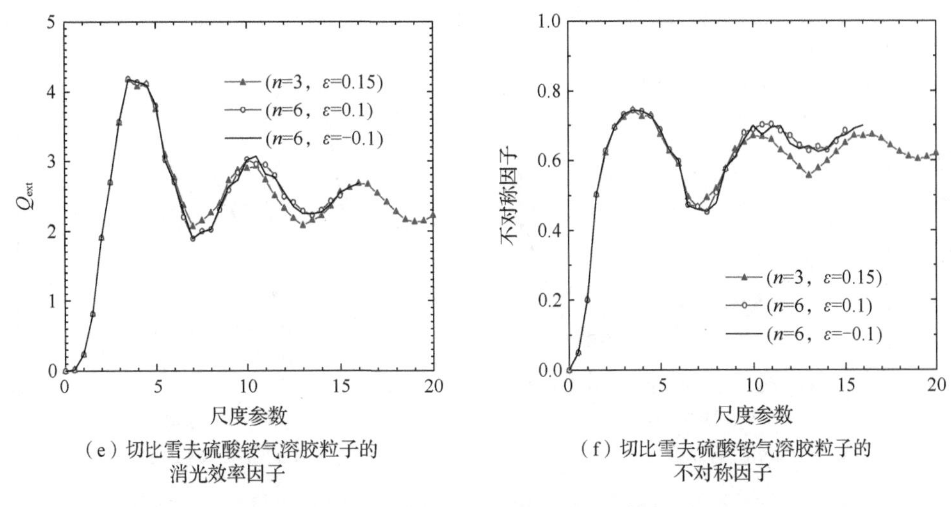

（e）切比雪夫硫酸铵气溶胶粒子的消光效率因子

（f）切比雪夫硫酸铵气溶胶粒子的不对称因子

图 3.20　不同形状硫酸铵气溶胶粒子的消光效率因子和不对称因子随粒子等体积尺度参数的变化

由于硫酸铵气溶胶粒子复折射率的虚部较小，吸收效率因子趋向于 0，因此消光作用主要是散射作用的贡献。因为碳质气溶胶粒子复折射率的虚部较大，粒子等效半径较大的时候效率因子趋于稳定，所以本小节只比较硫酸铵气溶胶粒子的消光效率因子和不对称因子随粒子等体积尺度参数的变化曲线。

从图 3.20 所示消光效率因子随粒子等体积尺度参数变化的曲线可以看出，旋转对称体由细长向扁平变化的过程中，其消光效率因子随粒子等体积尺度参数的变化曲线趋向于平稳，主要体现在波峰值有减小的趋势，整个变化过程比较平缓，这主要是由散射体在入射波方向上的投影面积增大造成的。圆柱体粒子也体现出较相似的规律，但其表现不是非常明显，切比雪夫粒子规律表现也不是非常明显。切比雪夫粒子的多项式阶数 n 决定粒子上突起的数量，形变参数 ε 决定粒子形变的大小，整体影响气溶胶粒子表面的粗糙程度，对切比雪夫粒子散射特性的影响只是在细微上的区别，并不会产生大的影响。

以上是对相同形状、不同参数之间散射体的对比。图 3.21 是形状较相近的不同旋转对称体与平面波相互作用的散射变化曲线。同样地，选取入射波波长 λ=0.55μm，气溶胶粒子的化学成分为硫酸铵，旋转对称椭球的轴比 $a:b=0.5$，圆柱体直径和长度的比 $D:L=0.5$，切比雪夫粒子的多项式阶数 $n=4$ 和形变参数 $\varepsilon=0.15$，对等体积硫酸铵气溶胶粒子进行图 3.21 所示散射相函数随散射角变化曲线、消光效率因子和不对称因子随粒子尺度参数变化曲线的比较。

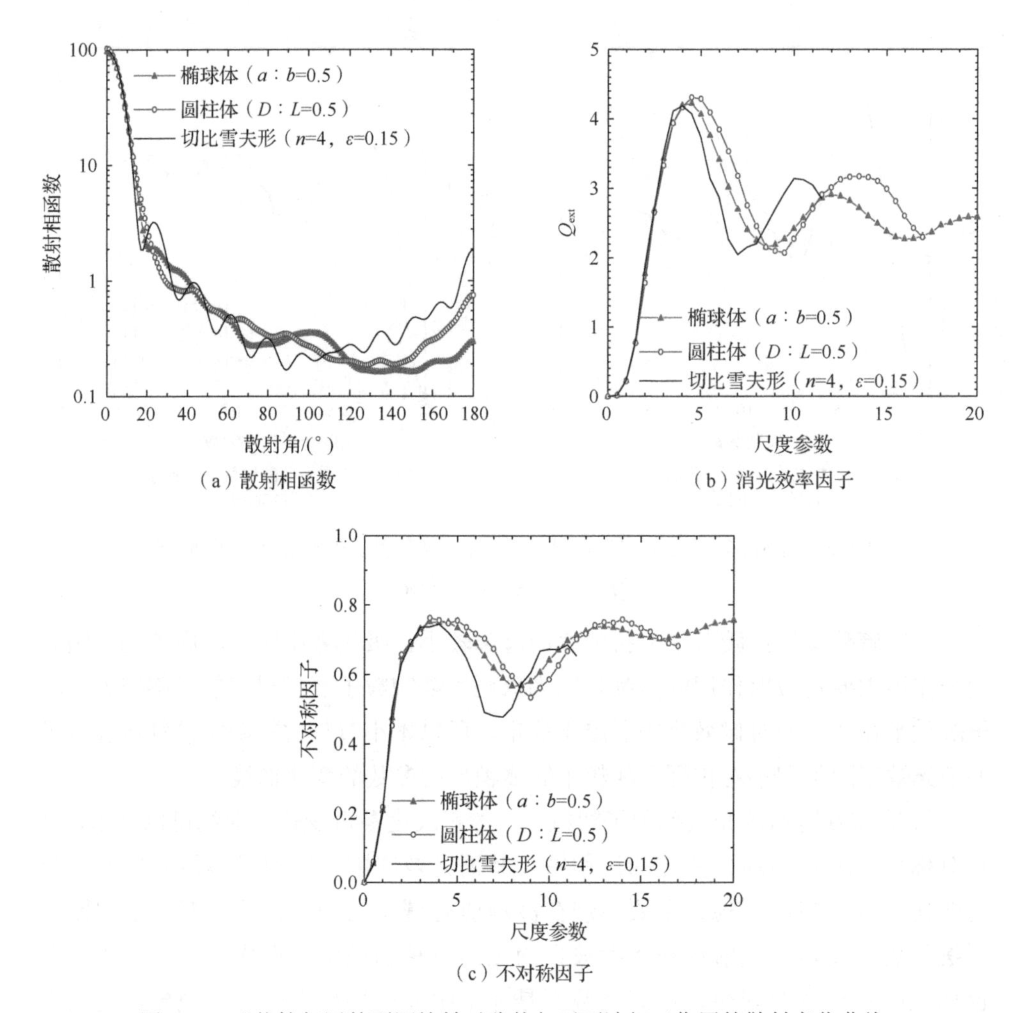

图 3.21　形状较相近的不同旋转对称体与平面波相互作用的散射变化曲线

从图 3.21 可知，具有相同等效半径的不同旋转对称散射体，散射相函数随散射角变化曲线较相近，尤其前向散射基本完全相同。随着散射体的形状接近于球形粒子，散射相函数的振荡有较明显的加剧，尤其是散射体组分复折射率虚部较小的散射相函数。对于散射相函数的后向散射，则具有较大的区别，这与气溶胶粒子的形状差异有较大的关系。图 3.21 中消光效率因子和不对称因子随粒子尺度参数的变化，除峰值有一定程度的偏移之外没有较大程度的差异，当圆柱体粒子和切比雪夫粒子的尺度参数较大时无法用 DDA 法进行计算。

3.3　非规则气溶胶粒子散射特性

本节利用 DDA 法针对几种简单粒子的散射特性进行研究和分析，选取雾霾中含量较多的硫酸铵气溶胶、硝酸铵气溶胶和碳质气溶胶这三种物质，分析物质、形状、尺寸和波长等因素对粒子散射强度和效率因子的影响情况，为下一步簇团散射特性的计算奠定基础。

3.3.1　双球气溶胶粒子散射特性

双球气溶胶粒子在坐标系中的位置如图 3.22 所示，两球依次排列在 x 轴上，接触点为坐标原点，入射光从 x 轴正向射入。设置偶极子剖分间隔 d 的值为 1，对双球粒子进行网格剖分，选取每个整数坐标为该位置处的偶极子坐标，得到离散化偶极子阵列。

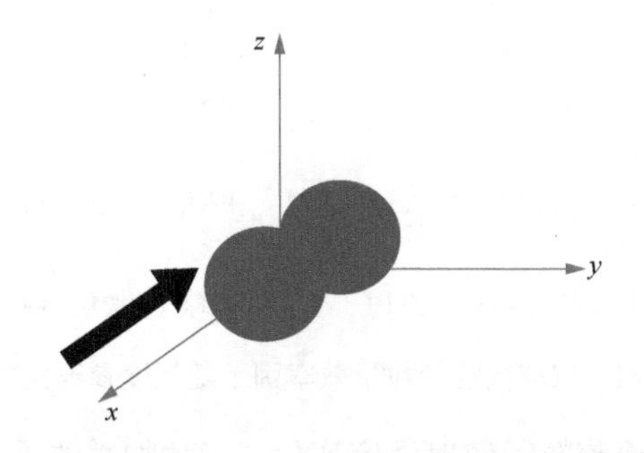

图 3.22　双球气溶胶粒子在坐标系中的位置

首先，为了验证 DDA 法的可靠性，选取硫酸铵双球气溶胶粒子，对利用 DDA 法和米氏理论得到的效率因子随尺度参数的变化情况进行对比。图 3.23 是利用 DDA 法和米氏理论计算效率因子对比图，可以看出二者计算的双球气溶胶粒子效率因子数值吻合较好，验证了 DDA 法计算结果的可靠性，故之后双球气溶胶粒子的散射特性计算使用 DDA 法。

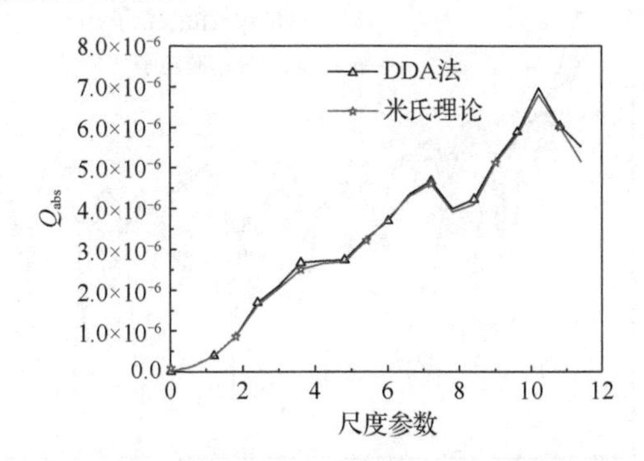

图 3.23　利用 DDA 法和米氏理论计算效率因子对比图

图 3.24 是双球气溶胶粒子效率因子随尺度参数变化图。从图 3.24 可以看出，硫酸铵气溶胶粒子和硝酸铵气溶胶粒子的消光效率因子随尺度参数的增大呈明

显振荡下降趋势，碳质气溶胶粒子的消光效率因子从尺度参数大于 4 以后，基本呈直线状态，变化幅度小。吸收效率因子方面，硫酸铵气溶胶粒子和硝酸铵气溶胶粒子都基本为 0，这是由二者复折射率虚部太小导致的。碳质气溶胶粒子吸收效率因子变化趋势和其消光效率因子变化趋势基本相同，且数值明显大于其余两种物质。

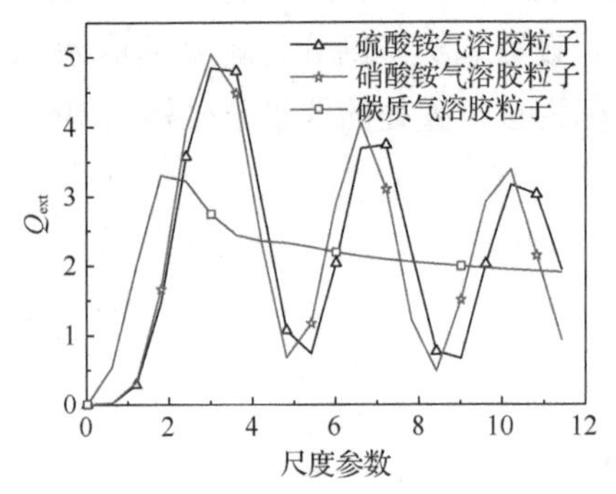

（a）双球气溶胶粒子消光效率因子随尺度参数变化图

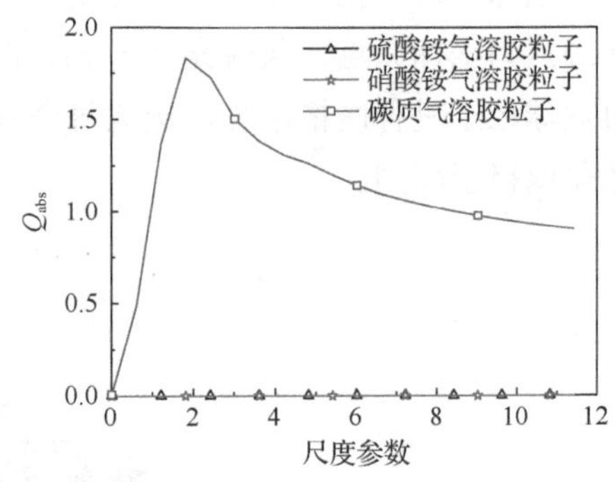

（b）双球气溶胶粒子吸收效率因子随尺度参数变化图

图 3.24　双球气溶胶粒子效率因子随尺度参数变化图

图 3.25 为双球气溶胶粒子散射强度变化，三种物质的垂直极化和水平极化散射强度随散射角的变化曲线都有明显的振荡现象，前向散射都强于其他角度。从整体来看，垂直极化场中，碳质气溶胶粒子的振荡位置明显低于其他二者，硫酸铵气溶胶粒子和硝酸铵气溶胶粒子的变化趋势基本一致；水平极化场中，碳质气溶胶粒子的振荡幅度更小，产生的毛刺也更少。

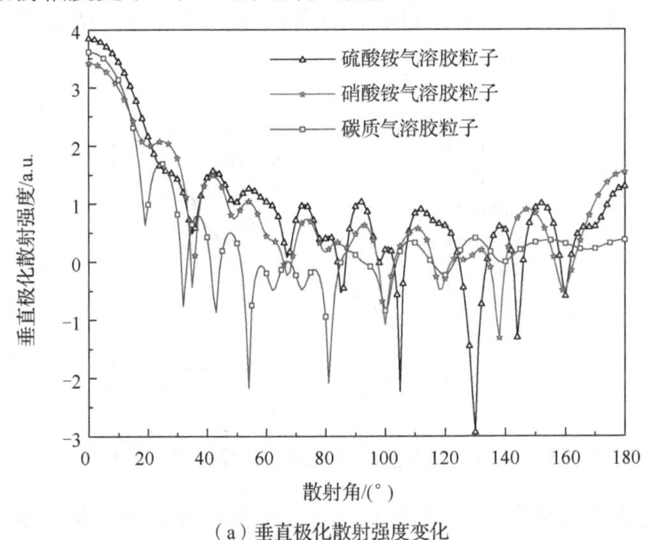

（a）垂直极化散射强度变化

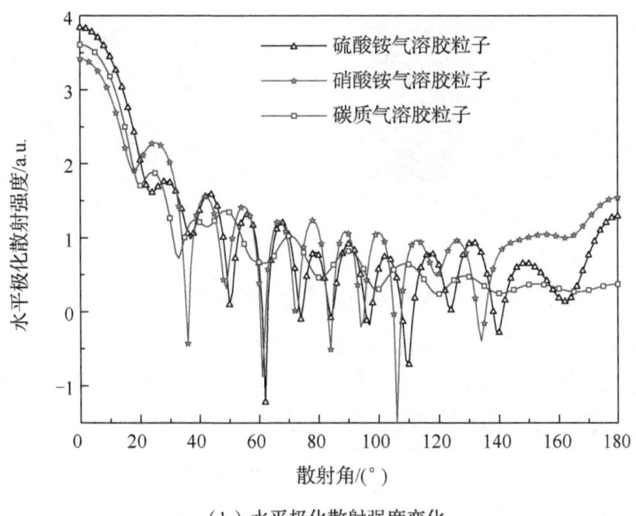

（b）水平极化散射强度变化

图 3.25 双球气溶胶粒子散射强度变化

为了研究入射光方向对散射强度的影响，将入射光固定在 xOy 平面内，改变光线和 x 轴的夹角 θ，依次选取 $\cos\theta$ 为 0.25、0.5、0.75 和 0 所对应的角度进行计算，即光线与 x 轴的夹角逐渐增大，直到垂直，图 3.26 是入射光的四种不同空间方位示意图。不同入射方向时双球气溶胶粒子近场散射如图 3.27 所示。可以看出，入射方向的改变对近场散射的影响较小，双球气溶胶粒子间有明显的电场叠加交汇现象。

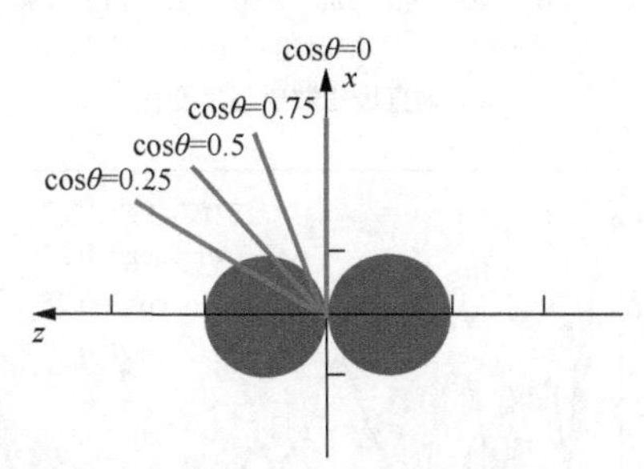

图 3.26 入射光的四种不同空间方位示意图

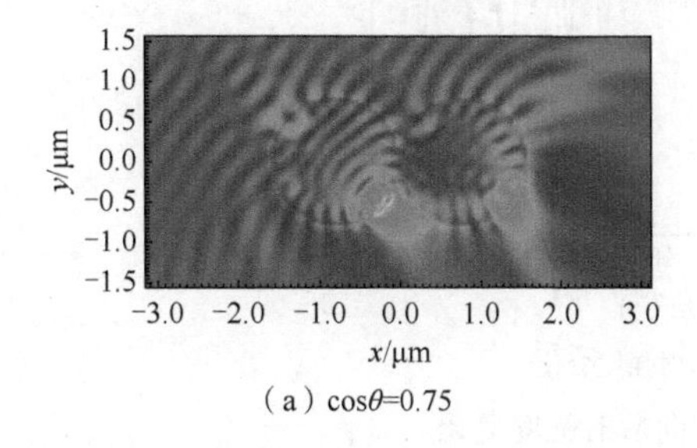

（a）cosθ=0.75

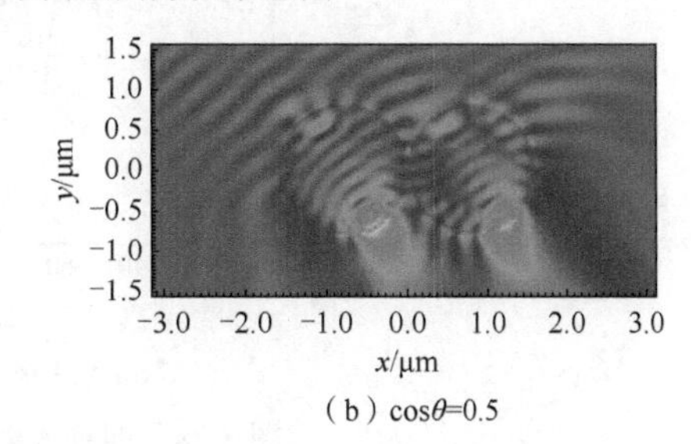

（b）cosθ=0.5

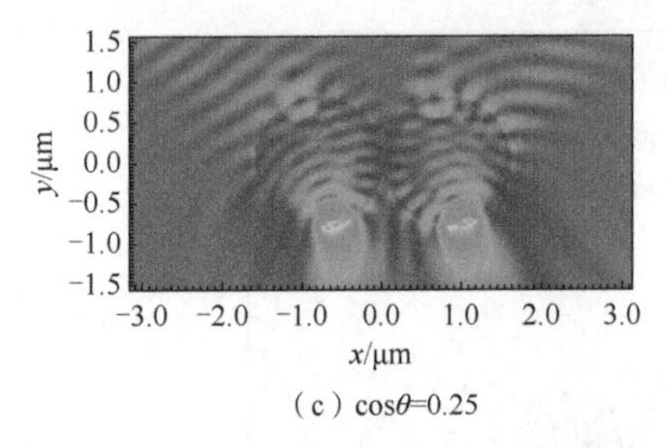

（c）$\cos\theta$=0.25

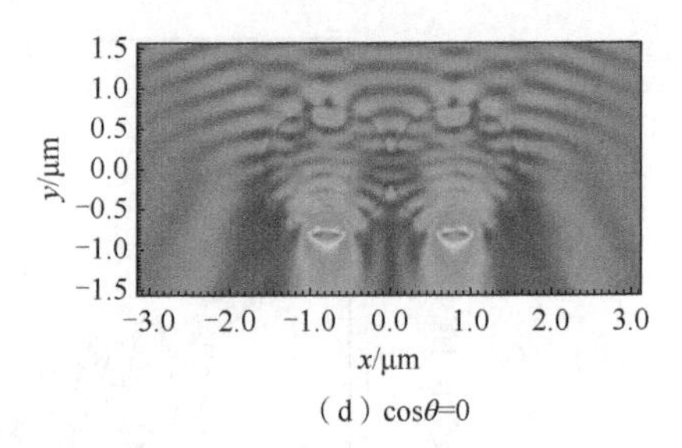

（d）$\cos\theta$=0

图 3.27　不同入射方向时双球气溶胶粒子近场散射

图 3.28 是以上四种入射方向散射强度变化，给出了对应的垂直和水平极化散射强度随散射角的变化。可以看出，随着θ的增大，垂直和水平极化散射强度的相位明显有一定的滞后，散射角较小时（<50°），散射强度也会略微增强。

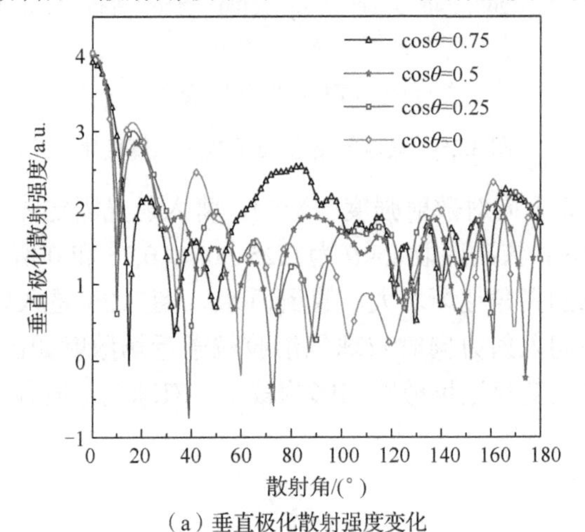

（a）垂直极化散射强度变化

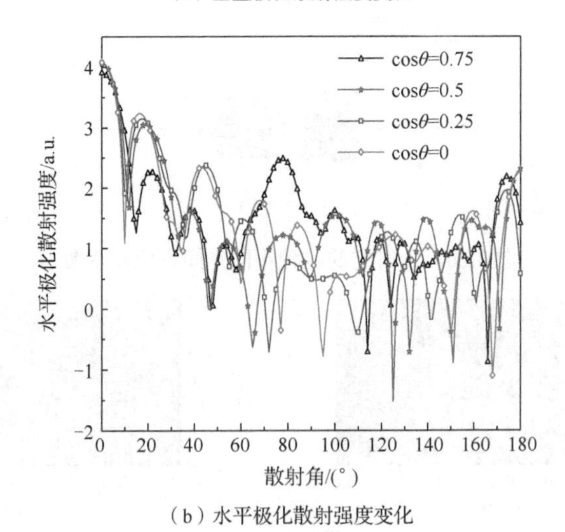

（b）水平极化散射强度变化

图 3.28　四种入射方向散射强度变化

选取硫酸铵双球气溶胶粒子，针对其在0.55μm、1.06μm和1.55μm三种入射波长下的散射特性进行研究。图3.29给出了不同入射波长双球气溶胶粒子效率因子随尺度参数变化曲线，可以看出，入射波长越小，消光效率因子的峰值对应的粒子尺寸越小，入射波长越大，吸收效率因子越大。图3.30是不同入射波长双球气溶胶粒子散射强度变化，可以看出，入射波长越小，其前向散射峰值越大，曲线振荡越多。

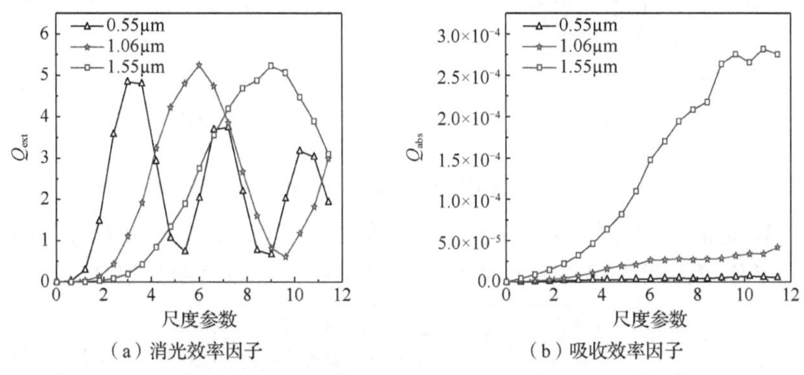

图3.29　不同入射波长双球气溶胶粒子效率因子随尺度参数变化曲线

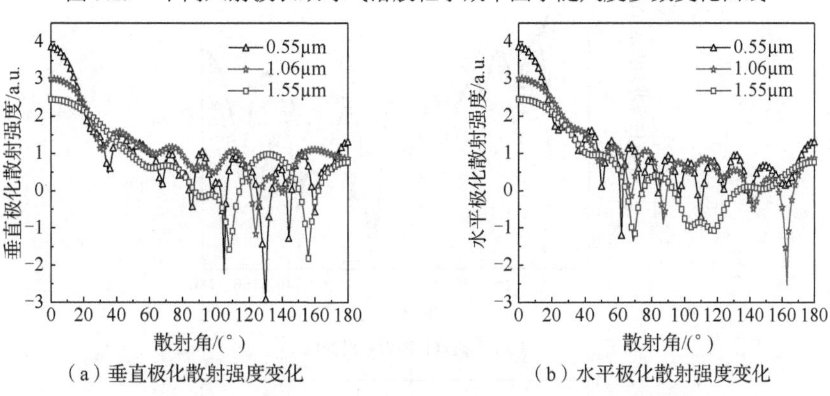

图3.30　不同入射波长双球气溶胶粒子散射强度变化

以上研究全部选取两个小球介质相同的情况，下面对两种不同介质球组合成的双球集合进行研究。图3.31是混合双球气溶胶粒子效率因子随尺度参数的变化，包含硫酸铵-硝酸铵气溶胶粒子、硫酸铵-碳质气溶胶粒子和硝酸铵-碳质气溶胶粒子三种混合双球效率因子的变化情况。可以看出，其中两种掺杂了碳溶胶的混合双球粒子的消光效率因子趋于一致，这表明碳溶胶介质在混合粒子的散射参量中起到主导作用。对于吸收效率因子来说，掺杂了碳溶胶的混合粒子的数值增加明显，硫酸铵-硝酸铵气溶胶粒子的数值基本为0。硫酸铵-碳质气溶胶混合双球粒子入射光先照射硫酸铵粒子，硝酸铵-碳质气溶胶混合双球粒子入射光先照射碳质气溶胶粒子，由于硫酸铵和硝酸铵的复折射率虚部都小到可以忽略，因此入射光先照射硫酸铵粒子时比先照射碳质气溶胶粒子时吸收效率因子数值大，这一差值随着尺度参数的增大逐渐减小。

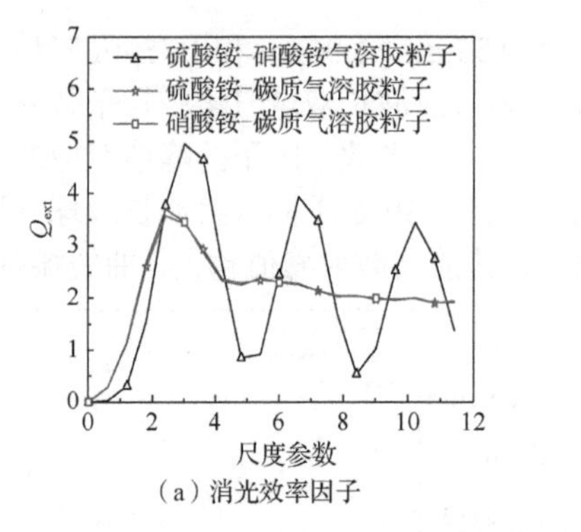

（a）消光效率因子

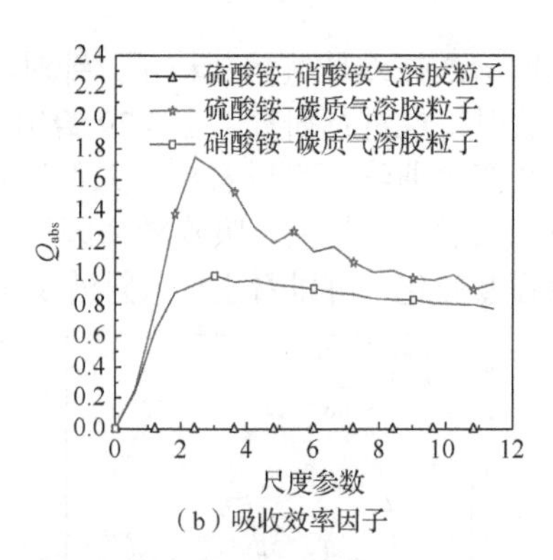

（b）吸收效率因子

图 3.31　混合双球气溶胶粒子效率因子随尺度参数的变化

图 3.32 是混合双球气溶胶粒子散射强度变化，可以看出混合双球气溶胶粒子的散射强度相较于图 3.30 中单一组分双球气溶胶粒子振荡明显增加。

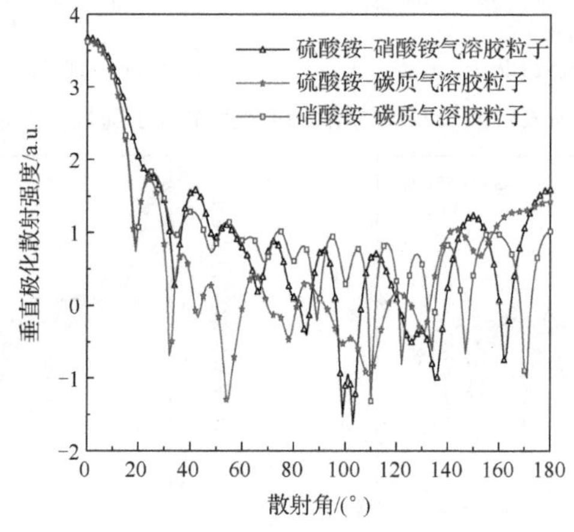

（a）垂直极化散射强度变化

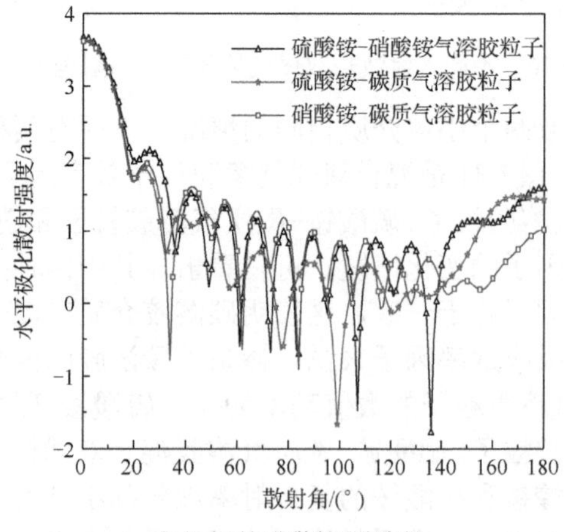

（b）水平极化散射强度变化

图 3.32　混合双球气溶胶粒子散射强度变化

3.3.2　水滴形气溶胶粒子散射特性

水雾作为雾霾的重要组成部分，其研究一直是雾霾散射研究比较关键的一部分。通常情况下，在研究水雾粒子时，多采用球形或者椭球形粒子进行近似替代。在实际大气环境中，一些具有流动性的液体细微颗粒，其形状常常受到分子引力、自然重力、风力等影响，从而呈现出不规则的形状。本小节基于离散偶极子近似法讨论一种水滴形粒子模型，并对影响其散射特性的因素进行分析和讨论，为下一步雾霾辐射传输的研究提供支持。

首先，在 xOz 平面得到水滴形粒子二维投影边界方程：

$$\begin{cases} x = k \cdot \sin t \cdot \sin^2(k \cdot t) \\ z = k \cdot \cos t \end{cases} \tag{3.28}$$

其中，k 为模型的形状因子，通过改变 k 可以调整模型形状；t 为该边界方程中曲线参变量。然后，将该方程在三维空间绕着 z 轴旋转，变换后的坐标可以表示为

$$\begin{cases} x' = x\cos\gamma - y\sin\gamma \\ y' = x\sin\gamma + y\cos\gamma \\ z' = z \end{cases} \tag{3.29}$$

其中，γ 为旋转角度。通过式（3.29），可以推导出其三维旋转矩阵为

$$R_z = \begin{bmatrix} \cos\gamma & -\sin\gamma & 0 \\ \sin\gamma & \cos\gamma & 0 \\ 0 & 0 & 1 \end{bmatrix} \tag{3.30}$$

图 3.33 是类水滴形粒子模型示意图。从模型底层开始，以 0.5 作为步长，依次讨论每个坐标点是否属于类水滴形粒子模型。

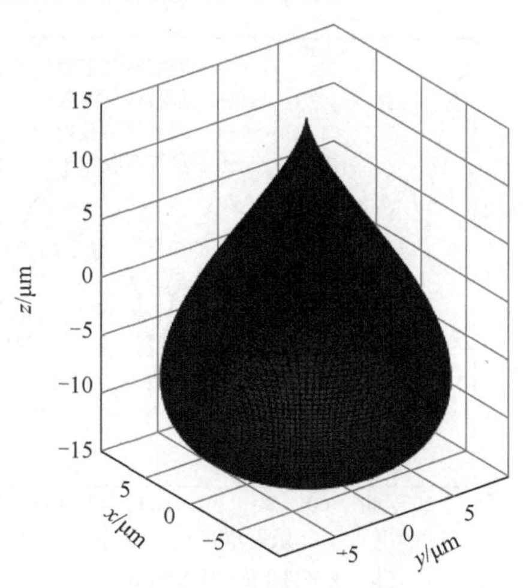

图 3.33　类水滴形粒子模型示意图

当某坐标点到 z 轴的垂直距离小于同一高度处外围曲线到 z 轴的距离时，就认为该点在模型内部。从上到下，依次排查整个水滴形粒子所在长方体中的点是否满足要求，得到剖分后的类水滴形粒子模型，经检验该模型满足 DDA 法体剖分条件，可以用 DDA 法进行散射特性的计算。

首先，计算尺度参数和介质种类对水滴形气溶胶粒子散射特性的影响。其中，水在 0.55μm 入射波下的复折射率为$1.33+i1.96\times10^{-9}$。选取气溶胶粒子等效半径为1μm，不同物质气溶胶粒子散射强度变化如图 3.34 所示，碳质气溶胶粒子的垂直极化散射强度明显小于其他三者，且在 20°～100°振荡最为剧烈，硫酸铵气溶胶粒子、硝酸铵气溶胶粒子和水气溶胶粒子的垂直极化散射强度基本一致。水平极化场方面，四种物质数值相差不大，碳质气溶胶粒子略低，水气溶胶粒子振荡幅度最大。两种极化方向的差异性可能是由水滴形粒子左右形状对称，而上下形状不对称造成的。

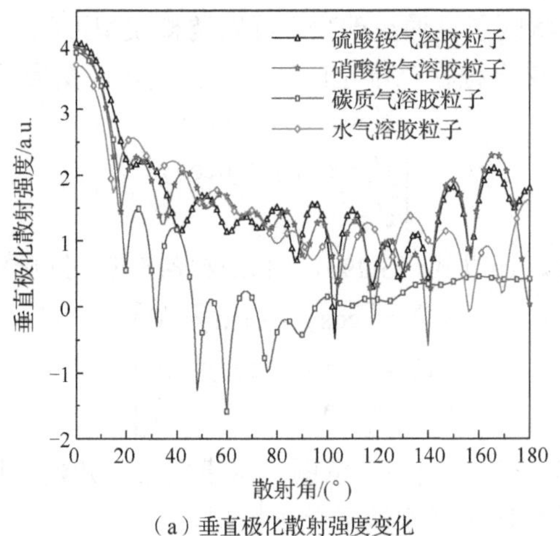

（a）垂直极化散射强度变化

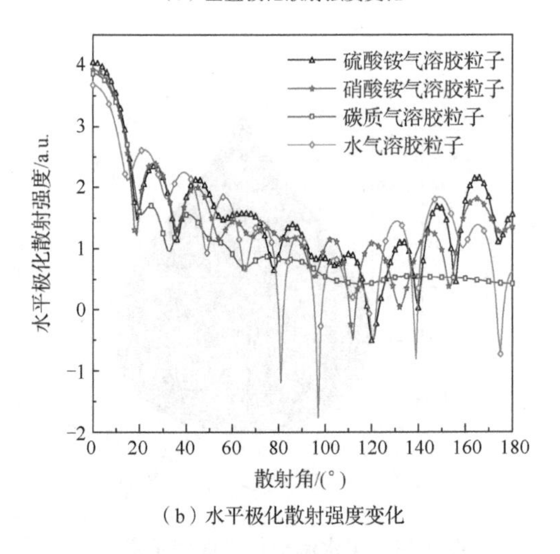

（b）水平极化散射强度变化

图 3.34　不同物质气溶胶粒子散射强度变化

其次，选取介质为水的水滴形气溶胶粒子着重进行分析。图 3.35 为类水滴形气溶胶粒子效率因子变化。由于水气溶胶粒子在 0.55μm 入射波下的复折射率虚部非常小，因此其吸收效率因子基本为零，消光效率因子和散射效率因子在尺度参数为 6.8 时达到最大值。

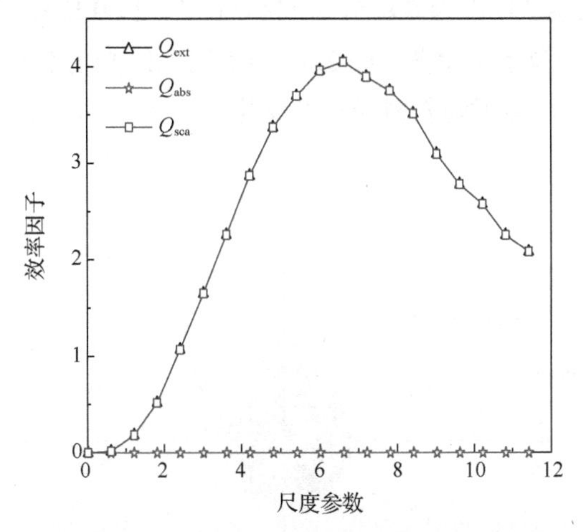

图 3.35　类水滴形气溶胶粒子效率因子变化

图 3.36 是不同等效半径气溶胶粒子偏振度变化，分别选取气溶胶粒子等效半径 A_{eff} 为 0.2μm、0.6μm 和 1μm 时，研究偏振度随散射角的变化情况。可以看出，当等效半径为 0.2μm 时，偏振度仅有两次振荡起伏，在第二次振荡处偏振度达到最大值 0.87。等效半径增大至 0.6μm 时，测量范围内较大的振荡次数达到 6 次，最大峰值处偏振度为 0.98。当等效半径增大到 1μm 时，测量范围内较大振荡次数达到 10 次之多，且毛刺明显增多。结果表明，偏振度受粒子尺寸变化的影响巨大，尺寸越大，偏振度振荡越剧烈。

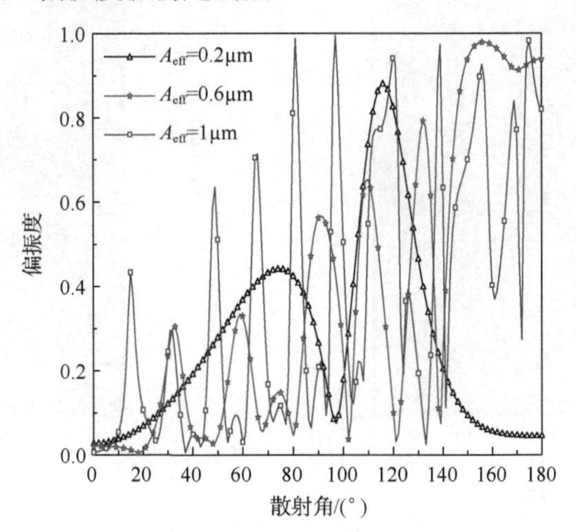

图 3.36　不同等效半径气溶胶粒子偏振度变化

再次，选取气溶胶粒子等效半径为 1μm，研究不同入射光方向对气溶胶粒子散射强度的影响情况。因为水滴形气溶胶粒子左右结构对称，所以改变入射光上下位置的夹角探究角度变化对散射强度的影响。给定入射光在 xOz 平面转动，与 x 轴的夹角为 θ，选取 $\cos\theta$ 依次为 0.875、0.625、0.375 和 0.125，图 3.37 是不同入射光方向水滴形气溶胶粒子示意图。图 3.38 为不同入射光角度水滴形气溶胶粒子近场散射，可以看到近场散射随入射光角度变化不明显。

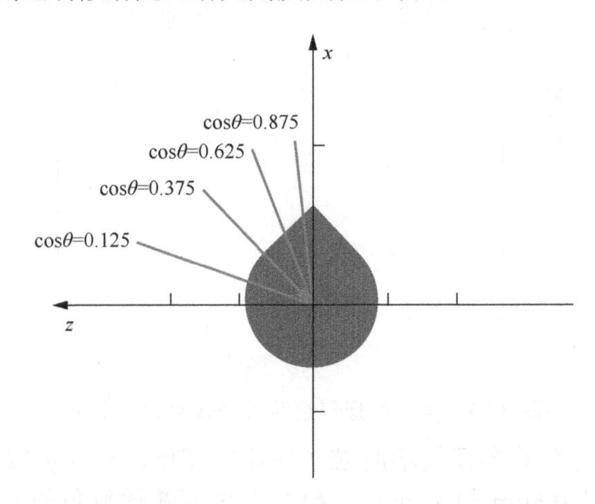

图 3.37　不同入射光方向水滴形气溶胶粒子示意图

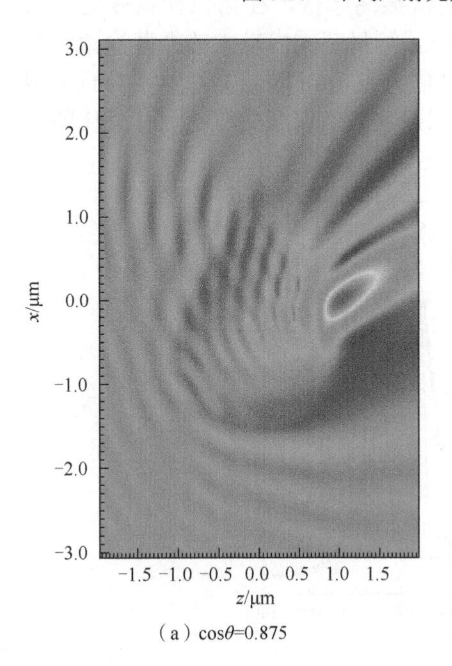

（a）$\cos\theta$=0.875

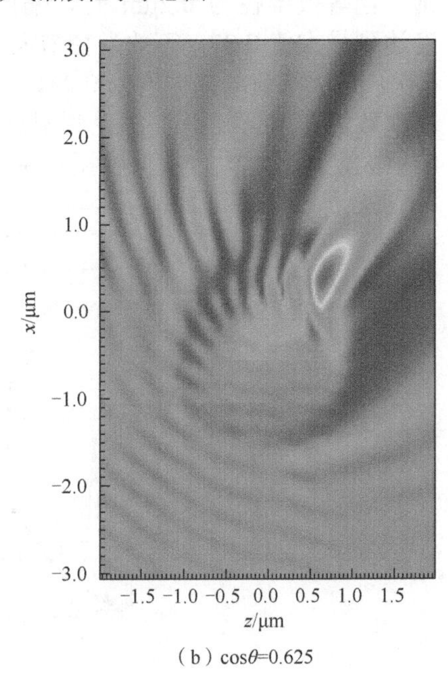

（b）$\cos\theta$=0.625

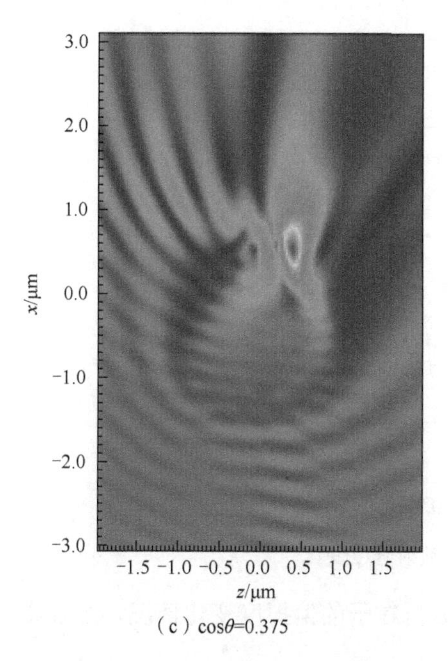

（c）cosθ=0.375

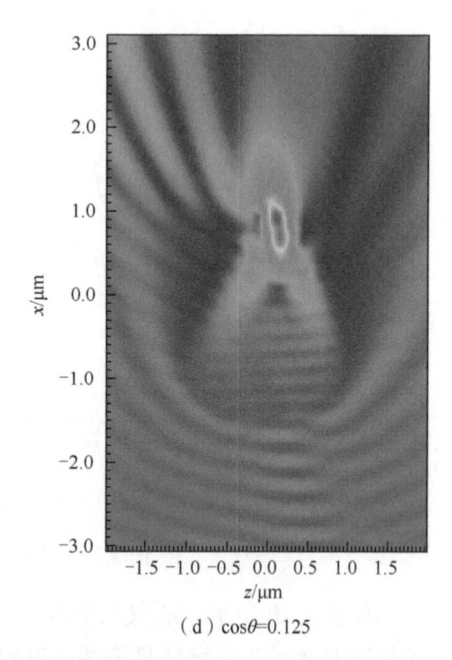

（d）cosθ=0.125

图 3.38　不同入射光角度水滴形气溶胶粒子近场散射

图 3.39 是不同入射角度下散射强度变化，从整体上看，随着 θ 的增大，两个方向散射强度都有所降低，对比双球气溶胶粒子的情况，水滴形气溶胶粒子由于上下不对称的结构，其散射强度随入射角度变化趋势更明显。水平极化场相对于垂直极化场有微小振荡和毛刺产生。

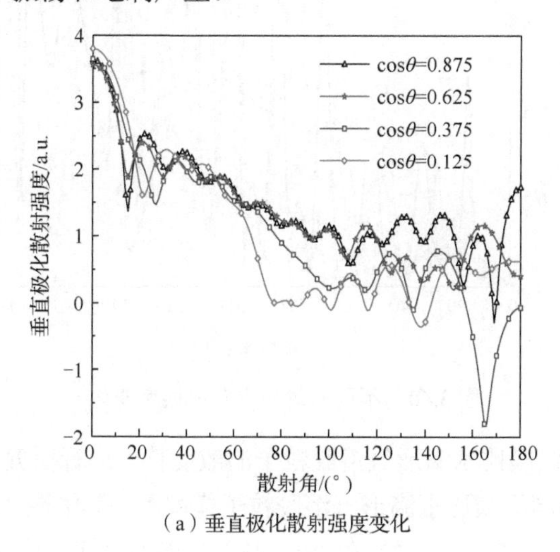

（a）垂直极化散射强度变化

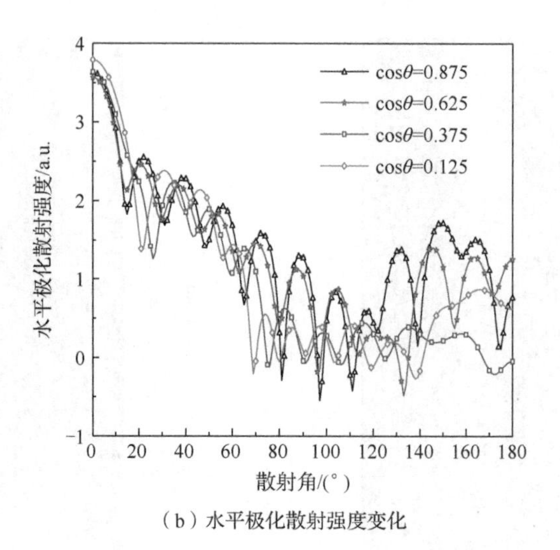

（b）水平极化散射强度变化

图 3.39　不同入射角度下散射强度变化

如图 3.40 所示，选取三个入射光方向来分析粒子的偏振度变化情况，三条曲线都随着散射角的增加呈振荡上升趋势。

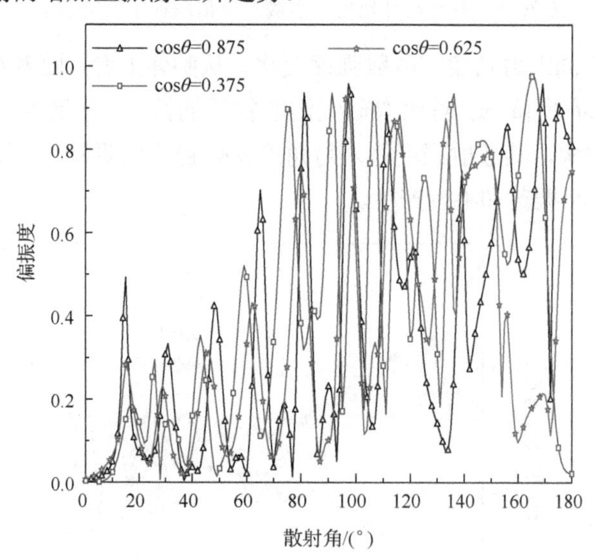

图 3.40　不同入射光方向偏振度变化

最后，对不同纵横比水滴形气溶胶粒子的散射特性进行研究，这里选取水作为介质。图 3.41 是不同纵横比水滴形气溶胶粒子模型图，其中图 3.41（a）、（b）、（c）的纵横比依次为 30∶17、30∶23 和 30∶28，气溶胶粒子形状从水滴形逐渐向球形转变。

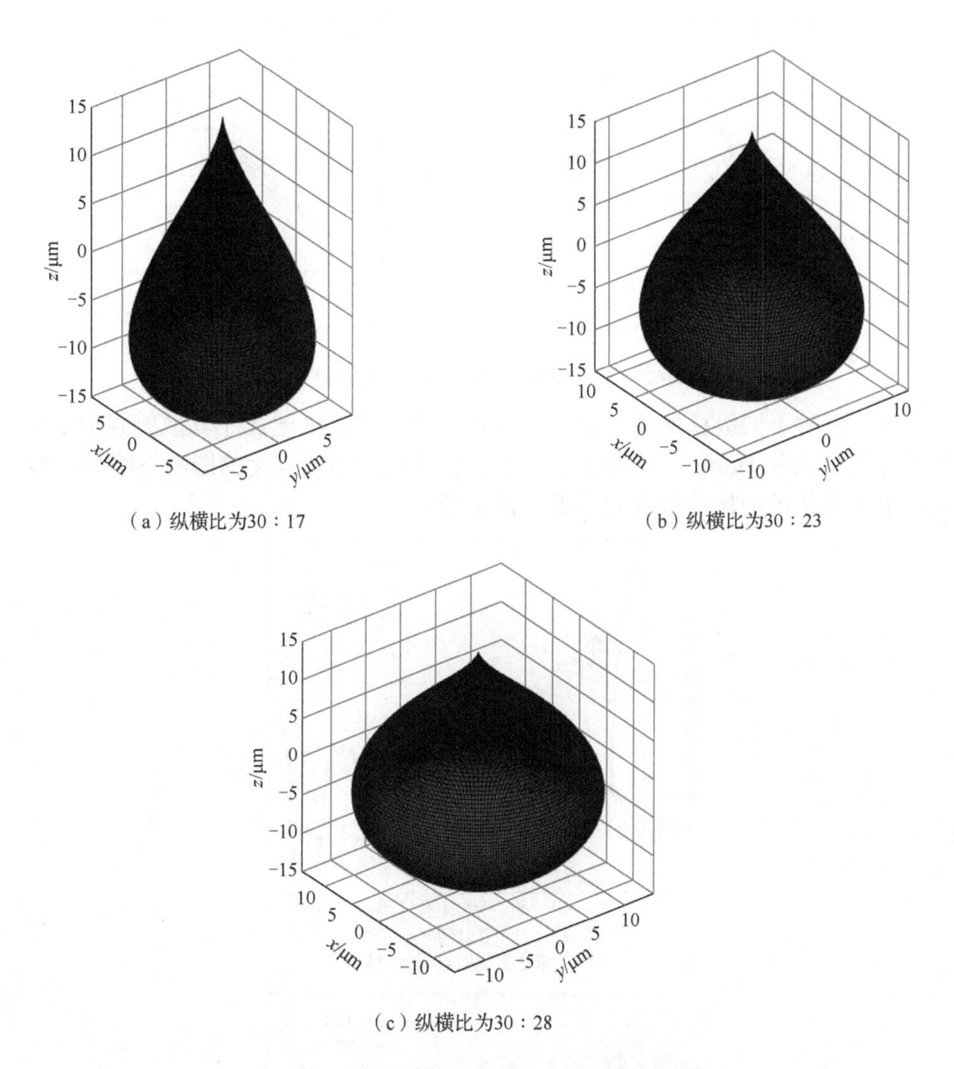

（a）纵横比为30：17

（b）纵横比为30：23

（c）纵横比为30：28

图 3.41　不同纵横比水滴形气溶胶粒子模型图

图 3.42 是不同纵横比气溶胶粒子效率因子变化，可以看出，在尺度参数小于 6 时，三种气溶胶粒子的消光效率因子随粒子尺度参数的增大而增大，且大小基本一致；当尺度参数大于 6 时，消光效率因子随粒子尺度参数的增大而减小，纵横比越大的粒子，其消光效率因子的值越大。由于水的复折射率过小，三种气溶胶粒子的吸收效率因子大多在10^{-8}量级，随尺度参数增大而略有增大，但总体可以忽略不计。

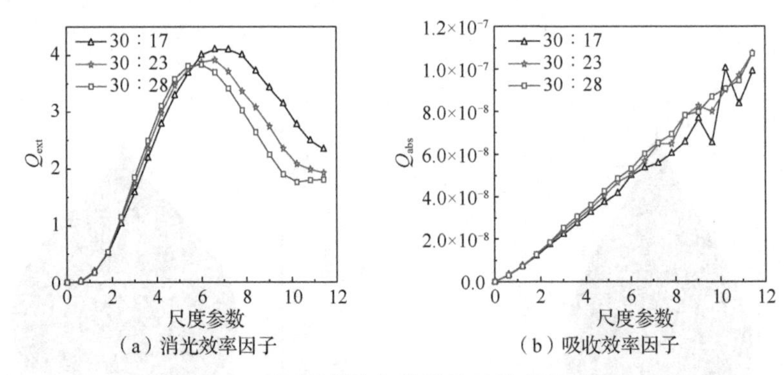

（a）消光效率因子　　（b）吸收效率因子

图 3.42　不同纵横比气溶胶粒子效率因子变化

针对三种不同纵横比的水滴形气溶胶粒子，图 3.43 给出了其散射强度变化，粒子等效半径取 1μm。结果显示，纵横比的变化对散射强度的影响不明显。整体上，水平极化场的振荡幅度大于垂直极化场。

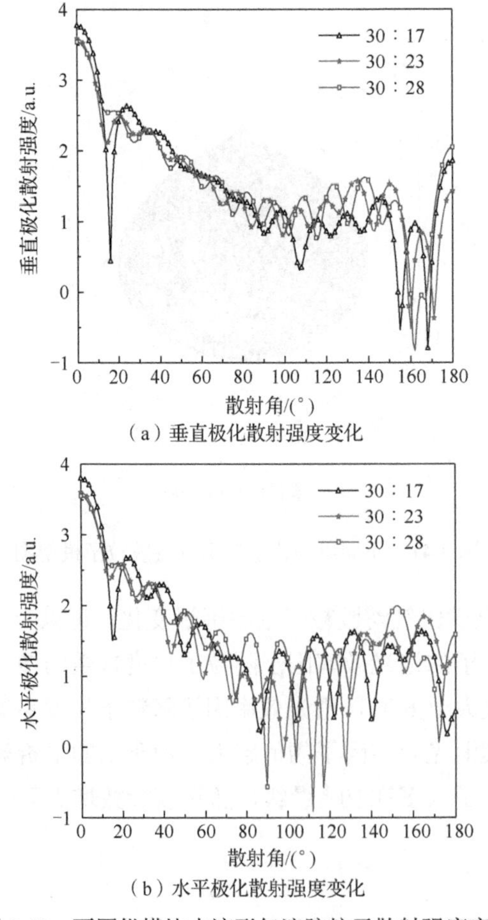

（a）垂直极化散射强度变化

（b）水平极化散射强度变化

图 3.43　不同纵横比水滴形气溶胶粒子散射强度变化

3.3.3　含水层气溶胶粒子散射特性

雾霾是由水雾粒子和霾粒子共同组合而成的一种气溶胶体系。霾粒子在和水雾粒子接触时，水滴往往会粘连和附着在霾粒子表面，形成一层水壳，对霾粒子的散射特性产生一定的影响，图 3.44 为含水层球形粒子示意图。本小节主要针对这种含水层粒子的散射特性进行研究，并比较不同含水层粒子散射参量的变化情况，为下一步的含水层簇团研究提供数据支持。

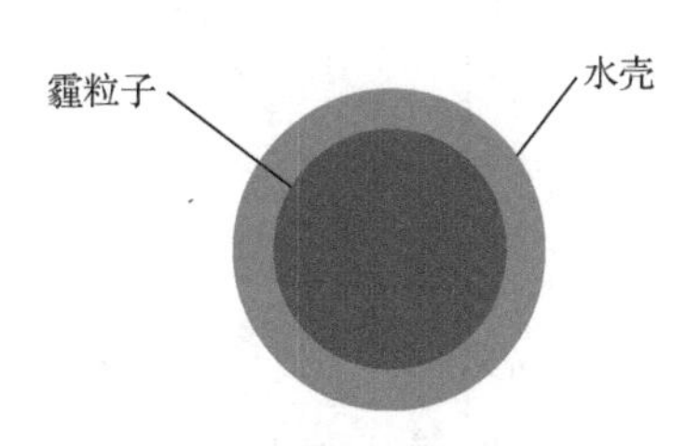

图 3.44　含水层球形粒子示意图

利用 DDA 法对含水层粒子的散射特性进行研究。首先将球形粒子所在正方体按步长 1nm 进行网格剖分，将每个到球心距离小于外球体半径的点标记为球形粒子的一个剖分点，这样就可以得到球形粒子的剖分模型。然后将所有球形粒子的格点到球心的距离与内层球半径进行比较，得到内外层球的离散化模型。含水层粒子偶极子阵列如图 3.45 所示，其中，外层含水层为深色部分，内层霾粒子为浅色部分，该模型满足 DDA 法体剖分要求。

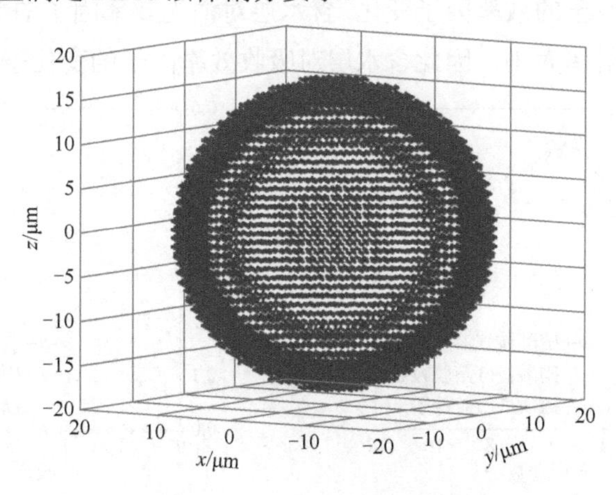

图 3.45　含水层粒子偶极子阵列

为了验证 DDA 法计算含水层气溶胶粒子散射特性的正确性，这里选取含水层厚度和内部气溶胶粒子半径之比为 1∶1，内核为碳溶胶，入射波长为 0.55μm，分别利用 DDA 法和米氏理论计算含水层气溶胶粒子的消光效率因子、吸收效率因子变化情况，如图 3.46 所示。可以看出，二者曲线基本一致，当尺度参数增大时，二者差值越来越小，DDA 法计算越来越精确，因此 DDA 法计算结果的可靠性得以保证。

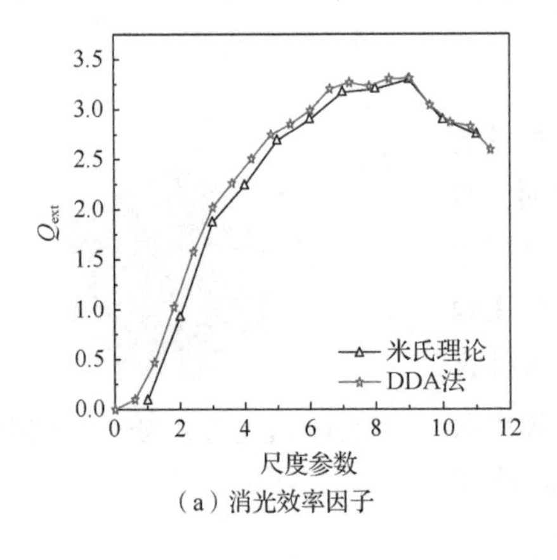

（a）消光效率因子

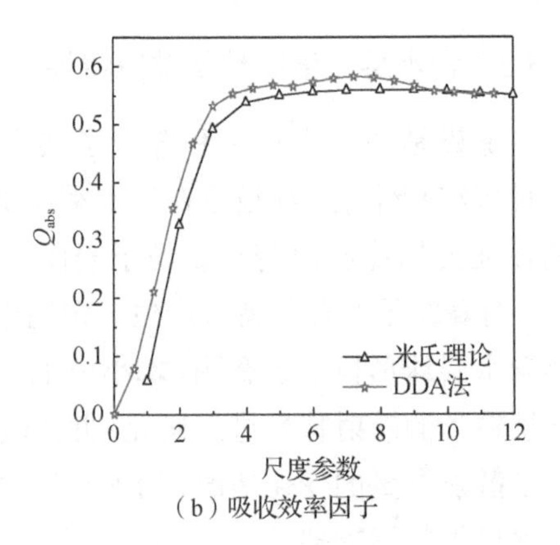

（b）吸收效率因子

图 3.46　利用 DDA 法和米氏理论计算的含水层气溶胶粒子的效率因子

选取雾霾粒子中含量较高的硫酸铵气溶胶、硝酸铵气溶胶和碳质气溶胶这三种物质，含水层厚度和内部气溶胶粒子半径之比为 1∶1，分析不同物质和尺寸对含水层气溶胶粒子散射参数的影响。图 3.47 为不同物质气溶胶粒子效率因子变化，包含三种不同核的气溶胶粒子消光效率因子和吸收效率因子变化情况。对比无含水层气溶胶粒子的效率因子变化，含水层对消光效率因子的变化有一定影响，但由于水的复折射率太小，因此含水层对吸收效率因子的变化基本没有影响。

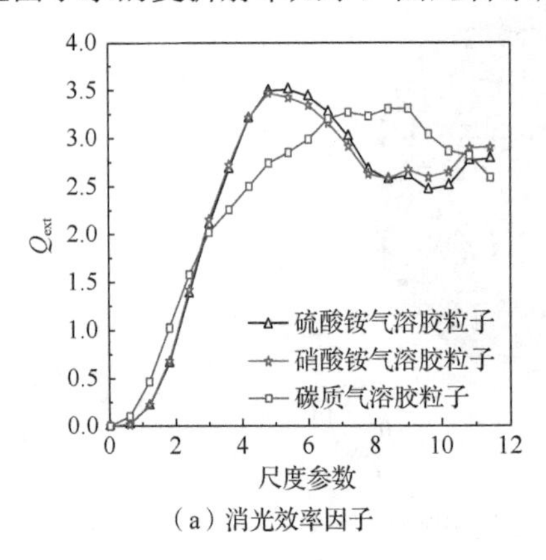

（a）消光效率因子

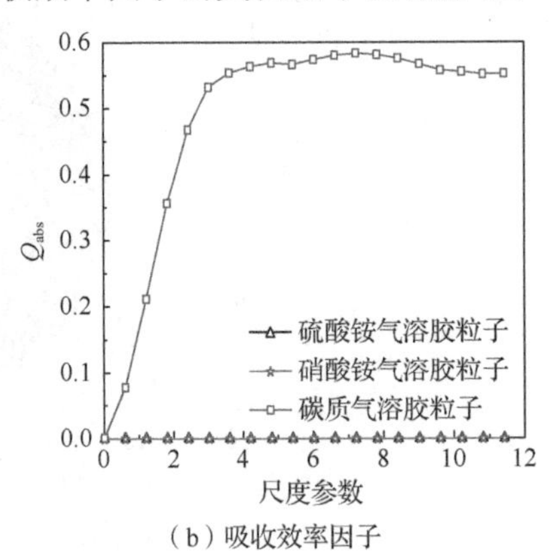

（b）吸收效率因子

图 3.47　不同物质气溶胶粒子效率因子变化

图 3.48 是三种不同物质气溶胶粒子散射强度变化，粒子等效半径为 1μm。可以看出，与之前无含水层时三种物质散射强度差异较大的情况不同，含水层气溶胶粒子散射强度变化趋势基本一致，且振荡、毛刺基本消失，这是因为含水层的流动性和张力缩小了被包裹气溶胶粒子散射特性的差异。

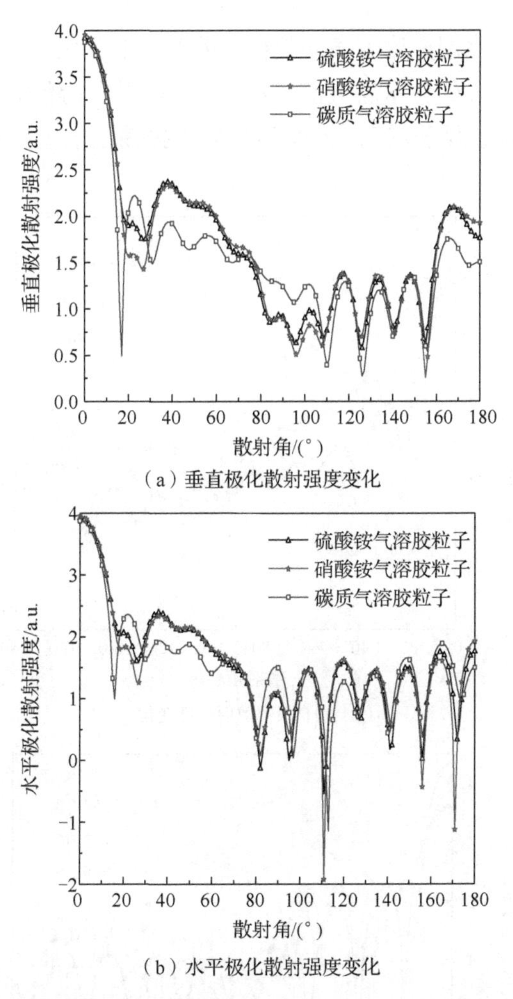

（a）垂直极化散射强度变化

（b）水平极化散射强度变化

图 3.48　三种不同物质气溶胶粒子散射强度变化

为了研究含水层厚度对气溶胶粒子散射参量和散射强度的影响，选取碳溶胶粒子（复折射率大，便于观察）作为内核，固定其等效半径为 0.5μm，逐步增大含水层厚度进行计算。图 3.49 为不同含水层厚度下效率因子变化，吸收效率因子随着含水层厚度的增加平稳下降，这是由水的吸收效率特别小所致。消光效率因子和散射效率因子则呈现出振荡波动的情况，其数值变化不大。

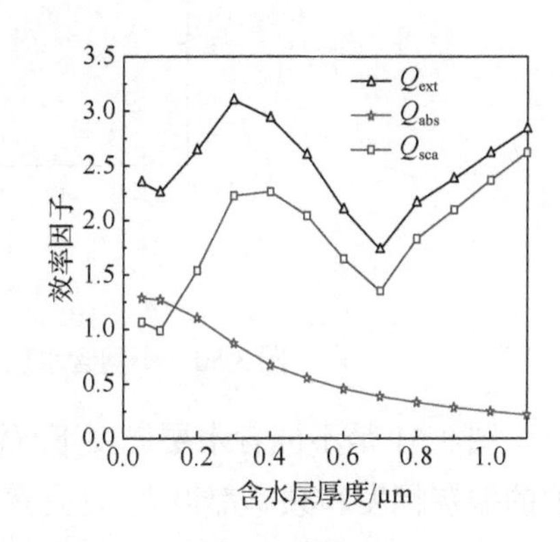

图 3.49　不同含水层厚度下效率因子变化

图 3.50 为不同含水层厚度下气溶胶粒子散射强度变化，选取了含水层厚度为 0.3μm、0.6μm 和 0.9μm 的含水层气溶胶粒子。可以看出，随着含水层厚度的增加，垂直极化场中振荡位置显著增高，水平极化场中振荡位置也有增高，但幅度很小，变化不明显。

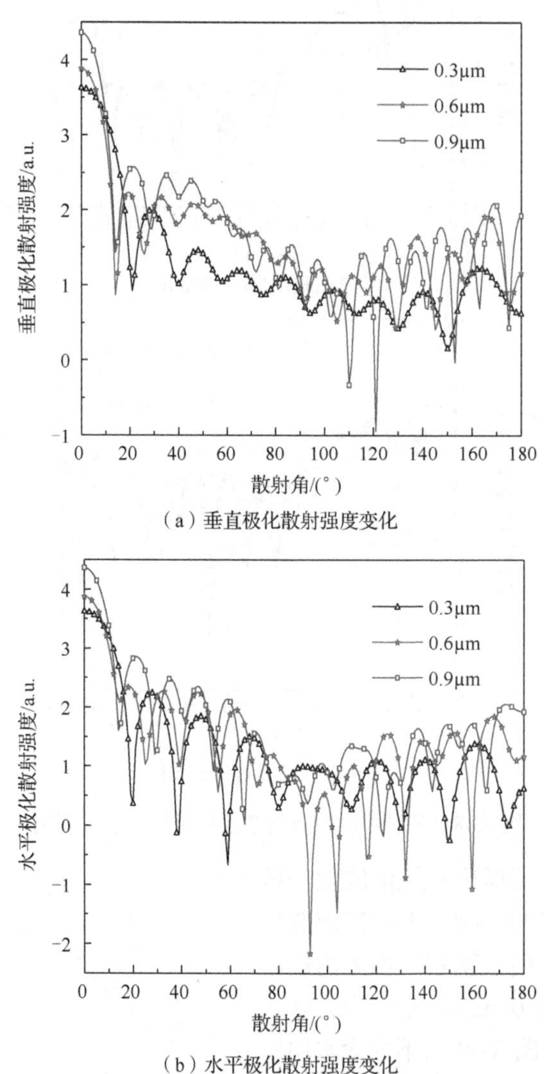

（a）垂直极化散射强度变化

（b）水平极化散射强度变化

图 3.50　不同含水层厚度下气溶胶粒子散射强度变化

图 3.51 是不同含水层厚度下气溶胶粒子偏振度变化，三种含水层厚度下偏振度的振荡幅度和频率都很大(这是等效半径较大引起的)，随着含水层厚度的增加，偏振曲线振荡增加，这是由水的复折射率性质决定的。

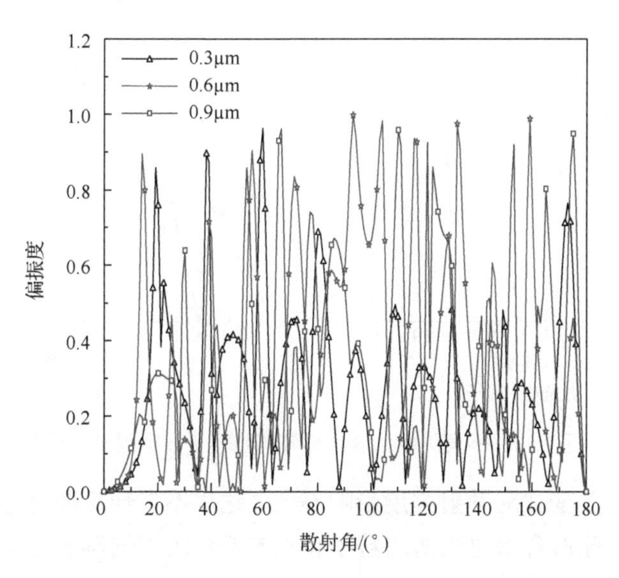

图 3.51　不同含水层厚度下气溶胶粒子偏振度变化

将外含水层的形状改为水滴形粒子形状，图 3.52 为水滴形含碳核粒子结构。下面内核物质选择碳溶胶粒子，探究含水层形状变化对含水层气溶胶粒子散射特性的影响。

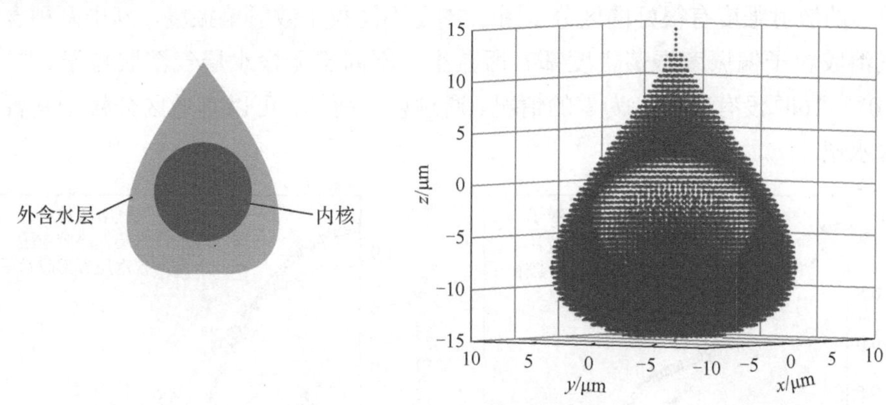

（a）水滴形含碳核粒子形状示意图　（b）离散化后水滴形含碳核粒子的偶极子阵列图

图 3.52　水滴形含碳核粒子结构

图 3.53 为不同纵横比含水层气溶胶粒子效率因子变化。当尺度参数为 0～3 和大于 8 时，消光效率因子随着外含水层纵横比的减小而减小，当尺度参数为 3～8 时，消光效率因子随纵横比的减小而增大。吸收效率因子方面，纵横比越大，即粒子形状越细长，其最终趋于稳定的数值越大。30∶17 的粒子吸收效率因子最终稳定在 0.8 左右，30∶28 的粒子吸收效率因子最终只停留在 0.5 左右。

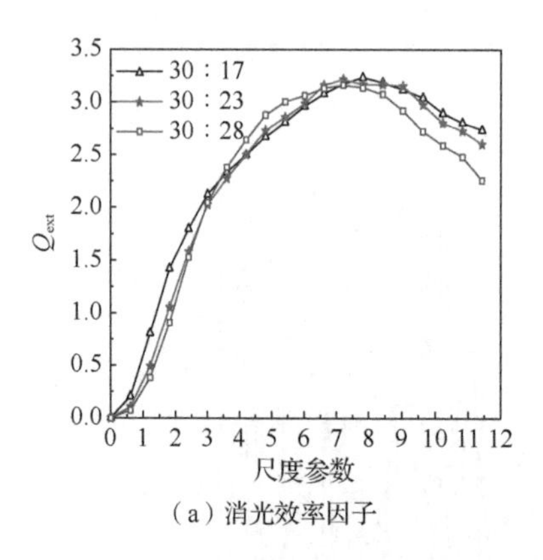

（a）消光效率因子

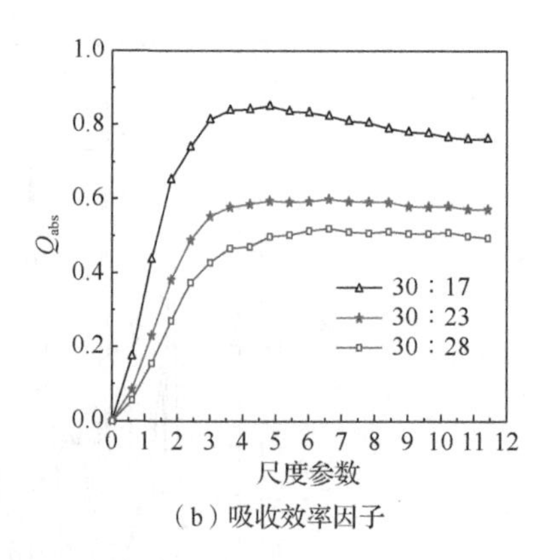

（b）吸收效率因子

图 3.53　不同纵横比含水层气溶胶粒子效率因子变化

由于纵横比的变化对散射强度影响不大，这里不再计算散射强度。对无含水层气溶胶粒子、球形含水层气溶胶粒子和水滴形含水层气溶胶粒子的散射强度和偏振度变化进行比较，选取内核均为碳溶胶粒子，入射光波长为0.55μm，等效半径为0.2μm（为了便于观察比对偏振度的变化）。

图3.54是不同粒子散射强度，可以看出，球形含水层气溶胶粒子和水滴形含水层气溶胶粒子的散射强度曲线在散射角小于120°时基本相同，和无含水层气溶胶粒子的散射强度有很好的区分。图3.55是不同粒子散射偏振度，其中两种含水层气溶胶粒子偏振度振荡幅度都有所减小，不同于无含水层气溶胶粒子，二者在10°～160°没有偏振度为零的情况。通过以上两图，可以有效区分粒子是否包裹含水层。

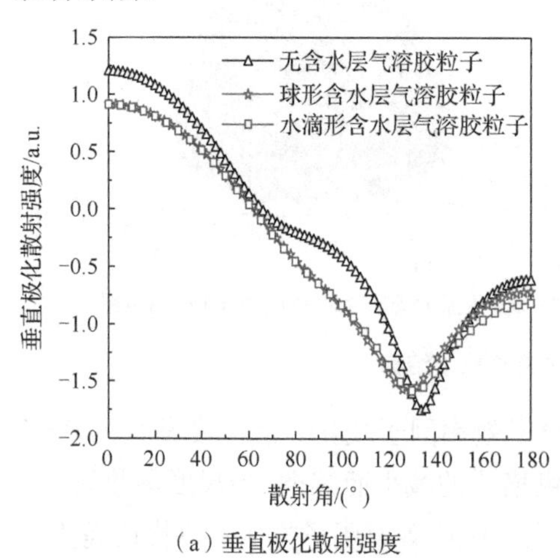

（a）垂直极化散射强度

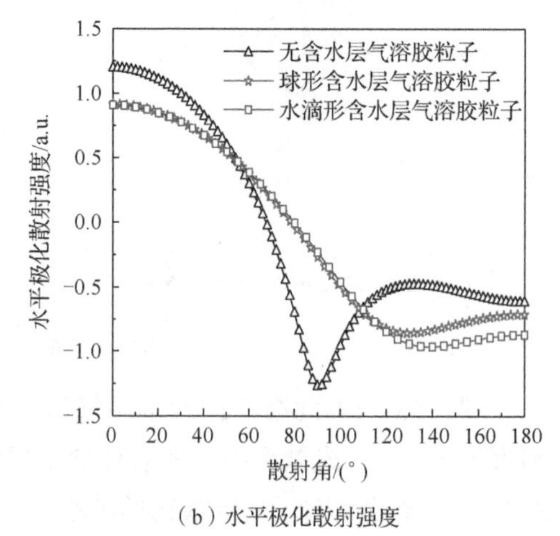

（b）水平极化散射强度

图 3.54　不同粒子散射强度

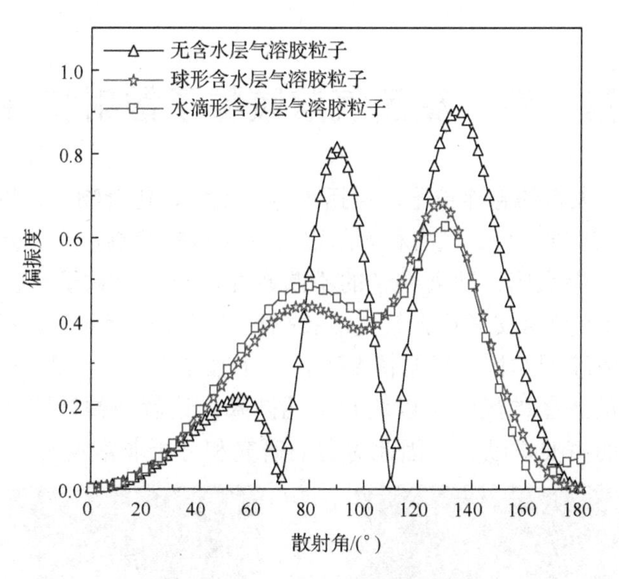

图 3.55　不同粒子散射偏振度

第 4 章　簇团气溶胶粒子散射特性

空气中存在大量的悬浮粒子，包括水雾、尘埃、化合物、有机物等。由于分子无规则运动、地球重力、风力和太阳辐射等因素的影响，粒子会进行大量的相互碰撞。研究结果表明，随着粒子的不断碰撞，一部分粒子会粘连在一起组成簇团结构。图 4.1 是西安某日大气气溶胶扫描电子显微镜照片，可以看到，有大量的粒子凝聚成簇团结构。通常情况下，单个粒子的尺寸一般在 1μm 左右，上百个粒子组成的簇团的尺寸可以达到十几微米。这就使得簇团结构成为改变气溶胶散射特性的主要贡献者，因此对它的研究和分析非常重要。

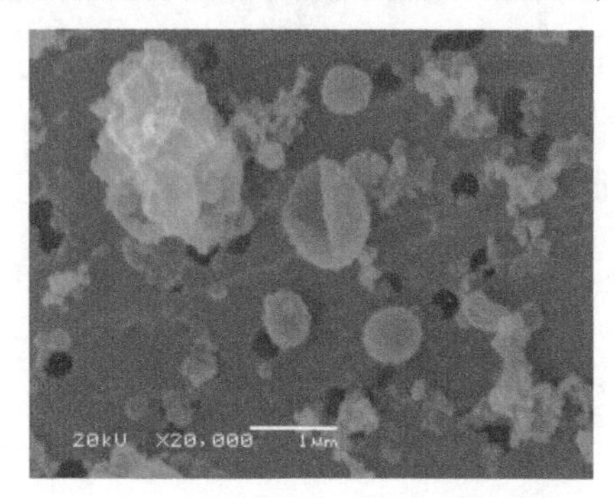

（a）西安某日大气气溶胶粒子扫描电子显微镜照片　（b）西安某日大气气溶胶簇团凝聚扫描电子显微镜照片

图 4.1　西安某日大气气溶胶扫描电子显微镜照片

为了准确地模拟出自然界粒子随机粘连的情况，科学家提出随机扩散聚集（random diffusion aggregation，RDA）模型、扩散限制凝聚（diffusion limited aggregation，DLA）模型和簇团聚合（cluster-cluster aggregation，CCA）模型等一系列方案，大大提高了用传统等效球代替簇团结构计算散射特性的精度。尤其是随着计算资源的不断丰富，各种簇团聚合模型得以实现，并在许多领域得到了广泛的应用。

本章利用离散偶极子近似法对基于 CCA 模型生成的各种簇团散射特性进行研究，分析簇团粒子数量、组成簇团粒子种类和簇团尺寸等参量对其散射强度的影响情况。针对几种含水层簇团散射进行计算，分析散射强度和偏振度的变化情况。

本章主要介绍用于计算多球粒子散射特性的广义多球米氏理论以及数值仿真计算凝聚球形簇团粒子的散射特性。首先就广义多球米氏理论进行简单的介绍。其次简单介绍分形凝聚球形粒子体系模型、扩展凝聚模型的理论和簇团粒子生成的思想方法。最后使用扩展凝聚模型软件生成簇团气溶胶粒子模型来模拟雾霾天气下污染物气溶胶簇团粒子分布，使用 GMMT 仿真计算雾霾组分气溶胶簇团粒子的散射特性。

4.1　簇团理论发展概述

科学家先后提出了多种粒子随机粘连簇团模型，使得多粒子簇团结构散射特性的研究有了迅猛的发展。Eden[69]于 1961 年提出了二维随机扩散模型（Eden 模型），该模型首先在二维平面上确定一个中心核粒子，然后在随机方向上粘连一个粒子，再将新粘连的粒子作为中心核粒子，继续粘连下一个粒子，这样就可以生成一个二维随机簇团。这一模型提出了粒子随机组合的一种方式，为之后的粒子模型设计扩展了思路。但是它也存在很明显的局限性，二维平面难以表示实际中的粒子簇团形状。同时，这种线性的粘连模式使得生成的模型大多呈条状或线状，明显与显微镜下的簇团结构存在差异。随后，Rácz 等[70]增加了每次粒子随机运动的上下方向，将 Eden 模型扩展到三维空间，提出了三维随机扩散模型，使簇团模型的精度有所提升。

1981 年，Witten 等[71]在原有模型的基础上，提出了扩散限制凝聚模型。1983 年，Witten 等[72]再次对扩散限制凝聚（DLA）模型的理论知识、应用和成果进行总结，建立了 DLA 模型的系统体系。该模型首先将一个三维空间粒子作为种子，在种子周围选择一定范围作为生长区。每次随机在生长区产生一个粒子，通过计算机模拟粒子随机运动过程，直至粒子与种子粘连在一起形成新的种子集合，产生下一个粒子。这种方法生成的簇团可以很好地拟合实际簇团结构，且计算过程简单，适合模拟物质生长形成的具有生长中心的簇团结构，至今在生物分子学、应用化学、材料学等领域仍然被广泛使用[73-76]。

1983 年，Paul[77]认为传统的 DLA 模型在凝聚过程中，由于中心种子是固定不动的，因此簇团呈松花状，有明显的凝结中心，这与实际簇团结构存在差异。对此，他对模型进行了修改，提出了簇团聚合模型。这一模型取消了种子的思想，同时将所有粒子都放入一定三维空间中，使其随设定时间随机运动。当两个粒子碰撞时，就认为它们已经完成了粘连，之后这个整体将继续进行随机运动，直到所有的粒子组合在一起就完成了整个簇团凝聚过程。相比于 DLA 模型，CCA 模型生成的簇团没有明显的凝结中心，更符合自然粒子的凝聚状态，因此在大气气溶胶簇团研究中被广泛使用[78,79]。

以上的模型给出了大小相等的球形粒子凝聚成簇团的方法，然而气溶胶簇团常常不是由相同大小的粒子组成的。为了更符合实际情况，1975 年，Goodarz-Nia

等[80]用椭球粒子代替球形粒子，利用 DLA 模型生成了椭球粒子簇团。但是，椭球粒子轴方向的选取较少取向、粒子空间旋转不够随机等因素，限制了该模型的使用范围和计算精度。由于非球形粒子在三维空间的取向难以确定，因此对非球形粒子簇团的研究仍进展比较缓慢。

本章采用 CCA 模型生成的粒子簇团结构，对各种簇团的散射特性进行系统的研究，为今后进一步研究大气气溶胶散射特性提供数据和方法支持。

4.2 多球粒子散射特性

多球粒子的散射特性在宇宙探测、生物医疗诊断、大气环境遥感和光散射测试等领域具有较大的应用前景[81]。在多粒子簇团的散射体系中，粒子之间不再是各自独立散射，而是考虑粒子之间的相互作用。由于粒子体系中单个粒子的散射场又会进入散射体系中，与其他粒子发生再一次的散射作用，因此要考虑粒子之间入射电磁场的叠加作用[82]。自从 Cruzan[83]提出球谐波函数的标量和矢量加法定理，多粒子散射问题成为当时的研究热点。因此，在球谐波函数叠加原理的应用过程中，对加法定理系数的求解方法是解决多体散射计算问题的重点，在这个问题的解决方面出现了多种不同的求解方法，主要有 Stein 的迭代方法、Mackowski 的方程形式、Cruzan 的解析方法和 Xu 的 Gaunt 系数表示法等。本节主要介绍的广义多球米氏理论中使用的叠加原理系数的求解方法就是 Xu 的 Gaunt 系数表示法，下面就广义多球米氏理论的原理以及系数的求解方法进行介绍。

4.2.1 GMMT 原理

图 4.2 为任意方向入射的平面波与球形簇团粒子体散射的原理[84]，考虑到 L 个各向同性的介质球，且球形粒子的半径为 $a_j\,(j=1,2,\cdots,L)$，其中直角坐标系 $Oxyz$ 为全局坐标系。该坐标系下入射平面波的波矢量 $\boldsymbol{k}_0$ 可以表示为 $\boldsymbol{k}_0 = k(\boldsymbol{e}_x \sin\alpha' \cos\beta + \boldsymbol{e}_y \sin\alpha' \sin\beta + \boldsymbol{e}_z \cos\alpha')$，其中 α' 为入射角，也就是入射波的传播方向与 z 轴的夹角；β 为方位角，也就是入射场的传播方向在 xOy 平面上的投影与 x 轴的夹角。

对于横磁（TM）波极化模式的平面波，利用米氏理论原理，可将入射场在全局坐标系 $Oxyz$ 使用矢量球谐波函数展开为如下表达式：

$$\boldsymbol{E}^{\mathrm{i}} = \sum_{n=1}^{\infty}\sum_{m=-n}^{n} E_{mn}\left[a_{mn}^{\mathrm{i}}\boldsymbol{M}_{mn}^{(1)}(\boldsymbol{r},k_0) + b_{mn}^{\mathrm{i}}\boldsymbol{N}_{mn}^{(1)}(\boldsymbol{r},k_0)\right] \tag{4.1}$$

$$\boldsymbol{H}^{\mathrm{i}} = \frac{k_0}{\mathrm{i}\omega\mu_0}\sum_{n=1}^{\infty}\sum_{m=-n}^{n} E_{mn}\left[a_{mn}^{\mathrm{i}}\boldsymbol{N}_{mn}^{(1)}(\boldsymbol{r},k_0) + b_{mn}^{\mathrm{i}}\boldsymbol{M}_{mn}^{(1)}(\boldsymbol{r},k_0)\right] \tag{4.2}$$

其中，k_0、μ_0 和 ω 分别为自由空间中电磁波的传播常数、磁导率和角频率；E_{mn} 为归一化因子，其表达式如下：

$$E_{mn}=\left|E_0\right|\mathrm{i}^n\left[\frac{(2n+1)(n-m)!}{n(n+1)(n+m)!}\right]^{1/2} \tag{4.3}$$

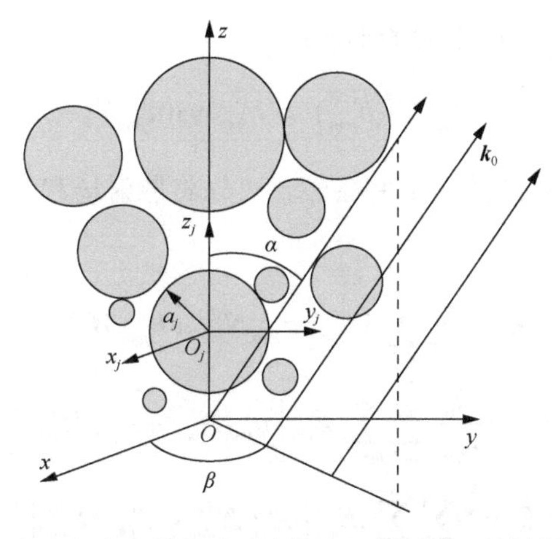

图 4.2　任意方向入射的平面波与球形簇团粒子体散射的原理

入射场展开系数 a_{mn}^{i} 和 b_{mn}^{i} 可以根据矢量球谐波函数的正交关系求得。同理，对于横电（TE）波平面波，使用相似的方法也可以计算出其展开系数。

在计算多球体散射特性的过程中，需要将入射场、散射场和内场在以各个球形粒子的球心为原点的坐标系中展开，这样才能使用边界条件计算散射场的展开系数。因此，以任意球形粒子的球心 O_j 为坐标系的原点建立与全局坐标系 $Oxyz$ 平行的坐标系 $O_jx_jy_jz_j$，其中 $j=1,2,\cdots,L$，表示与第 j 个球形粒子相关联的量值。使用与展开式（4.1）、式（4.2）同样的方法，可以将从任意方向入射的平面波在第 j 个球粒子所在坐标系 $O_jx_jy_jz_j$ 的入射场使用矢量球谐波函数进行如下展开：

$$\boldsymbol{E}_j^{\mathrm{i}}=\sum_{n=1}^{\infty}\sum_{m=-n}^{n}E_{mn}\left[(a_{jmn}^{\mathrm{i}})'\boldsymbol{M}_{mn}^{(1)}(\boldsymbol{r}_j,k_0)+(b_{jmn}^{\mathrm{i}})'\boldsymbol{N}_{mn}^{(1)}(\boldsymbol{r}_j,k_0)\right] \tag{4.4}$$

$$\boldsymbol{H}_j^{\mathrm{i}}=\frac{k_0}{\mathrm{i}\omega\mu_0}\sum_{n=1}^{\infty}\sum_{m=-n}^{n}E_{mn}\left[(a_{jmn}^{\mathrm{i}})'\boldsymbol{N}_{mn}^{(1)}(\boldsymbol{r}_j,k_0)+(b_{jmn}^{\mathrm{i}})'\boldsymbol{M}_{mn}^{(1)}(\boldsymbol{r}_j,k_0)\right] \tag{4.5}$$

设球心 O_j 在坐标系 $Oxyz$ 下的位置矢量为 $\boldsymbol{r}_j$，那么入射场在第 j 个球坐标系 $O_jx_jy_jz_j$ 的展开系数 $(a_{jmn}^{\mathrm{i}})'$、$(b_{jmn}^{\mathrm{i}})'$ 与在全局坐标系 $Oxyz$ 的展开系数 a_{mn}^{i}、b_{mn}^{i} 具有如下的关系：

$$(a_{jmn}^{\mathrm{i}})'=\mathrm{e}^{\mathrm{i}\boldsymbol{k}_0\cdot\boldsymbol{r}_j}a_{mn}^{\mathrm{i}},\quad (b_{jmn}^{\mathrm{i}})'=\mathrm{e}^{\mathrm{i}\boldsymbol{k}_0\cdot\boldsymbol{r}_j}b_{mn}^{\mathrm{i}} \tag{4.6}$$

为了计算散射系数的简便，将入射场写成如下的形式：

$$\boldsymbol{E}_j^{\mathrm{i}}=-\sum_{n=1}^{\infty}\sum_{m=-n}^{n}\mathrm{i}E_{mn}\left[a_{jmn}^{\mathrm{i}}\boldsymbol{N}_{mn}^{(1)}+b_{jmn}^{\mathrm{i}}\boldsymbol{M}_{mn}^{(1)}\right] \tag{4.7}$$

$$\boldsymbol{H}_j^{\mathrm{i}} = -\frac{k_0}{\omega\mu_0}\sum_{n=1}^{\infty}\sum_{m=-n}^{n} E_{mn}\left[b_{jmn}^{\mathrm{i}}\boldsymbol{N}_{mn}^{(1)} + a_{jmn}^{\mathrm{i}}\boldsymbol{M}_{mn}^{(1)}\right] \tag{4.8}$$

其中，a_{jmn}^{i}和b_{jmn}^{i}可以写成下面的形式：

$$a_{jmn}^{\mathrm{i}} = \mathrm{i}(b_{jmn}^{\mathrm{i}})',\quad b_{jmn}^{\mathrm{i}} = \mathrm{i}(a_{jmn}^{\mathrm{i}})' \tag{4.9}$$

根据矢量球谐波函数的正交完备性，可以将散射场和内场在第j个球坐标系$O_jx_jy_jz_j$展开成：

$$\boldsymbol{E}_j^{\mathrm{s}} = \sum_{n=1}^{\infty}\sum_{m=-n}^{n} \mathrm{i}E_{mn}\left[a_{jmn}^{\mathrm{s}}\boldsymbol{N}_{mn}^{(3)} + b_{jmn}^{\mathrm{s}}\boldsymbol{M}_{mn}^{(3)}\right] \tag{4.10}$$

$$\boldsymbol{H}_j^{\mathrm{s}} = \frac{k_0}{\omega\mu_0}\sum_{n=1}^{\infty}\sum_{m=-n}^{n} E_{mn}\left[b_{jmn}^{\mathrm{s}}\boldsymbol{N}_{mn}^{(3)} + a_{jmn}^{\mathrm{s}}\boldsymbol{M}_{mn}^{(3)}\right] \tag{4.11}$$

$$\boldsymbol{E}_j^{\mathrm{I}} = -\sum_{n=1}^{\infty}\sum_{m=-n}^{n} \mathrm{i}E_{mn}\left[A_{jmn}^{\mathrm{I}}\boldsymbol{N}_{mn}^{(1)} + B_{jmn}^{\mathrm{I}}\boldsymbol{M}_{mn}^{(I)}\right] \tag{4.12}$$

$$\boldsymbol{H}_j^{\mathrm{I}} = -\frac{k_j}{\omega\mu_j}\sum_{n=1}^{\infty}\sum_{m=-n}^{n} E_{mn}\left[B_{jmn}^{\mathrm{I}}\boldsymbol{N}_{mn}^{(1)} + A_{jmn}^{\mathrm{I}}\boldsymbol{M}_{mn}^{(1)}\right] \tag{4.13}$$

其中，$k_j = 2\pi N_j / \lambda$，k_j和μ_j分别表示第j个介质球的传播常数和磁导率；上标s、I分别表示与散射场、内场相关的量。

根据米氏理论可知，若已知每个球形粒子所在坐标系下总入射场，即可求出散射场，也就知道了总入射场的展开系数，这样散射系数和内场系数(a_{mn}^{sj}、b_{mn}^{sj}、A_{mn}^{j}、B_{mn}^{j})也就可以计算出来。入射到第j个球形粒子上的总入射场包括两部分——原始入射场和其他球形粒子的散射场，可以用如下的数学表达式表示：

$$\boldsymbol{E}_j^{\mathrm{it}} = \boldsymbol{E}_j^{\mathrm{i}} + \sum_{l\neq j}^{L}\boldsymbol{E}_{l,j}^{\mathrm{s}},\quad \boldsymbol{H}_j^{\mathrm{it}} = \boldsymbol{H}_j^{\mathrm{i}} + \sum_{l\neq j}^{L}\boldsymbol{H}_{l,j}^{\mathrm{s}} \tag{4.14}$$

其中，$l, j = 1,2,\cdots,L$，但$l \neq j$；$\boldsymbol{E}_j^{\mathrm{i}}$和$\boldsymbol{H}_j^{\mathrm{i}}$为原始的入射电磁场；$\boldsymbol{E}_{l,j}^{\mathrm{s}}$和$\boldsymbol{H}_{l,j}^{\mathrm{s}}$为第$l$个球坐标系下的散射电磁场转换到第$j$个球坐标系下的入射电磁场。使用矢量球谐波函数的叠加原理可将第l个球坐标系下的散射电磁场在第j个球坐标系下写成：

$$\begin{aligned}\boldsymbol{E}_{l,j}^{\mathrm{s}} &= \sum_{n=1}^{\infty}\sum_{m=-n}^{n} \mathrm{i}E_{mn}\left[a_{lmn}^{\mathrm{s}}\boldsymbol{N}_{mn}^{(3)}(k_0r_l,\theta_l,\phi_l) + b_{lmn}^{\mathrm{s}}\boldsymbol{M}_{mn}^{(3)}(k_0r_l,\theta_l,\phi_l)\right] \\ &= \sum_{n=1}^{\infty}\sum_{m=-n}^{n} \mathrm{i}E_{mn}\left\{a_{lmn}^{\mathrm{s}}\sum_{\nu=1}^{\infty}\sum_{\mu=-\nu}^{\nu}\left[A_{mn}^{\mu\nu}(l,j)\boldsymbol{N}_{\mu\nu}^{(1)}(k_0r_j,\theta_j,\phi_j) + B_{mn}^{\mu\nu}(l,j)\boldsymbol{M}_{\mu\nu}^{(1)}(k_0r_j,\theta_j,\phi_j)\right]\right. \\ &\quad \left. + b_{lmn}^{\mathrm{s}}\sum_{\nu=1}^{\infty}\sum_{\mu=-\nu}^{\nu}\left[A_{mn}^{\mu\nu}(l,j)\boldsymbol{M}_{\mu\nu}^{(1)}(k_0r_j,\theta_j,\phi_j) + B_{mn}^{\mu\nu}(l,j)\boldsymbol{N}_{\mu\nu}^{(1)}(k_0r_j,\theta_j,\phi_j)\right]\right\}\end{aligned} \tag{4.15}$$

$$\begin{aligned}\boldsymbol{H}_{l,j}^{\mathrm{s}} &= \frac{k_0}{\omega\mu_0}\sum_{n=1}^{\infty}\sum_{m=-n}^{n} E_{mn}\left[b_{lmn}^{\mathrm{s}}\boldsymbol{N}_{mn}^{(3)}(k_0 r_l,\theta_l,\phi_l)+a_{lmn}^{\mathrm{s}}\boldsymbol{M}_{mn}^{(3)}(k_0 r_l,\theta_l,\phi_l)\right]\\ &= \frac{k_0}{\omega\mu_0}\sum_{n=1}^{\infty}\sum_{m=-n}^{n} E_{mn}\left\{b_{lmn}^{\mathrm{s}}\sum_{\nu=1}^{\infty}\sum_{\mu=-\nu}^{\nu}\left[A_{mn}^{\mu\nu}(l,j)\boldsymbol{N}_{\mu\nu}^{(1)}(k_0 r_j,\theta_j,\phi_j)+B_{mn}^{\mu\nu}(l,j)\boldsymbol{M}_{\mu\nu}^{(1)}(k_0 r_j,\theta_j,\phi_j)\right]\right.\\ &\left.\quad +a_{lmn}^{\mathrm{s}}\sum_{\nu=1}^{\infty}\sum_{\mu=-\nu}^{\nu}\left[A_{mn}^{\mu\nu}(l,j)\boldsymbol{M}_{\mu\nu}^{(1)}(k_0 r_j,\theta_j,\phi_j)+B_{mn}^{\mu\nu}(l,j)\boldsymbol{N}_{\mu\nu}^{(1)}(k_0 r_j,\theta_j,\phi_j)\right]\right\}\end{aligned}\tag{4.16}$$

将式（4.15）和式（4.16）中的(m,n)和(μ,ν)进行交换得到：

$$\boldsymbol{E}_{l,j}^{\mathrm{s}} = -\sum_{n=1}^{\infty}\sum_{m=-n}^{n}\mathrm{i}E_{mn}\left[a_{mn}^{\mathrm{s}}(l,j)\boldsymbol{N}_{mn}^{(1)}(k_0 r_j,\theta_j,\phi_j)+b_{mn}^{\mathrm{s}}(l,j)\boldsymbol{M}_{mn}^{(1)}(k_0 r_j,\theta_j,\phi_j)\right]\tag{4.17}$$

$$\boldsymbol{H}_{l,j}^{\mathrm{s}} = -\frac{k_0}{\omega\mu_0}\sum_{n=1}^{\infty}\sum_{m=-n}^{n}E_{mn}\left[b_{mn}^{\mathrm{s}}(l,j)\boldsymbol{N}_{mn}^{(1)}(k_0 r_j,\theta_j,\phi_j)+a_{mn}^{\mathrm{s}}(l,j)\boldsymbol{M}_{mn}^{(1)}(k_0 r_j,\theta_j,\phi_j)\right]\tag{4.18}$$

其中，

$$a_{mn}^{\mathrm{s}}(l,j) = -\sum_{\nu=1}^{\infty}\sum_{\mu=-\nu}^{\nu}\left[a_{l\mu\nu}^{\mathrm{s}}A_{mn}^{\mu\nu'}(l,j)+b_{l\mu\nu}^{\mathrm{s}}B_{mn}^{\mu\nu'}(l,j)\right]\quad (l\neq j)\tag{4.19}$$

$$b_{mn}^{\mathrm{s}}(l,j) = -\sum_{\nu=1}^{\infty}\sum_{\mu=-\nu}^{\nu}\left[a_{l\mu\nu}^{\mathrm{s}}B_{mn}^{\mu\nu'}(l,j)+b_{l\mu\nu}^{\mathrm{s}}A_{mn}^{\mu\nu'}(l,j)\right]\quad (l\neq j)\tag{4.20}$$

式（4.19）、式（4.20）中的$A_{mn}^{\mu\nu'}$、$B_{mn}^{\mu\nu'}$和式（4.15）、式（4.16）中的$A_{mn}^{\mu\nu}$、$B_{mn}^{\mu\nu}$具有如下的关系：

$$A_{mn}^{\mu\nu'} = \frac{E_{\mu\nu}}{E_{mn}}A_{mn}^{\mu\nu} = \mathrm{i}^{\nu-n}\sqrt{\frac{(2\nu+1)(\nu-\mu)!n(n+1)(n+m)!}{(2n+1)(\nu+\mu)!\nu(\nu+1)(n-m)!}}A_{mn}^{\mu\nu}\tag{4.21}$$

$$B_{mn}^{\mu\nu'} = \frac{E_{\mu\nu}}{E_{mn}}B_{mn}^{\mu\nu} = \mathrm{i}^{\nu-n}\sqrt{\frac{(2\nu+1)(\nu-\mu)!n(n+1)(n+m)!}{(2n+1)(\nu+\mu)!\nu(\nu+1)(n-m)!}}B_{mn}^{\mu\nu}\tag{4.22}$$

综合式（4.17）～式（4.22），入射到第 j 个球形粒子上的总入射场可以表示为

$$\begin{aligned}\boldsymbol{E}_{j}^{\mathrm{it}} &= \boldsymbol{E}_{j}^{\mathrm{i}}+\sum_{l\neq j}^{(1,L)}\boldsymbol{E}_{l,j}^{\mathrm{s}}\\ &= -\sum_{n=1}^{\infty}\sum_{m=-n}^{n}\mathrm{i}E_{mn}\left[a_{jmn}^{\mathrm{i}}\boldsymbol{N}_{mn}^{(1)}(k_0 r_j,\theta_j,\phi_j)+b_{jmn}^{\mathrm{i}}\boldsymbol{M}_{mn}^{(1)}(k_0 r_j,\theta_j,\phi_j)\right]\\ &\quad -\sum_{l\neq j}^{(1,L)}\sum_{n=1}^{\infty}\sum_{m=-n}^{n}E_{mn}\left[a_{mn}^{\mathrm{s}}(l,j)\boldsymbol{N}_{mn}^{(1)}(k_0 r_j,\theta_j,\phi_j)+b_{mn}^{\mathrm{s}}(l,j)\boldsymbol{M}_{mn}^{(1)}(k_0 r_j,\theta_j,\phi_j)\right]\\ &= -\sum_{n=1}^{\infty}\sum_{m=-n}^{n}\mathrm{i}E_{mn}\left[a_{jmn}^{\mathrm{it}}\boldsymbol{N}_{mn}^{(1)}(k_0 r_j,\theta_j,\phi_j)+b_{jmn}^{\mathrm{it}}\boldsymbol{M}_{mn}^{(1)}(k_0 r_j,\theta_j,\phi_j)\right]\end{aligned}\tag{4.23}$$

$$
\begin{aligned}
\boldsymbol{H}_j^{\mathrm{it}} &= \boldsymbol{H}_j^{\mathrm{i}} + \sum_{l\neq j}^{(1,L)} \boldsymbol{H}_{l,j}^{\mathrm{s}} \\
&= -\frac{k_0}{\omega\mu_0}\sum_{n=1}^{\infty}\sum_{m=-n}^{n} E_{mn}\left[b_{jmn}^{\mathrm{i}}\boldsymbol{N}_{mn}^{(1)}(k_0 r_j,\theta_j,\phi_j) + a_{jmn}^{\mathrm{i}}\boldsymbol{M}_{mn}^{(1)}(k_0 r_j,\theta_j,\phi_j)\right] \\
&\quad -\frac{k_0}{\omega\mu_0}\sum_{l\neq j}^{(1,L)}\sum_{n=1}^{\infty}\sum_{m=-n}^{n} E_{mn}\left[b_{mn}^{\mathrm{s}}(l,j)\boldsymbol{N}_{mn}^{(1)}(k_0 r_j,\theta_j,\phi_j) + a_{mn}^{\mathrm{s}}(l,j)\boldsymbol{M}_{mn}^{(1)}(k_0 r_j,\theta_j,\phi_j)\right] \\
&= -\frac{k_0}{\omega\mu_0}\sum_{n=1}^{\infty}\sum_{m=-n}^{n} E_{mn}\left[b_{jmn}^{\mathrm{it}}\boldsymbol{N}_{mn}^{(1)}(k_0 r_j,\theta_j,\phi_j) + a_{jmn}^{\mathrm{it}}\boldsymbol{M}_{mn}^{(1)}(k_0 r_j,\theta_j,\phi_j)\right]
\end{aligned} \tag{4.24}
$$

其中，总入射场展开系数的表达式如下：

$$
\begin{aligned}
a_{jmn}^{\mathrm{it}} &= a_{jmn}^{\mathrm{i}} + \sum_{l\neq j}^{(1,L)} a_{mn}^{\mathrm{s}}(l,j) \\
&= a_{jmn}^{\mathrm{i}} - \sum_{l\neq j}^{(1,L)}\sum_{\nu=1}^{\infty}\sum_{\mu=-\nu}^{\nu}\left[a_{1\mu\nu}^{\mathrm{s}} A_{mn}^{\mu\nu'}(l,j) + b_{1\mu\nu}^{\mathrm{s}} B_{mn}^{\mu\nu'}(l,j)\right] \quad (l\neq j)
\end{aligned} \tag{4.25}
$$

$$
\begin{aligned}
b_{jmn}^{\mathrm{it}} &= b_{jmn}^{\mathrm{i}} + \sum_{l\neq j}^{(1,L)} b_{mn}^{\mathrm{s}}(l,j) \\
&= b_{jmn}^{\mathrm{i}} - \sum_{l\neq j}^{(1,L)}\sum_{\nu=1}^{\infty}\sum_{\mu=-\nu}^{\nu}\left[a_{1\mu\nu}^{\mathrm{s}} B_{mn}^{\mu\nu'}(l,j) + b_{1\mu\nu}^{\mathrm{s}} A_{mn}^{\mu\nu'}(l,j)\right] \quad (l\neq j)
\end{aligned} \tag{4.26}
$$

从式（4.25）及式（4.26）可以看出，要计算每个球形粒子上入射场的表达式，必须使用叠加原理的方法计算出系数 $A_{mn}^{\mu\nu'}$ 和 $B_{mn}^{\mu\nu'}$。

式（4.23）和式（4.24）给出了单个球形粒子总入射场的表达式，因此可以使用边界条件计算出散射系数的表达式。以第 j 个球形粒子为例，其散射系数的表达式如下：

$$
E_{j\theta}^{\mathrm{i}} + E_{j\theta}^{\mathrm{s}} = E_{j\theta}^{\mathrm{I}},\quad E_{j\phi}^{\mathrm{i}} + E_{j\phi}^{\mathrm{s}} = E_{j\phi}^{\mathrm{I}} \quad (r_j = a_j) \tag{4.27}
$$

$$
H_{j\theta}^{\mathrm{i}} + H_{j\theta}^{\mathrm{s}} = H_{j\theta}^{\mathrm{I}},\quad H_{j\phi}^{\mathrm{i}} + H_{j\phi}^{\mathrm{s}} = H_{j\phi}^{\mathrm{I}} \quad (r_j = a_j) \tag{4.28}
$$

令相对复折射率 $m_j = k_j / k = N_j / N_0$，尺度参数 $x_j = ka_j = 2\pi N_0 a_j / \lambda$，$a_j$ 为球形粒子的半径，这里将球形粒子看作非磁性的，即 $\mu_j / \mu_0 = 1$，可以得到散射系数的表达式：

$$
a_{jmn}^{\mathrm{s}} = a_{jn} a_{jmn}^{\mathrm{it}} = a_n^j \left\{ a_{jmn}^{\mathrm{i}} - \sum_{l\neq j}^{(1,L)}\sum_{\nu=1}^{\infty}\sum_{\mu=-\nu}^{\nu}\left[a_{1\mu\nu}^{\mathrm{s}} A_{mn}^{\mu\nu}(l,j) + b_{1\mu\nu}^{\mathrm{s}} B_{mn}^{\mu\nu}(l,j)\right]\right\} \quad (l\neq j) \tag{4.29}
$$

$$
b_{jmn}^{\mathrm{s}} = b_{jn} b_{jmn}^{\mathrm{it}} = b_n^j \left\{ b_{jmn}^{\mathrm{i}} - \sum_{l\neq j}^{(1,L)}\sum_{\nu=1}^{\infty}\sum_{\mu=-\nu}^{\nu}\left[a_{1\mu\nu}^{\mathrm{s}} B_{mn}^{\mu\nu}(l,j) + b_{1\mu\nu}^{\mathrm{s}} A_{mn}^{\mu\nu}(l,j)\right]\right\} \quad (l\neq j) \tag{4.30}
$$

其中，a_{jn}、b_{jn} 为单个球形粒子与平面波的散射系数，也就是米氏散射系数：

$$a_{jn}=\frac{u^2(m_j)j_n(m_jx_j)\left[x_jj_n(x_j)\right]'-\mu_jj_n(x_j)\left[m_jx_jj_n(m_jx_j)\right]'}{u^2(m_j)j_n(m_jx_j)\left[x_jh_n^{(1)}(x_j)\right]'-\mu_jh_n^{(1)}(x_j)\left[m_jx_jj_n(m_jx_j)\right]'} \tag{4.31}$$

$$b_{jn}=\frac{u_jj_n(m_jx_j)\left[x_jj_n(x_j)\right]'-\mu_jj_n(x_j)\left[m_jx_jj_n(m_jx_j)\right]'}{u_jj_n(m_jx_j)\left[x_jh_n^{(1)}(x_j)\right]'-\mu_jh_n^{(1)}(x_j)\left[m_jx_jj_n(m_jx_j)\right]'} \tag{4.32}$$

要计算簇团粒子的散射特性，必须知道簇团粒子总散射场的表达式，因此需要将每个粒子的散射场转换到同一坐标系下进行矢量相加，这样得到的总散射场才能看作整个簇团体来数值分析其散射特性。因此，将其余坐标系下的散射场利用加法定理转换到主坐标系下，则得到主坐标系下散射场的表达式如下：

$$\boldsymbol{E}^{\mathrm{st}}=\sum_{l=1}^{L}\boldsymbol{E}_l^{\mathrm{s}}=\sum_{l=1}^{L}\sum_{n=1}^{\infty}\sum_{m=-n}^{n}\mathrm{i}E_{mn}\left[a_{lmn}^{\mathrm{s}}\boldsymbol{N}_{mn}^{(3)}(k_0r_l,\theta_l,\phi_l)+b_{lmn}^{\mathrm{s}}\boldsymbol{M}_{mn}^{(3)}(k_0r_l,\theta_l,\phi_l)\right] \tag{4.33}$$

然后应用加法定理可以得到：

$$\begin{aligned}\boldsymbol{E}^{\mathrm{st}}=&\sum_{n=1}^{\infty}\sum_{m=-n}^{n}\mathrm{i}E_{mn}\left[a_{1mn}^{\mathrm{s}}\boldsymbol{N}_{mn}^{(3)}(k_0r_l,\theta_l,\phi_l)+b_{1mn}^{\mathrm{s}}\boldsymbol{M}_{mn}^{(3)}(k_0r_l,\theta_l,\phi_l)\right]\\&+\sum_{l=2}^{L}\sum_{n=1}^{\infty}\sum_{m=-n}^{n}\mathrm{i}E_{mn}\left\{a_{1mn}^{\mathrm{s}}\sum_{\nu=1}^{\infty}\sum_{\mu=-\nu}^{\nu}\left[\tilde{A}_{\mu\nu}^{mn}(l,1)\boldsymbol{N}_{\mu\nu}^{(3)}(k_0r_l,\theta_l,\phi_l)+\tilde{B}_{\mu\nu}^{mn}(l,1)\boldsymbol{M}_{\mu\nu}^{(3)}(k_0r_l,\theta_l,\phi_l)\right]\right.\\&\left.+b_{1mn}^{\mathrm{s}}\sum_{\nu=1}^{\infty}\sum_{\mu=-\nu}^{\nu}\left[\tilde{A}_{\mu\nu}^{mn}(l,1)\boldsymbol{M}_{\mu\nu}^{(3)}(k_0r_l,\theta_l,\phi_l)+\tilde{B}_{\mu\nu}^{mn}(l,1)\boldsymbol{N}_{\mu\nu}^{(3)}(k_0r_l,\theta_l,\phi_l)\right]\right\}\end{aligned} \tag{4.34}$$

总的散射系数 a_{mn}^{st} 、 b_{mn}^{st} 可以写成

$$a_{mn}^{\mathrm{st}}=a_{1mn}^{\mathrm{st}}+\sum_{l=2}^{L}\sum_{\nu=1}^{\infty}\sum_{\mu=-\nu}^{\nu}\left[a_{l\mu\nu}^{\mathrm{s}}\tilde{A}_{mn}^{\mu\nu\prime}(l,1)+b_{l\mu\nu}^{\mathrm{s}}\tilde{B}_{mn}^{\mu\nu\prime}(l,1)\right] \tag{4.35}$$

$$b_{mn}^{\mathrm{st}}=b_{1mn}^{\mathrm{st}}+\sum_{l=2}^{L}\sum_{\nu=1}^{\infty}\sum_{\mu=-\nu}^{\nu}\left[a_{l\mu\nu}^{\mathrm{s}}\tilde{B}_{mn}^{\mu\nu\prime}(l,1)+b_{l\mu\nu}^{\mathrm{s}}\tilde{A}_{mn}^{\mu\nu\prime}(l,1)\right] \tag{4.36}$$

式（4.35）和式（4.36）中用到了 $\tilde{A}_{mn}^{\mu\nu\prime}$ 、 $\tilde{B}_{mn}^{\mu\nu\prime}$ ，其具有如下的关系：

$$\tilde{A}_{mn}^{\mu\nu\prime}=\frac{E_{\mu\nu}}{E_{mn}}A_{mn}^{\mu\nu}=\mathrm{i}^{\nu-n}\sqrt{\frac{(2\nu+1)(\nu-\mu)!n(n+1)(n+m)!}{(2n+1)(\nu+\mu)!\nu(\nu+1)(n-m)!}}A_{mn}^{\mu\nu} \tag{4.37}$$

$$\tilde{B}_{mn}^{\mu\nu\prime}=\frac{E_{\mu\nu}}{E_{mn}}B_{mn}^{\mu\nu}=\mathrm{i}^{\nu-n}\sqrt{\frac{(2\nu+1)(\nu-\mu)!n(n+1)(n+m)!}{(2n+1)(\nu+\mu)!\nu(\nu+1)(n-m)!}}B_{mn}^{\mu\nu} \tag{4.38}$$

同理，总磁场的表达式如下：

$$\boldsymbol{H}^{\mathrm{st}}=\frac{k_0}{\omega\mu_0}\sum_{n=1}^{\infty}\sum_{m=-n}^{n}E_{mn}\left[b_{mn}^{\mathrm{st}}\boldsymbol{N}_{mn}^{(3)}(k_0r_l,\theta_l,\phi_l)+a_{mn}^{\mathrm{st}}\boldsymbol{M}_{mn}^{(3)}(k_0r_l,\theta_l,\phi_l)\right] \tag{4.39}$$

当计算远场的散射特性时，矢量球谐波函数具有如下的近似关系：

$$\begin{cases} \boldsymbol{M}_{mn}^{(3)}(k_0 r_l,\theta_l,\phi_l)=\exp(-\mathrm{i}k\varDelta_l)\boldsymbol{M}_{mn}^{(3)}(k_0 r,\theta,\phi) \quad (r\to\infty) \\ \boldsymbol{N}_{mn}^{(3)}(k_0 r_l,\theta_l,\phi_l)=\exp(-\mathrm{i}k\varDelta_l)\boldsymbol{N}_{mn}^{(3)}(k_0 r,\theta,\phi) \quad (r\to\infty) \end{cases} \tag{4.40}$$

其中，

$$\varDelta_l = X_l\sin\theta\cos\phi + Y_l\sin\theta\sin\phi + Z_l\cos\theta \tag{4.41}$$

因此，可将总散射系数的表达式修改为

$$\begin{cases} a_{mn}^{\mathrm{st}} = a_{mn}^{\mathrm{st}} + \sum\limits_{l=2}^{L} a_{mn}^{sl}\exp(-\mathrm{i}k\varDelta_l) \\ b_{mn}^{\mathrm{st}} = b_{mn}^{\mathrm{st}} + \sum\limits_{l=2}^{L} b_{mn}^{sl}\exp(-\mathrm{i}k\varDelta_l) \end{cases} \tag{4.42}$$

远场区域总散射场的表达式如式（4.43）所示：

$$\begin{aligned} I^{\mathrm{st}} &= I^{\mathrm{s}\parallel} + I^{\mathrm{s}\perp} = \lim_{r\to\infty} k^2 r^2\left[\left|E_\theta^{\mathrm{st}}\right|^2 + \left|E_\phi^{\mathrm{st}}\right|^2 + \left|E_r^{\mathrm{st}}\right|^2\right] \Big/ \left|E_0\right|^2 \\ &= \left\{\left|\sum_{n=1}^{\infty}\sum_{m=-n}^{n}(-\mathrm{i})^n \mathrm{e}^{\mathrm{i}m\phi}E_{mn}\left[a_{mn}^{\mathrm{st}}\tau_{mn} + b_{mn}^{\mathrm{st}} m\pi_{mn}\right]\right|^2 \right. \\ &\quad \left. + \left|\sum_{n=1}^{\infty}\sum_{m=-n}^{n}(-\mathrm{i})^{n-1}\mathrm{e}^{\mathrm{i}m\phi}E_{mn}\left[a_{mn}^{\mathrm{st}} m\pi_{mn} + b_{mn}^{\mathrm{st}}\tau_{mn}\right]\right|^2\right\} \end{aligned} \tag{4.43}$$

其中，$I^{\mathrm{s}\parallel}$ 和 $I^{\mathrm{s}\perp}$ 分别表示相对于散射面来说的平行散射强度和垂直散射强度。

4.2.2 多球粒子散射强度的数值计算

运用散射理论数值计算雾霾天气下硫酸铵气溶胶粒子、硫酸气溶胶粒子、硝酸铵气溶胶粒子和碳质气溶胶粒子成分的单一组分和混合组分的多球簇团气溶胶粒子的散射特性。

首先选取由 32 个丙烯酸球形粒子组成的散射体，其中每个丙烯酸球形粒子的半径为 3.2μm。上面 5 个球形粒子排成 1 列，中间由 12 个球形粒子排成 2 列组成“长方体”状，下面由 15 个粒子排成 3 列组成“长方体”状。32 个丙烯酸球形粒子散射强度随散射角的变化曲线如图 4.3 所示，取波长 λ=3.9972μm 的平面波沿 z 轴正向入射，在该波长平面波的作用下，丙烯酸球形粒子的复折射率 $m=1.615+\mathrm{i}0.008$。

图 4.3 中散射强度随散射角的变化曲线与 Geng[85]计算给出的曲线图完全一致，这也说明该程序在理解上是正确的。这为下一步研究雾霾组分簇团气溶胶粒子的散射特性提供了可靠的程序。

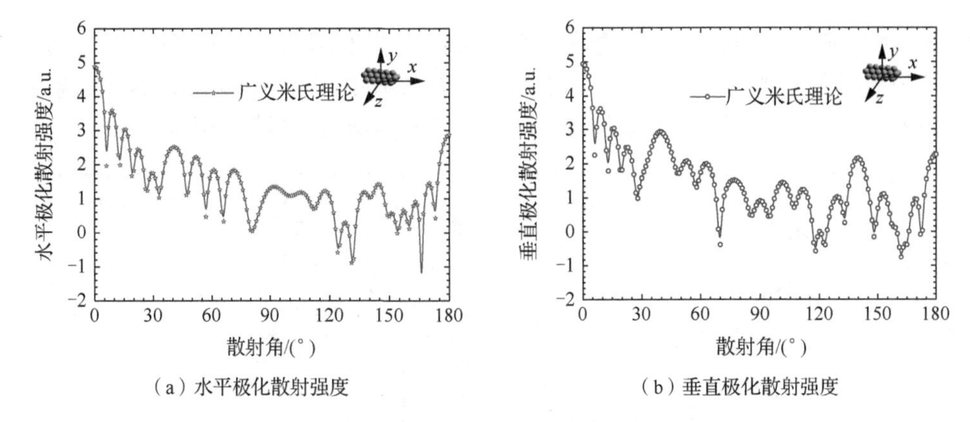

（a）水平极化散射强度　　（b）垂直极化散射强度

图 4.3　32 个丙烯酸球形粒子散射强度随散射角的变化曲线

当散射体为两个半径 $r = 1.0\mu m$ 的硫酸铵球形气溶胶粒子，入射平面波的波长 $\lambda = 0.55\mu m$，当入射波的传播方向沿 z 轴时，α=0°，入射波沿 y 轴入射时，$\alpha = 90°$。在该波长下硫酸铵球形气溶胶粒子的复折射率 $m = 1.52 + i10^{-7}$，图 4.4 为双球粒子散射强度随散射角的变化曲线，散射强度有两个分量，其中 I_H 表示水平极化的散射强度分量，I_V 表示垂直极化的散射强度分量。

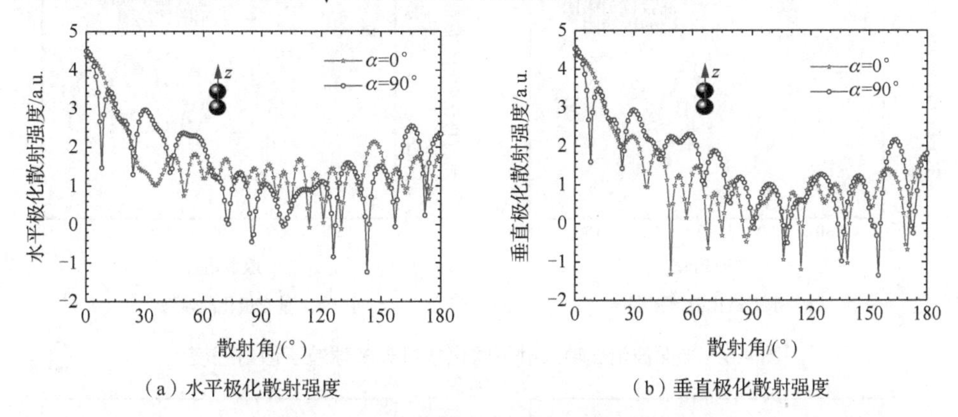

（a）水平极化散射强度　　（b）垂直极化散射强度

图 4.4　双球粒子散射强度随散射角的变化曲线

从图 4.4 中的曲线可以看出，入射波的入射方向对粒子散射的影响较大，尤其散射体在入射方向的投影面积差异较大时。因此，在计算簇团气溶胶粒子散射特性的过程中需要考虑入射方向的问题。

有的散射体的形状不再是由两个球形粒子组成的线性排列，而是由多个球形粒子较紧密地堆放在一起组成的较复杂的散射体。下面介绍的散射体是由 14 个均匀球形粒子堆积组成的，其散射强度如图 4.5～图 4.7 所示。在波长 $\lambda = 0.55\mu m$ 的光波照射下，计算散射体为单一组分和混合组分多球粒子时散射强度随散射角的分布情况。其中，单一组分的散射体为硝酸铵成分，混合组分的多球散射体由硫酸气溶胶、硝酸铵气溶胶、硫酸铵气溶胶以及碳质气溶胶组成，不同入射方向多球粒子散射强度如图 4.5 所示，平面波沿 z 轴入射不同化学组分多球粒子散射强度如图 4.6 所示，平面波沿 y 轴入射不同化学组分多球粒子散射强度如图 4.7 所示。

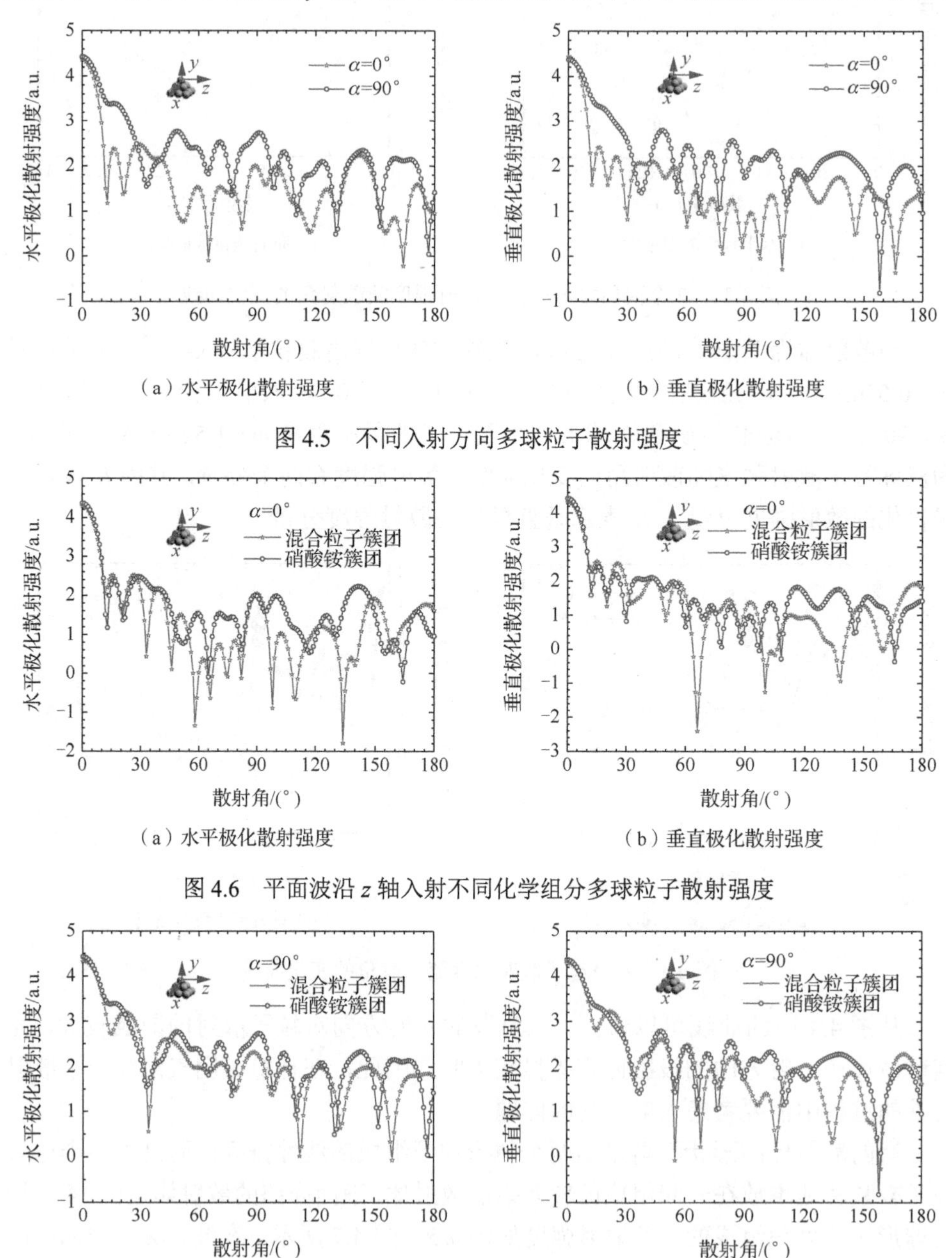

（a）水平极化散射强度　　（b）垂直极化散射强度

图 4.5　不同入射方向多球粒子散射强度

（a）水平极化散射强度　　（b）垂直极化散射强度

图 4.6　平面波沿 z 轴入射不同化学组分多球粒子散射强度

（a）水平极化散射强度　　（b）垂直极化散射强度

图 4.7　平面波沿 y 轴入射不同化学组分多球粒子散射强度

从图 4.5～图 4.7 中散射强度随散射角的变化曲线可以看出，当入射光方向不同时，前向散射和后向散射的差异非常明显，说明不规则体的散射强度分布易受入射光方向的影响。但是，当均匀散射体两个方向入射时的形状没有变化时，则散射完全相同。例如，图 4.6、图 4.7 中，如果平面波沿 x 轴和 z 轴入射，则散射强度的分布完全相同。当粒子的化学成分有所差异时，主要受到反映粒子化学成分性质的复折射率的影响，由于粒子复折射率的差异，散射强度随散射角的分布也表现出较明显的差异，如图 4.6、图 4.7 所示随机混合球形粒子簇团的散射特性，其没有表现出一般性的规律。因此，关于簇团气溶胶粒子散射特性的计算中不但要考虑散射体化学成分的差异，还要考虑入射波的入射方向对散射体散射特性的影响。

4.3　雾霾组分随机簇团气溶胶粒子的散射特性

大气中存在的气溶胶粒子的形态非常复杂，由凝聚体吸附构成了随机簇团。实际的凝聚体随机生成，形态各异，大小不一，为了研究随机簇团气溶胶粒子的散射特性，本节介绍由球形粒子组成的群聚粒子的凝聚模型理论。人们为了研究凝聚模型提出了很多方法，簇团粒子凝聚模型主要有两种，分别为扩展限制凝聚模型和动力学凝聚模型。这两种模型主要应用于大气中烟尘、金属粉末和煤烟，本节将其应用于雾霾天气下硝酸铵、硫酸、硫酸铵以及碳质气溶胶组分的簇团气溶胶粒子模型的生成方法，使用通过该方法产生的簇团来仿真计算气溶胶簇团散射特性。下面首先介绍 DLA 模型生成簇团粒子的方法和理论原理表达式中各个物理量值所对应的物理意义。

4.3.1　簇团粒子的理论模型

扩展限制凝聚模型最早是由 Witten 等[71]在 1981 年提出的，定义的凝聚体是由基本的小粒子（单体）粘在一起所形成的较大的结构簇团体，可以使用分形模型来描述和分析凝聚体粒子。其主要理论概念是基于每个粒子尺寸上的自相似性和结构不变性提出的，分形理论的应用不需要关注凝聚体形成的条件。在分形模型中，簇团的质量 M 与簇团的空间维度 L 具有如下的关系：

$$M \sim L^D \tag{4.44}$$

其中，D 为分形维数。

为了使用数学参量来描述凝聚簇团粒子的分形形态，使用下面的分形方程来表示簇团粒子中各个量值之间的关系：

$$n_{\mathrm{p}} = k_{\mathrm{f}}\left(\frac{R_{\mathrm{g}}}{r_{\mathrm{p}}}\right)^{D_{\mathrm{f}}} \tag{4.45}$$

其中，n_{p} 表示簇团的数量；r_{p} 表示组成簇团的单个粒子（单体）的平均半径；D_{f}

和 R_g 分别表示分形维数和簇团的回旋半径；k_f 表示分形前因子或分形结构系数。图 4.8 是扩展限制凝聚模型软件生成的 100 个粒子的凝聚体结构，其中凝聚簇团粒子的分形维数 $D_f = 1.80$，分形结构系数 $k_f = 1.593$，簇团的回旋半径 $R_g = 9.97$，等体积有效半径 $R_v = 4.64$。扩展限制凝聚模型软件生成的 100 个单体的三维图和二维图如图 4.8 所示。

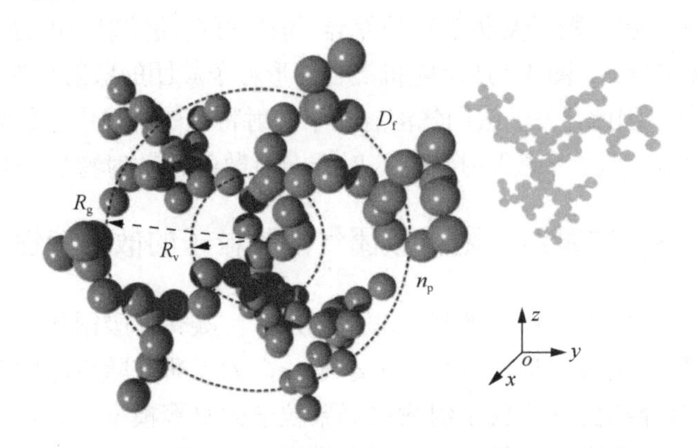

图 4.8 扩展限制凝聚模型软件生成的 100 个粒子的凝聚体结构

DLA 模型生成凝聚簇团的具体过程：首先假设所要产生簇团粒子的数量为 n，并且每个粒子的半径都相同。然后选取正方体点阵，将一个静止的粒子放在正方体的中心处，让其余的 $n-1$ 个粒子连续在正方体的六个面以最大距离 R_p 向正方体中心的粒子以随机的步长游走，当粒子与正方体中心的粒子接触时，则凝聚，记下此时粒子的坐标和半径。如果粒子游走出正方体点阵的范围，则不再跟踪该粒子，继续产生下一个粒子，直到所记录粒子的数目为 n，结束产生粒子的过程。因为当随机游走的步长与游走粒子的尺寸相当或者不够小的时候，可能会出现粒子相互重叠的现象，所以选取相互接触的部分周长小于粒子直径万分之一的单体，以限制生成粒子相互接触的现象。

4.3.2 雾霾组分随机簇团气溶胶粒子散射特性的数值计算

选取雾霾天气下大气气溶胶中主要成分硫酸铵、硫酸、硝酸铵和碳质气溶胶粒子作为散射物质，研究簇团气溶胶结构散射体的散射特性。选择散射单体为硫酸铵、硫酸、硝酸铵和碳质气溶胶组分的均匀球形粒子，根据扩展限制凝聚模型产生的簇团，将分别按单一组分物质和多种组分混合物质构成的散射体来研究平面波与簇团气溶胶粒子相互作用的散射特性。由于 DLA 模型产生的簇团体是不规则形状的，因此入射波沿不同方向入射到散射体时，散射强度随散射角变化的分布也不相同。本小节选取入射波的波长 $\lambda = 0.55\mu\text{m}$，在该波长光波的照射下硫酸铵、硫酸、硝酸铵、碳质气溶胶和水的复折射率分别为 $1.52 + \text{i}10^{-7}$、$1.431 + \text{i}2\times10^{-8}$、

$1.554+\mathrm{i}10^{-8}$、$1.75+\mathrm{i}0.44$ 和 $1.333+\mathrm{i}1.96\times10^{-9}$。图 4.9 是由 DLA 方法产生的 100 个单体构成簇团的二维分布图，通过数值仿真计算来研究入射波以不同方向入射单一组分散射体时散射强度随散射角变化的曲线分布。

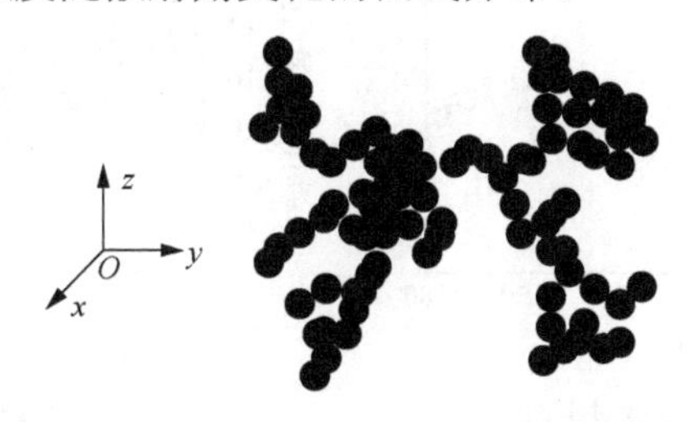

图 4.9　由 DLA 方法产生的 100 个单体构成簇团的二维分布图

选取由 DLA 方法产生的 100 个单体都是均匀的且半径为 1.0μm 的碳质气溶胶粒子。根据散射体的坐标，选取入射波分别沿 z 轴和 x 轴两个方向入射来研究散射体的散射特性，比较入射波方向对散射体散射特性的影响。

图 4.10 是入射平面波与簇团粒子作用的散射强度随散射角的变化曲线。在图 4.10 中，α 是入射波的入射角。本研究中入射波入射的方向沿 z 轴，因此 $\alpha=0^\circ$ 代表的是平面波沿 z 轴方向入射，$\alpha=90^\circ$ 代表的是平面波沿 y 轴方向入射。

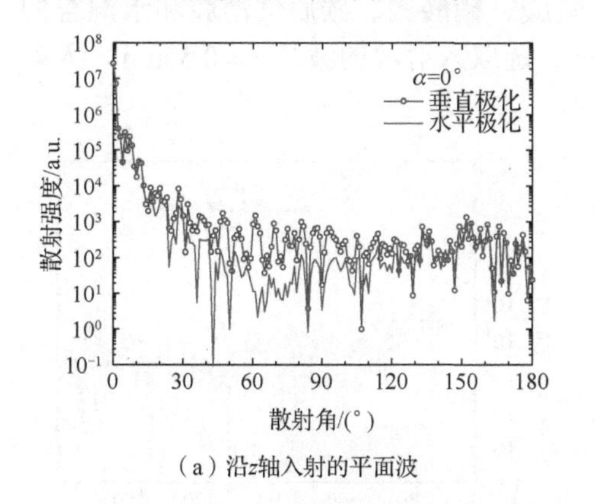

（a）沿z轴入射的平面波

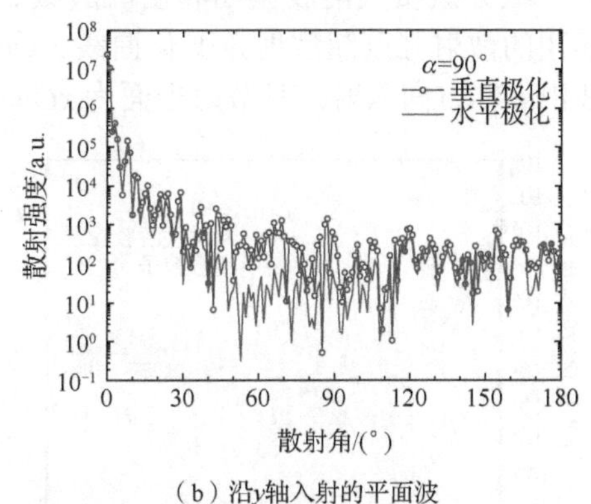

（b）沿y轴入射的平面波

图 4.10　入射平面波与簇团粒子作用的散射强度随散射角的变化曲线

从图 4.10 中散射强度两个分量值随散射角变化的曲线可以看出，两个分量的前向散射强度基本完全相同，而侧向散射的区别较大，尤其散射角为 30°～110°时差异比较明显。当平面波的入射方向不相同时，散射强度随散射角变化曲线的振荡程度也会有区别，这主要与簇团单体粒子的位置分布有关，同时散射平面发生了变化，当平面波沿 z 轴方向入射时，散射平面为 xOz 平面，当平面波沿 y 轴方向入射时，散射平面变为 xOy 平面。

图 4.11 是不同方向入射的平面波与簇团粒子作用的散射强度随散射角变化对比，分析入射波方向对散射强度随散射角变化的影响。

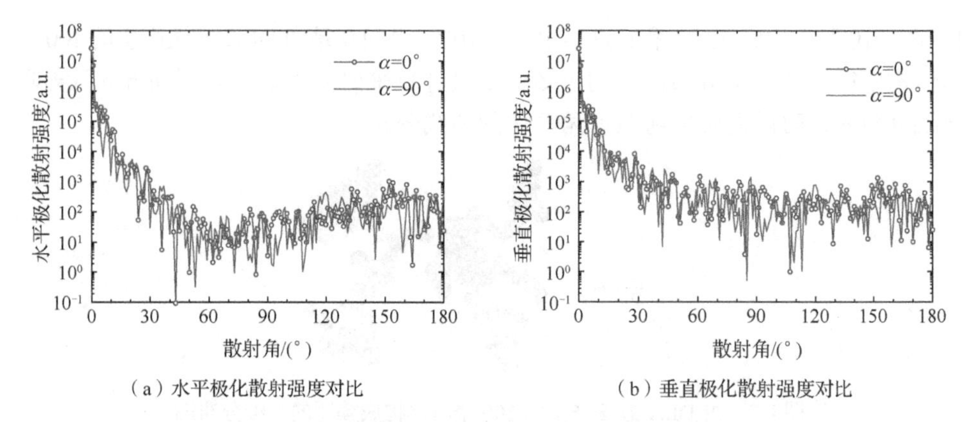

（a）水平极化散射强度对比　（b）垂直极化散射强度对比

图 4.11　不同方向入射的平面波与簇团粒子作用的散射强度随散射角变化对比

从图 4.11 可以看出，散射强度随散射角变化曲线振荡较迅速，不同方向入射平面波散射强度随着散射角变化有所不同。

以上计算的是单一组分碳质气溶胶簇团粒子在两种不同入射方向的平面波作用下散射强度随散射角的变化。图 4.12 是碳质气溶胶单体组成的簇团和混合物组成的簇团与平面波散射强度随散射角变化曲线，比较当平面波入射方向相同时，单一组分碳质气溶胶簇团和由硫酸铵、硫酸、硝酸铵、碳质气溶胶和水混合的簇团的散射强度随散射角变化曲线。同样，选取入射波的波长 $\lambda = 0.55\mu m$，入射波沿 z 轴方向入射，且散射平面为 xOy 面。

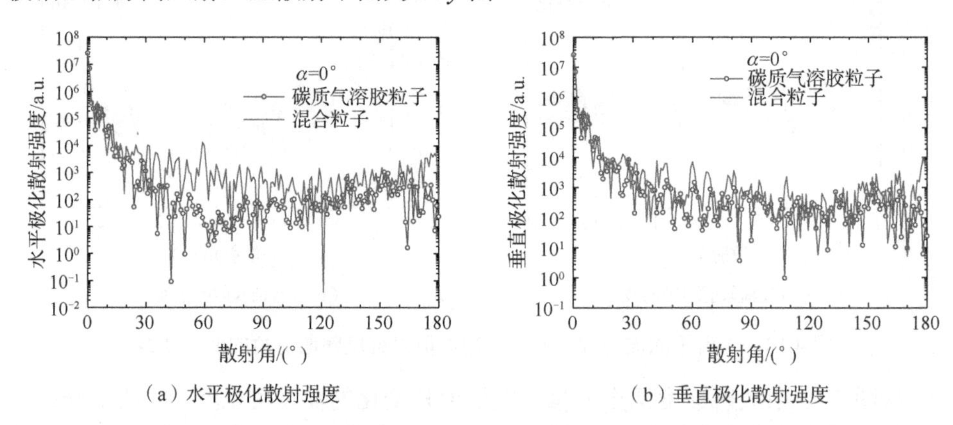

（a）水平极化散射强度　（b）垂直极化散射强度

图 4.12　碳质气溶胶单体组成的簇团和混合物组成的簇团与平面波散射强度随散射角变化曲线

由图 4.12 中单一组分形成的簇团和混合组分形成的簇团与平面波的散射强度随散射角的变化曲线可以看出，由于混合物中有硫酸铵、硫酸、硝酸铵、碳质气溶胶和水，且硫酸铵、硫酸、硝酸铵和水的复折射率都比碳质气溶胶的小，因此混合物的散射强度随散射角变化曲线的振荡现象比单一组分簇团的强烈。由于簇团粒子的数目较多，因此这种现象不会像粒子较少时那么明显。但是，组分对前向散射几乎没有太大的影响，而后向散射的差异比较明显，这也说明后向散射强度主要受复折射率虚部的影响。

以上研究的是一个簇团的散射特性，但实际中可能存在由不同簇团组成的较大簇团散射体，因此下面将研究由不同簇团组成的散射体与平面波作用的散射特性。因为扩展限制凝聚模型只能生成单一的簇团，而不能生成空间中的多个簇团，所以接下来在图 4.13 所示簇团中去掉一部分单体来构造多个簇团，利用广义多球米氏理论（GMMT）计算由不同簇团组成的散射体的散射特性。计算结果证明 GMMT 可以用来计算由不同簇团构成的散射体的散射特性。图 4.13 是 50 个均匀球形单体组成多个簇团构成的散射体的结构示意图。

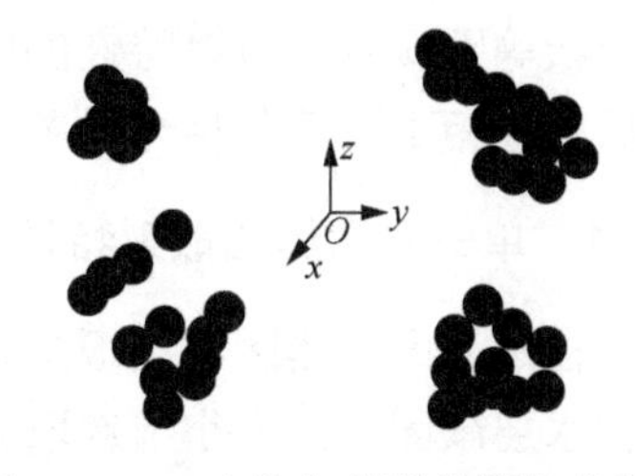

图 4.13　50 个均匀球形单体组成多个簇团构成的散射体的结构示意图

选取入射光的波长 $\lambda = 0.55\mu m$，每个散射单体为均匀球形硫酸铵粒子，构成的散射体如图 4.13 所示。图 4.14 所示为多个簇团构成的散射体散射强度随散射角的变化。

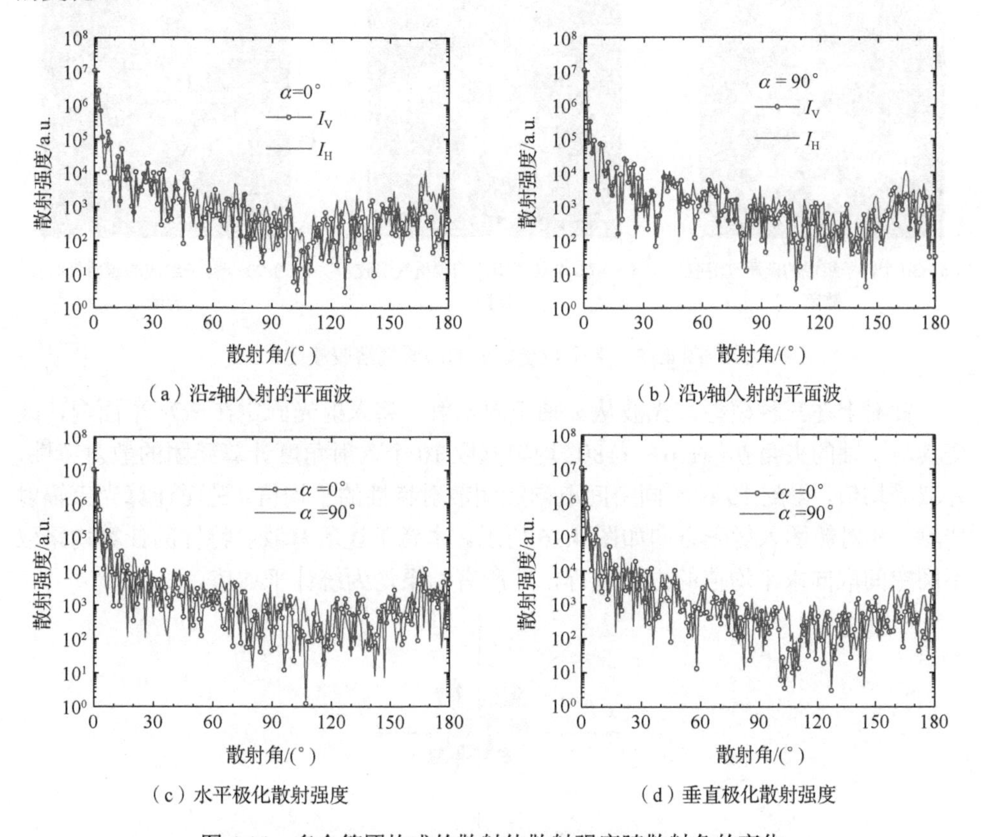

（a）沿z轴入射的平面波　　（b）沿y轴入射的平面波

（c）水平极化散射强度　　（d）垂直极化散射强度

图 4.14　多个簇团构成的散射体散射强度随散射角的变化

4.4　各种簇团的散射特性

本节对各种簇团散射特性进行研究，计算簇团粒子数量、簇团内核介质、簇团形状等因素对其散射特性的影响，给出不同种类簇团的效率因子、散射强度、偏振度、相函数等各种光学参量。

4.4.1　单一介质簇团散射特性

自然界中的簇团种类很多，常见的有单一组分簇团、多组分簇团、混合簇团和含水层簇团等。本小节选取硫酸铵、硝酸铵和碳质气溶胶三种介质，针对影响簇团散射特性的几个参数进行研究工作。

首先，研究组成簇团粒子的数量对散射特性的影响。利用 CCA 模型建立半径为 0.1μm 的 30 个、60 个和 90 个粒子组成的碳质气溶胶簇团，多个粒子组成的碳质气溶胶簇团如图 4.15 所示。

（a）30 个粒子组成的碳质气溶胶簇团

（b）60 个粒子组成的碳质气溶胶簇团

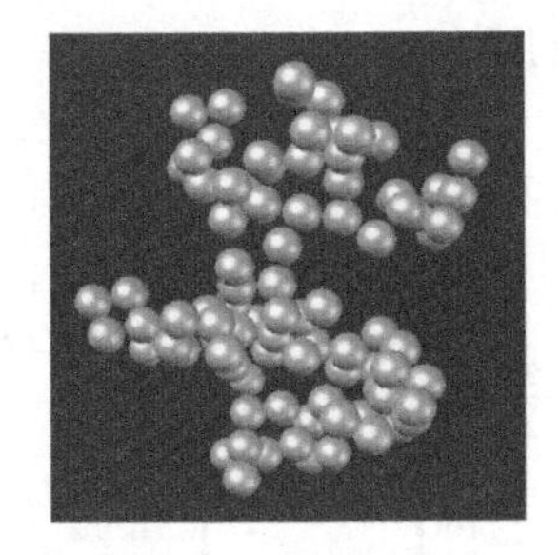

（c）90 个粒子组成的碳质气溶胶簇团

图 4.15　多个粒子组成的碳质气溶胶簇团

针对上述三种模型，光波从 x 轴正向入射。将入射光固定在 xOy 平面内，改变其与 x 轴的夹角 θ，在 0°～180° 均匀选取 10 个入射角度计算簇团的散射特性，并取平均值，得到 10 种不同空间取向簇团散射特性的平均值，进而计算光束辐射传输，相对簇团入射光方向如图 4.16 所示。本章下述所有散射特性的计算均采取不同空间取向求平均值的方式进行，即所有结果均为统计平均值。

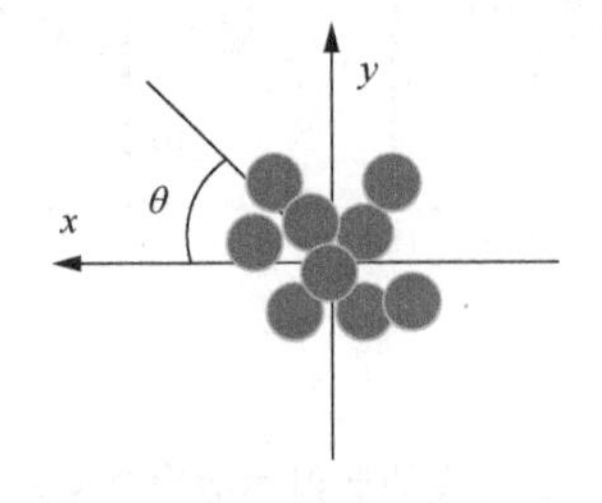

图 4.16　相对簇团入射光方向

图 4.17 是不同粒子簇团散射强度变化，包含三种不同粒子数簇团垂直和水平极化散射强度的变化情况。可以看出，随着粒子数的增多，前向散射的数值增加明显，但总体变化趋势一致，这主要是因为粒子数越多其等体积球半径越大。

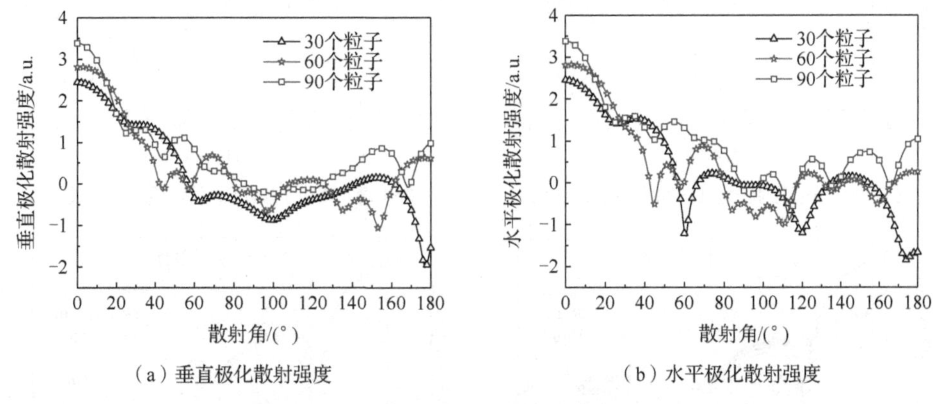

(a) 垂直极化散射强度　　(b) 水平极化散射强度

图 4.17　不同粒子簇团散射强度变化

图 4.18 是不同粒子数簇团偏振度变化。可以看出，三种粒子数下振荡幅度和频率相当，偏振度并没有随着粒子数的增多而出现明显的变化情况。这是因为三种簇团都是基于 CCA 随机生成的，没有明显的对称性。

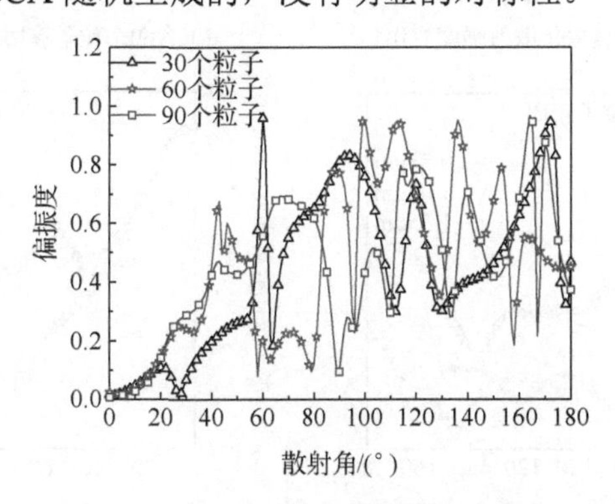

图 4.18　不同粒子数簇团偏振度变化

针对上述三种粒子数不同的簇团，这里研究不同入射波长对其散射特性。选取入射波长分别为 0.55μm、1.06μm 和 1.55μm，介质为碳质气溶胶，图 4.19 是粒子簇团在不同入射波长下散射强度变化。可以看出，入射波长越长，簇团的散射强度越低，且曲线越平滑，振荡越少。纵向对比可以看出，整体上，相同入射波长时，簇团粒子数越多，曲线振荡越快。

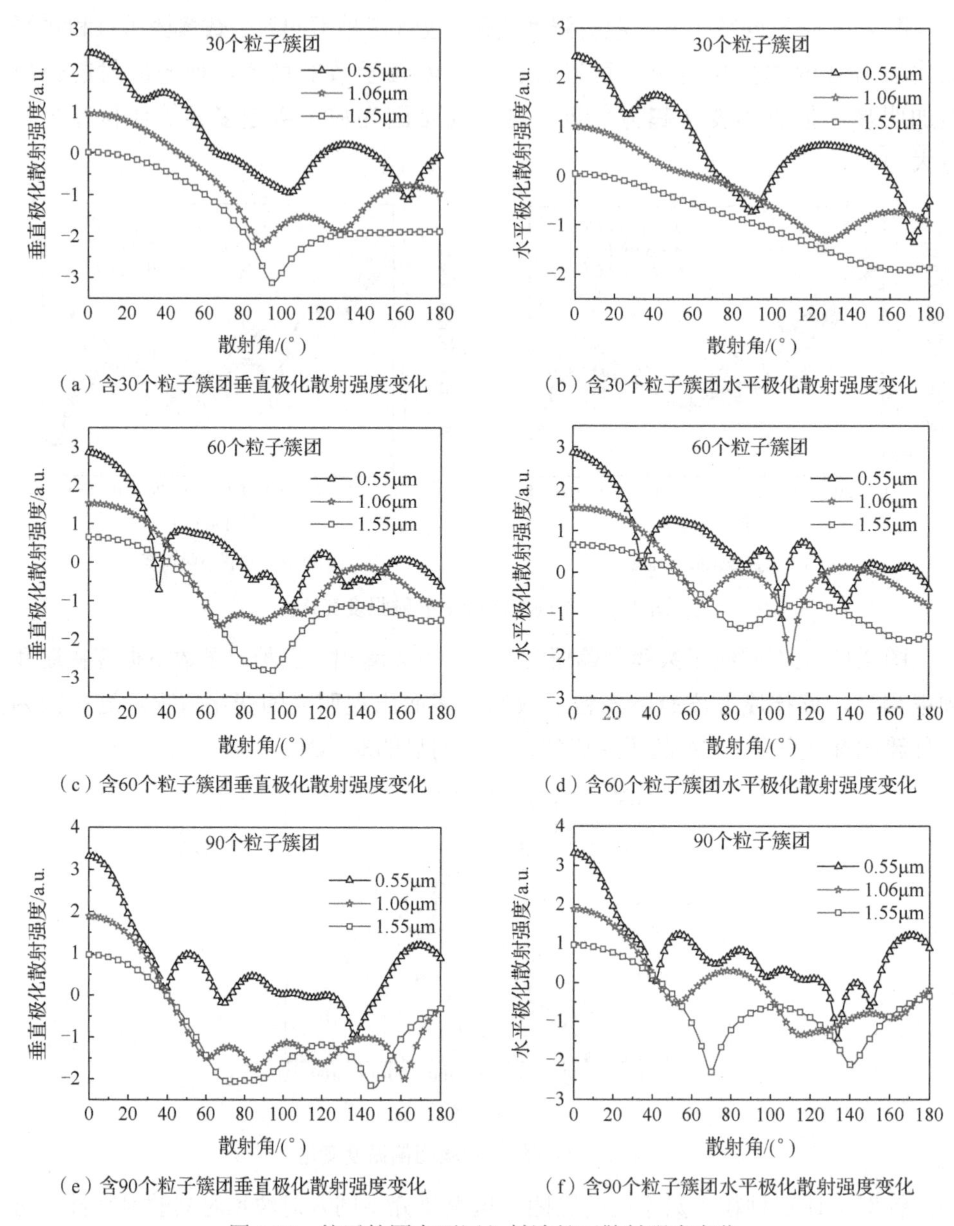

（a）含30个粒子簇团垂直极化散射强度变化

（b）含30个粒子簇团水平极化散射强度变化

（c）含60个粒子簇团垂直极化散射强度变化

（d）含60个粒子簇团水平极化散射强度变化

（e）含90个粒子簇团垂直极化散射强度变化

（f）含90个粒子簇团水平极化散射强度变化

图 4.19　粒子簇团在不同入射波长下散射强度变化

分别对 30 个、60 个、90 个、120 个和 150 个粒子的光学截面、不对称因子、单次散射反照率等散射参量进行了计算，单个粒子半径为 1.0μm，不同粒子数簇团散射参量如表 4.1 所示，结果均为 10 个空间取向的平均值。

表 4.1　不同粒子数簇团散射参量

物质种类	粒子个数	入射波长/μm	消光截面	吸收截面	散射截面	不对称因子	单次散射反照率
碳质气溶胶	30	0.55	1.4259E+00	6.9922E−01	7.2664E−01	7.9219E−01	5.0961E−01
		1.06	8.2117E−01	4.9227E−01	3.2890E−01	6.8510E−01	4.0052E−01
		1.55	5.2387E−01	3.7045E−01	1.5343E−01	5.3349E−01	2.9287E−01
	60	0.55	2.7932E+00	1.3854E+00	1.4078E+00	8.0797E−01	5.0402E−01
		1.06	1.5944E+00	9.5557E−01	6.3883E−01	7.4165E−01	4.0068E−01
		1.55	1.0026E+00	6.9209E−01	3.1056E−01	6.9174E−01	3.0974E−01
	90	0.55	4.1443E+00	2.0703E+00	2.0740E+00	8.0927E−01	5.0046E−01
		1.06	2.4151E+00	1.4186E+00	9.9643E−00	7.3781E−01	4.1259E−01
		1.55	1.5250E+00	1.0444E+00	4.8065E−01	6.9047E−01	3.1519E−01
	120	0.55	4.9215E+00	2.3922E+00	2.5294E+00	8.3272E−01	5.1394E−01
		1.06	3.2271E+00	1.7371E+00	1.4900E+00	7.7722E−01	4.6172E−01
		1.55	2.1777E+00	1.3771E+00	8.0055E−01	7.3357E−01	3.6762E−01
	150	0.55	2.9492E+00	1.4584E+00	1.4905E+00	8.3884E−01	5.0538E−01
		1.06	1.8385E+00	1.0738E+00	7.6449E−01	7.8268E−01	4.1582E−01
		1.55	1.1671E+00	8.0434E−01	3.6255E−01	7.3563E−01	3.1064E−01
硫酸铵气溶胶	30	0.55	8.9371E−01	3.8597E−07	8.9371E−01	7.4407E−01	1.0000E+00
		1.06	1.8362E−01	1.5704E−06	1.8362E−01	6.4175E−01	9.9998E−01
		1.55	6.6323E−02	1.0041E−05	6.6310F−02	5.1346E−01	9.9982E−01
	60	0.55	1.7262E+00	7.4640E−07	1.7262E+00	7.4199E−01	1.0000E+00
		1.06	3.7524E−01	3.1037E−06	3.7523E−01	7.2126E−01	9.9999E−01
		1.55	1.4313E−01	1.9274E−05	1.4311E−01	6.6600E−01	9.9987E−01
	90	0.55	2.6620E+00	1.1710E−06	2.6620E+00	7.4176E−01	1.0000E+00
		1.06	5.9667E−01	4.7091E−06	5.9667E−01	7.0407E−01	1.0000E+00
		1.55	2.1748E−01	2.9110E−05	2.1745E−01	6.7017E−01	9.9988E−01
	120	0.55	3.6684E+00	1.4510E−06	3.6684E+00	7.7043E−01	1.0000E+00
		1.06	1.0102E+00	6.3638E−06	1.0102E+00	7.6653E−01	1.0000E+00
		1.55	3.9199E−01	4.0647E−05	3.9195E−01	7.1855E−01	9.9990E−01
	150	0.55	2.0894E+00	8.6605E−07	2.0893E+00	7.9347E−01	9.9996E−01
		1.06	4.5416E−01	3.5722E−06	4.5413E−01	7.6141E−01	9.9992E−01
		1.55	1.6268E−01	2.1993E−05	1.6266E−01	7.1394E−01	9.9984E−01

然后，研究簇团尺寸对其散射特性的影响，选取 100 个粒子组成的碳质气溶胶簇团结构，入射波长为 0.55μm，设其等体积球半径分别为 0.2μm、0.6μm 和 1μm，讨论散射强度和偏振度的变化情况。图 4.20 是不同尺寸簇团散射强度变化。可以看出，随着簇团整体尺寸的增加，其散射强度明显增大，振荡也有所增加。随着散射角的增加，散射强度数值逐渐减小，其中前向散射的值最大。

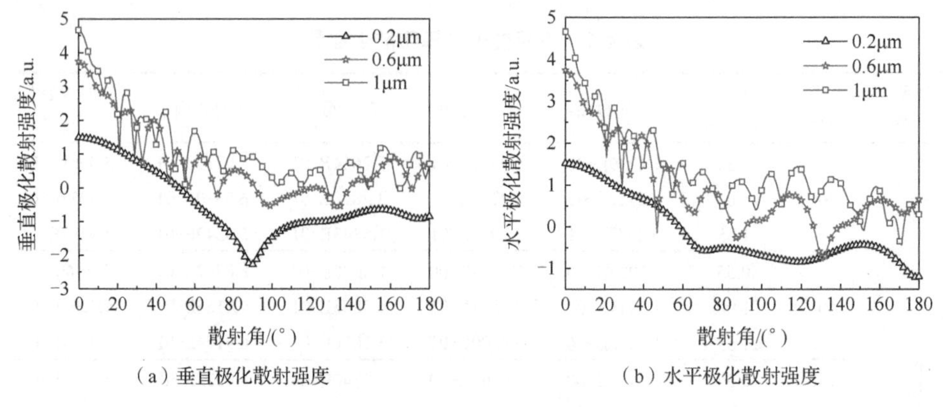

（a）垂直极化散射强度　　（b）水平极化散射强度

图 4.20　不同尺寸簇团散射强度变化

图 4.21 是不同尺寸粒子散射偏振度变化，随着簇团整体尺寸的增加，偏振度振荡有所增加，三条曲线整体呈先上升后下降的趋势。

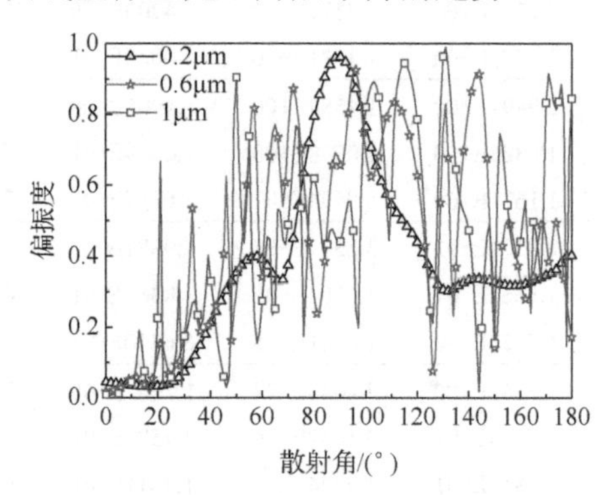

图 4.21　不同尺寸粒子散射偏振度变化

有时候尺寸较大的粒子会和簇团相互吸引组成组合结构，图 4.22 是捕获的西安市某日雾霾中簇团粒子的显微照片及模型结构，图 4.22（a）是捕获的西安市某日雾霾中簇团粒子的显微照片，一个较大尺寸的粒子和簇团形成了粒子集合。基于这一情况，图 4.22（b）是模仿大粒子和簇团粘连的模型结构，其中小粒子数量为 30 个，半径为 0.1μm，大粒子半径为 1μm，对这一粒子组合的散射强度变化和其等体积球形粒子散射强度进行比对和分析。

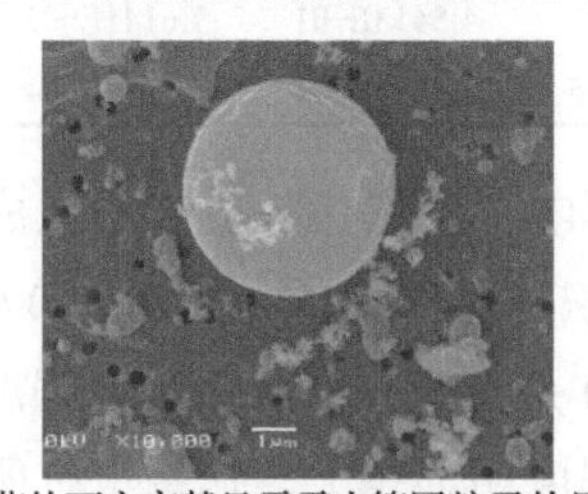

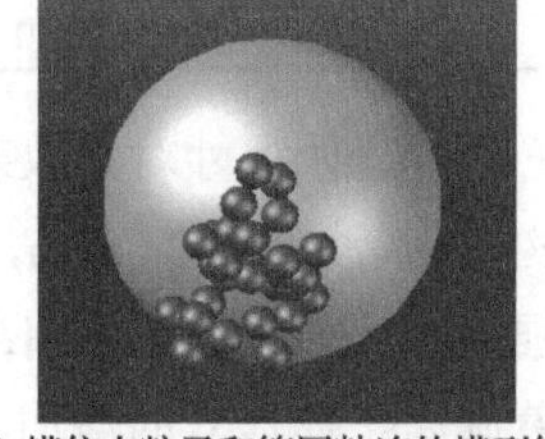

（a）捕获的西安市某日雾霾中簇团粒子的显微照片　（b）模仿大粒子和簇团粘连的模型结构

图 4.22　捕获的西安市某日雾霾中簇团粒子的显微照片及模型结构

图 4.23 是组合簇团模型和等体积球模型散射强度变化对比，从图 4.23 可以看出，组合簇团模型与其等体积球模型的散射强度存在明显差异，组合簇团模型前向散射明显大于等体积球模型。垂直极化方面，在散射角大于 100°时，等体积球模型散射强度稳定在 0.2 左右，组合簇团模型呈现明显的振荡上升趋势，在散射角为 180°时达到 2.7 左右。水平极化方面，从散射角为 50°时，两者的曲线就开始表现出差异。图 4.24 是组合簇团模型和等体积球模型散射偏振度变化，等体积球模型由于形状的对称性，偏振度在 1.0 处呈现出振荡的趋势。组合簇团模型的偏振度呈现先振荡上升然后振荡下降的情况，其峰值出现在 100°左右。对比之前的偏振度结果，该组合簇团模型的偏振度对称性和平稳性都比较好，这说明模型中的大尺寸球形粒子对偏振度的数值起主导作用，但由于小粒子簇团的影响，和等体积球模型的偏振度仍差异明显。综上，用等体积球代替组合簇团计算散射特性的方法会产生较大误差。

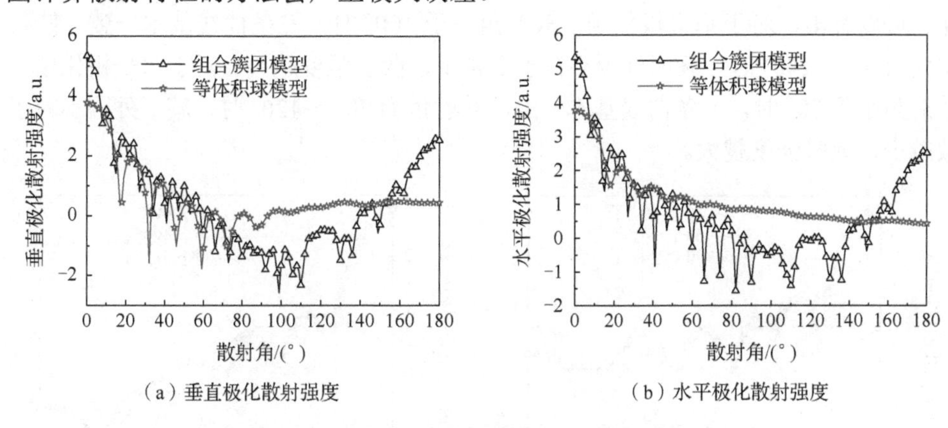

（a）垂直极化散射强度　　　　（b）水平极化散射强度

图 4.23　组合簇团模型和等体积球模型散射强度变化对比

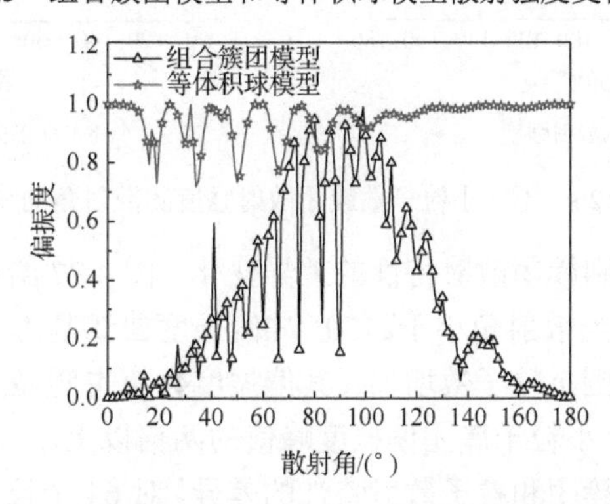

图 4.24　组合簇团模型和等体积球模型散射偏振度变化

基于大粒子吸引小粒子所组成的簇团结构，进一步研究吸附粒子数的变化对其散射特性的影响。选取大粒子的半径为 0.5μm，每个小粒子的半径为 0.05μm，入射波波长为0.55μm，介质为碳溶胶，图4.25给出了大粒子外随机粘连多个小粒子的模型图。

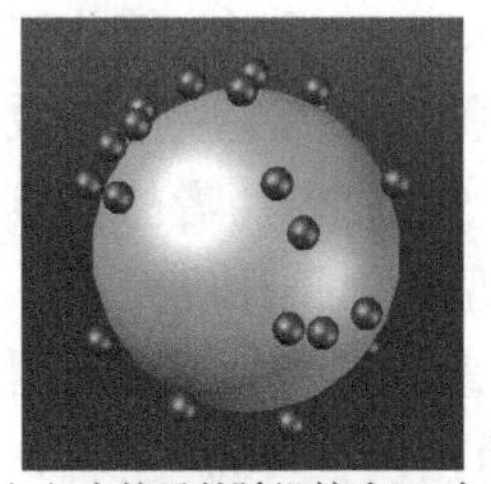

（a）大粒子外随机粘连30个小粒子的模型图

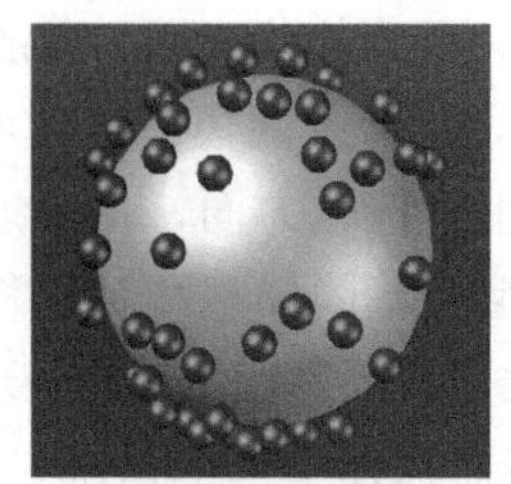

（b）大粒子外随机粘连60个小粒子的模型图

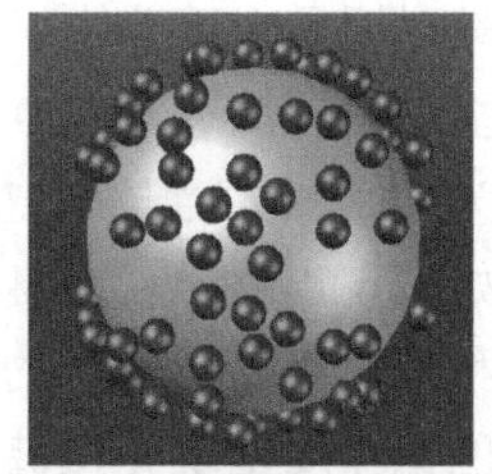

（c）大粒子外随机粘连90个小粒子的模型图

图4.25　大粒子外随机粘连多个小粒子的模型图

针对上述三种模型，图4.26给出了不同小粒子数簇团散射强度随散射角的变化。可以看出，对于垂直极化场，散射角小于100°时，三条曲线基本一致，散射角为100°～140°时，簇团外围小粒子数越少，散射强度越大。对于水平极化场，散射角小于70°时，三条曲线基本一致，散射角为70°～120°时，簇团外围小粒子数越少，散射强度越大。

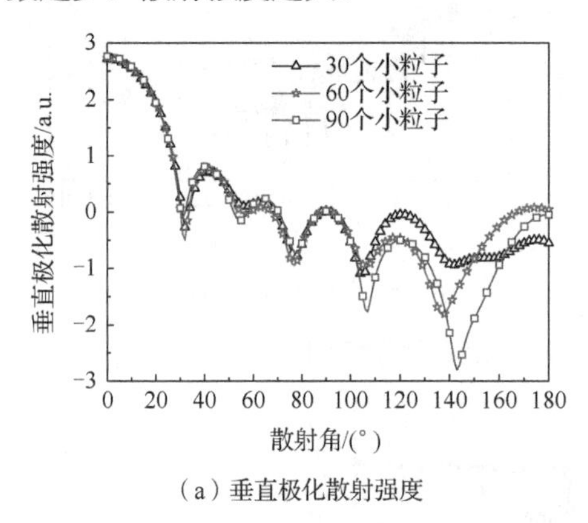

（a）垂直极化散射强度

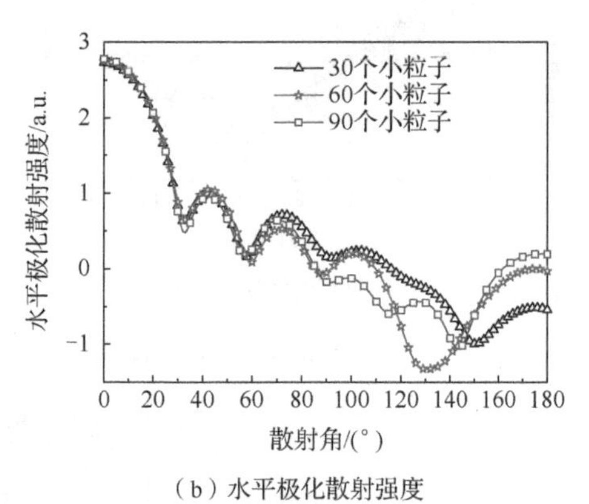

（b）水平极化散射强度

图4.26　不同小粒子数簇团散射强度随散射角的变化

为了更清晰地看到簇团散射特性的差异变化，图4.27给出了不同小粒子数簇团散射偏振度变化。当散射角小于130°时偏振度曲线基本一致，当散射角大于130°时，随着簇团外围小粒子数增加，其偏振度数值也明显上升，90个小粒子簇团偏振度峰值是30个小粒子簇团偏振度峰值的两倍以上。

为了进一步研究簇团和粒子散射特性的差异，对64个粒子组成的立方体簇团和立方体粒子的散射强度和偏振度进行比较，图4.28是立方体簇团的模型，为了消除其他因素的影响，使两者剖分密度基本一致，其中立方体簇团剖分为107392个偶极子阵列，立方体粒子剖分为103823个偶极子阵列。

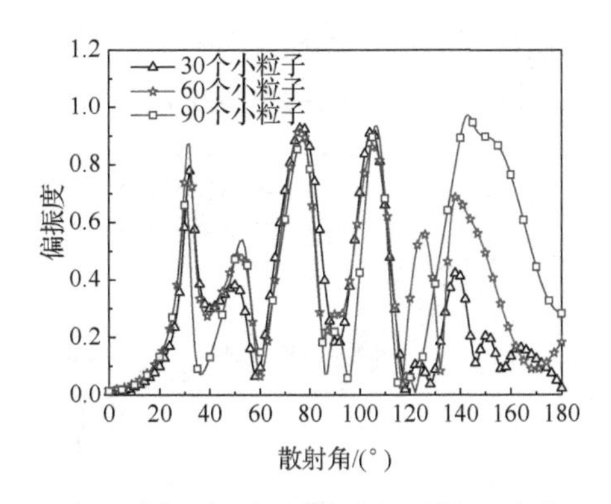

图 4.27　不同小粒子数簇团散射偏振度变化

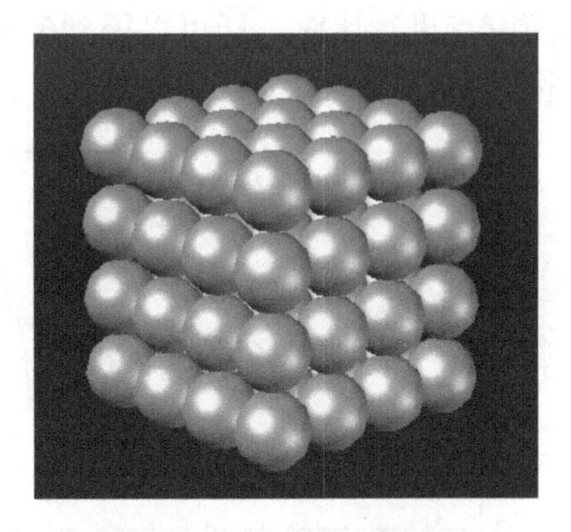

图 4.28　立方体簇团的模型

对上述模型进行计算，图 4.29 给出了立方体簇团和立方体粒子的效率因子。可以看出，当尺度参数大于 2 时，立方体簇团的消光效率因子和吸收效率因子明显大于立方体粒子的，二者曲线平滑，变化趋势一致。

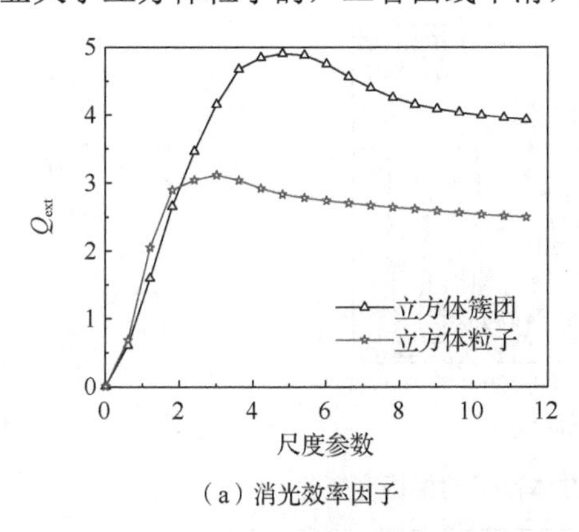

（a）消光效率因子

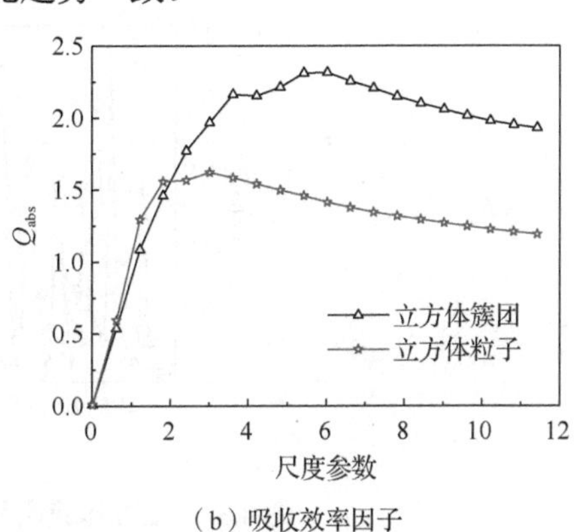

（b）吸收效率因子

图 4.29　立方体簇团和立方体粒子的效率因子

图 4.30 是立方体簇团和立方体粒子的散射强度，图 4.31 是立方体簇团和立方体粒子的偏振度变化。可以看出，立方体簇团的前向散射峰更高，而其后向散射峰则略低于立方体粒子。其他散射角时，整体上立方体簇团的散射强度略大于立方体粒子，差值不明显。偏振度方面，二者曲线波动较大，仅在散射角为 80°～120° 时，立方体簇团的偏振度明显更低。

自然界中，簇团的粒子半径往往并不相同，为了对这类簇团的散射特性进行计算，利用改进的 CCA 模型对 100 个粒子组成的多径簇团进行建模。多径簇团建模步骤如图 4.32 所示，多径簇团模型如图 4.33 所示，粒子半径符合正态分布。其中，前三步和传统 CCA 模型一致，第四步剖分时，先选定包裹该模型的长方体区域，选择合适的步长 d，针对每一个坐标点，讨论其与每个粒子球心的距离是否小于该粒子的半径，若小于则表明该点属于簇团，对长方体区域中按步长 d 划分的所有点进行比对，即可以得到多径簇团的偶极子阵列。相比于等径粒子组成的簇团，多径簇团中小粒子会填补大粒子间的空隙，使簇团结构更紧密。

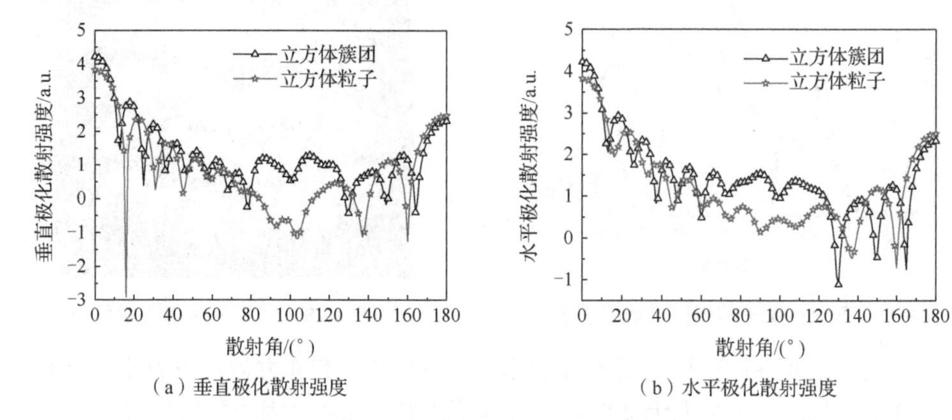

（a）垂直极化散射强度　（b）水平极化散射强度

图 4.30　立方体簇团和立方体粒子的散射强度

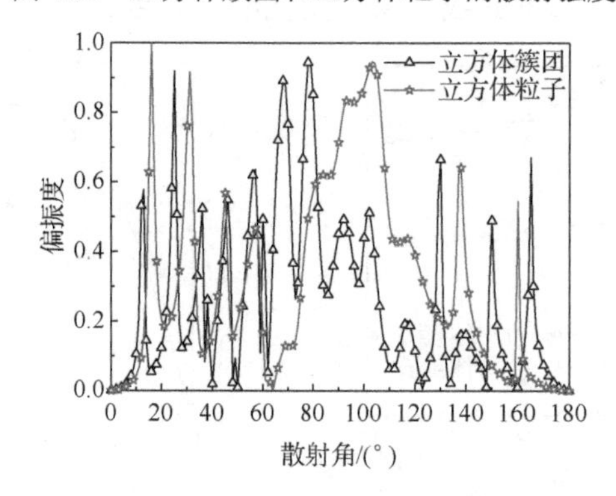

图 4.31　立方体簇团和立方体粒子的偏振度变化

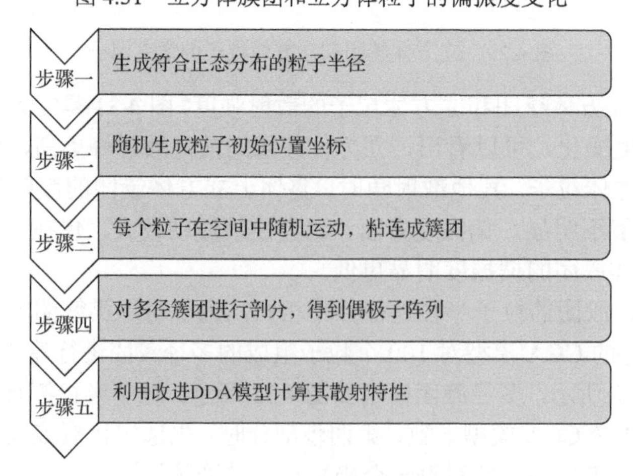

图 4.32　多径簇团建模步骤

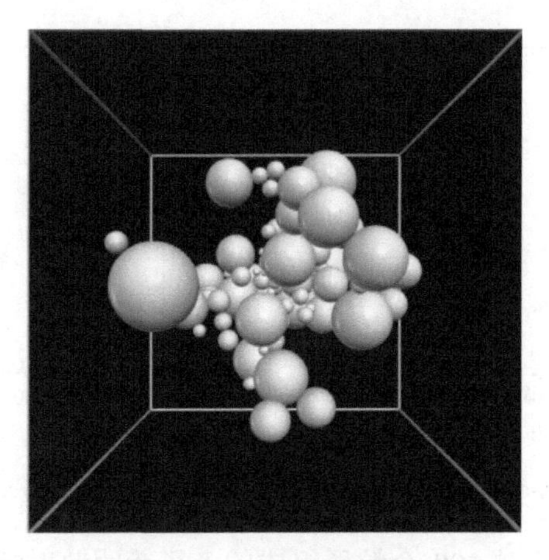

图 4.33　多径簇团模型

图 4.34 为 100 个碳溶胶粒子组成的多径簇团效率因子和不对称因子随尺度参数的变化情况。可以看出，效率因子在选定的尺度参数内近似呈直线上升趋势。消光效率因子增加最快，散射效率因子增加较快，在尺度参数大于 6.5 时超过吸收效率因子。不对称因子数值逐渐增大，最后趋近于 1.0。

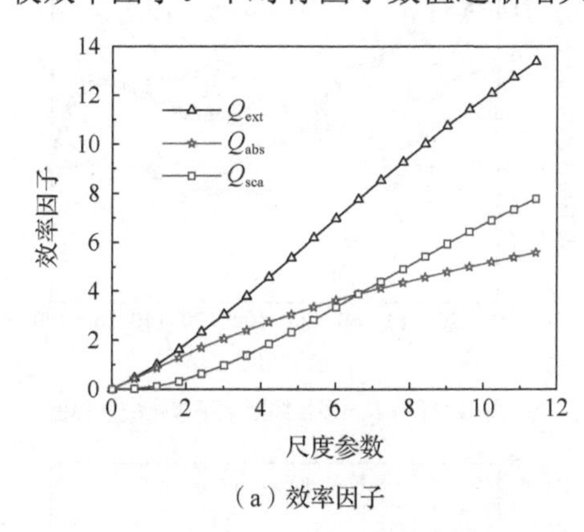

(a) 效率因子

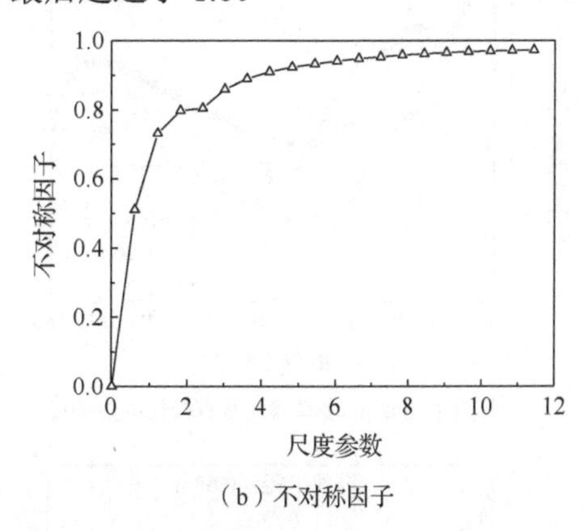

(b) 不对称因子

图 4.34　多径簇团效率因子和不对称因子随尺度参数的变化

选取多径簇团的等效半径分别为 0.2μm、0.6μm 和 1μm，图 4.35 是不同等效半径多径簇团相函数。可以看出，随着等效半径的增加，相函数值整体上呈指数增长，且曲线波动增加，变得更复杂。图 4.36 是不同等效半径多径簇团散射偏振度，等效半径为 0.2μm 时，曲线呈规则的单峰形状，且基本没有其他细小波动产生，这种现象表明多径簇团中较大尺寸粒子对偏振起主要贡献作用，因此曲线接近球形粒子偏振曲线。随着等效半径的增大，曲线仍呈单峰突起形状，但细小波动明显增多，曲线复杂度增加。

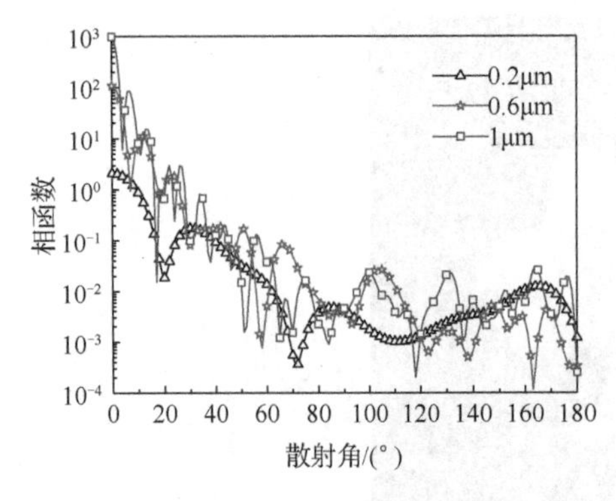

图 4.35　不同等效半径多径簇团相函数

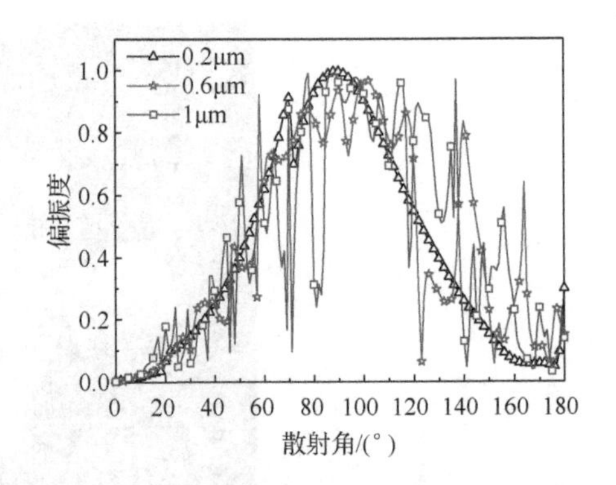

图 4.36　不同等效半径多径簇团散射偏振度

分析不同入射波长对 100 个粒子组成的多径簇团散射特性的影响情况。选取入射波长为 0.55μm、1.06μm、1.55μm，介质为碳溶胶，等效半径分别为 0.2μm、0.6μm 和 1.0μm，图 4.37 给出了多径簇团散射强度。可以看出，散射强度曲线的振荡频率、数值大小都和入射波长、等效半径有极大的关系。

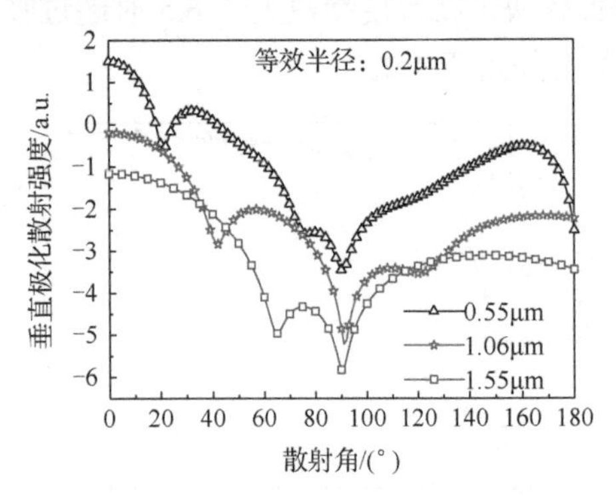

（a）等效半径0.2μm多径簇团垂直极化散射强度

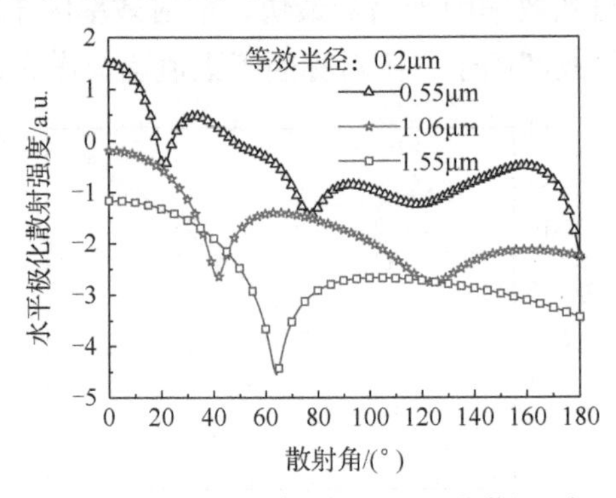

（b）等效半径0.2μm多径簇团水平极化散射强度

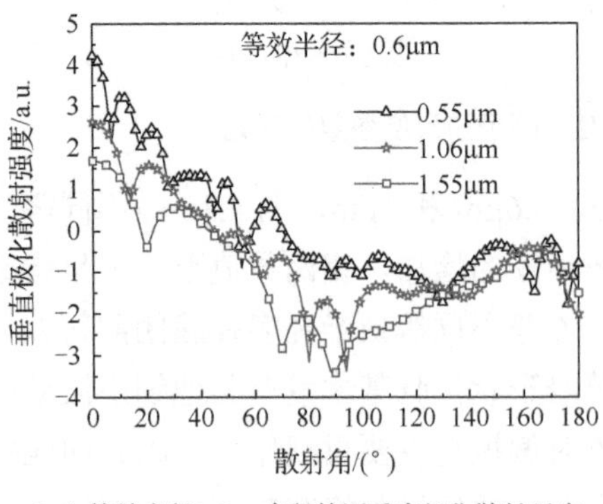

（c）等效半径0.6μm多径簇团垂直极化散射强度

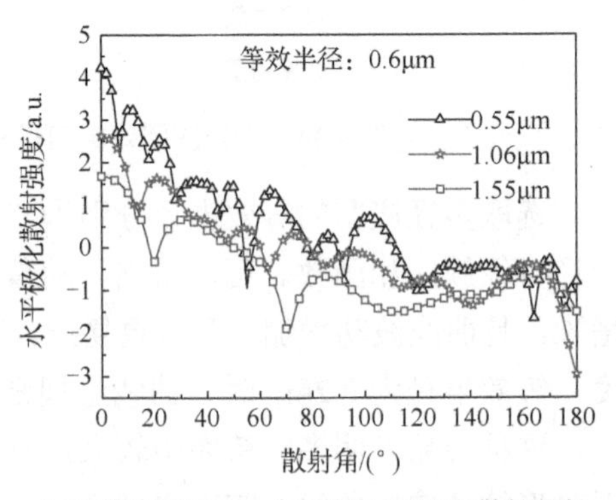

（d）等效半径0.6μm多径簇团水平极化散射强度

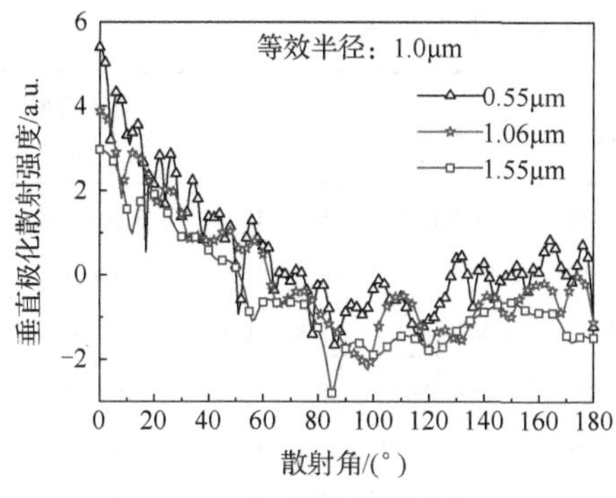

(e) 等效半径1.0μm多径簇团垂直极化散射强度

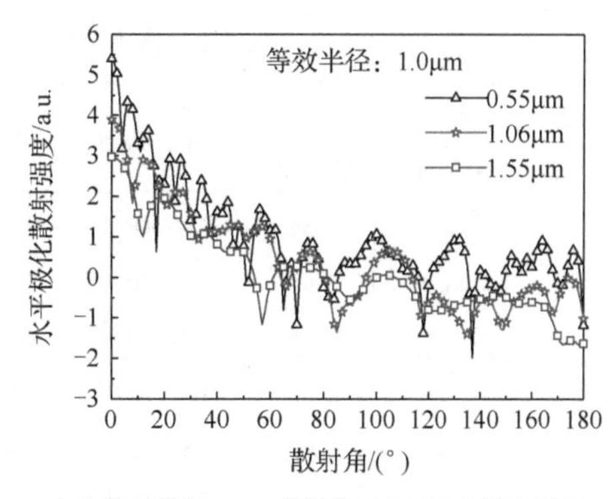

(f) 等效半径1.0μm多径簇团水平极化散射强度

图 4.37　多径簇团散射强度

这里计算了两种多径簇团在不同条件下的光学截面、不对称因子、单次散射反照率等参量，含 100 个多粒径粒子簇团散射参量和含 50 个多粒径粒子簇团散射参量分别如表 4.2 和表 4.3 所示。

表 4.2　含 100 个多粒径粒子簇团散射参量

物质种类	等效半径/μm	入射波长/μm	消光截面	吸收截面	散射截面	不对称因子	单次散射反照率
碳质气溶胶	0.2	0.55	2.7187E-01	2.0057E-01	7.1314E-02	8.2771E-01	2.6231E-01
		1.06	1.2614E-01	1.0824E-01	1.7908E-02	7.0771E-01	1.4197E-01
		1.55	8.4074E-02	7.6701E-02	7.3757E-03	5.9148E-01	8.7729E-02
	0.6	0.55	9.2963E-00	4.5882E-00	4.7084E-00	9.5334E-01	5.0648E-01
		1.06	4.2949E+00	2.7043F+00	1.5908E-00	8.9391E-01	3.7040E-01
		1.55	2.7699E+00	1.9863E-00	7.8365E-01	8.3661E-01	2.8292E-01
	1.0	0.55	4.2232E-01	1.8079E-01	2.4153E-01	9.7423E-01	5.7190E-01
		1.06	2.2266E-01	1.1512E-01	1.0754E-01	9.4317E-01	4.8298E-01
		1.55	1.4436E-01	8.6469E-0	5.7896E+00	9.1206E-01	4.0106E-01
硫酸铵气溶胶	0.2	0.55	3.3066E-02	6.0102E-08	3.3067E-02	8.1946E-01	1.0000E+00
		1.06	7.3951E-03	3.0619E-07	7.3947E-03	7.0206E-01	9.9995E-01
		1.55	2.8408E-03	2.0741E-06	2.8386E-03	5.8776E-01	9.9925E-01
	0.6	0.55	3.1051E-00	1.7414E-06	3.1052E+00	9.4847E-01	1.0000E+00
		1.06	7.8103E-01	8.5871E-06	7.8104E-01	8.8573E-01	1.0000E+00
		1.55	3.3822E-01	5.7920E-05	3.3817E-01	8.2835E-01	9.9987E-01
	1.0	0.55	2.3435E-01	8.7063E-06	2.3436E-01	9.7082E-01	1.0000E+00
		1.06	6.3586E+00	4.1240E-05	6.3586E-00	9.3732E-01	1.0000E-00
		1.55	2.8429E+00	2.7446E-04	2.8426E-00	9.0442E-01	9.9992E-01

表 4.3　含 50 个多粒径粒子簇团散射参量

物质种类	等效半径/μm	入射波长/μm	消光截面	吸收截面	散射截面	不对称因子	单次散射反照率
碳质气溶胶	0.2	0.55	3.4404E-01	2.1325E-01	1.3079E-01	8.0874E-01	3.8016E-01
		1.06	1.4641E-01	1.1726E-01	2.9145E-02	6.5410F-01	1.9906E-01
		1.55	9.2281E-02	8.1649E-02	1.0634E-02	5.5375E-01	1.1524E-01
	0.6	0.55	8.8211E+00	3.8799E-00	4.9413E+00	9.4459E-01	5.6017E-01
		1.06	5.3135E+00	2.7061E-00	2.6076E+00	8.8814E-01	4.9074E-01
		1.55	3.5152E-00	2.0977E-00	1.4174E-00	8.2062E-01	4.0324E-01
	1.0	0.55	2.8670E+01	1.3018E-01	1.5653E+01	9.5030E-01	5.4595E-01
		1.06	2.2735E-01	1.0098E-01	1.2537E-01	9.3566E-01	5.5585E-01
		1.55	1.7159E+01	8.3328E-00	8.8263E+00	9.0161E-01	5.1439E-01
硫酸铵气溶胶	0.2	0.55	6.8355E-02	6.7960E-08	6.8355E-02	7.9812E-01	1.0000E+00
		1.06	1.2193E-02	3.2871E-07	1.2193E-02	6.4334E-01	9.9997E-01
		1.55	4.0846E-03	2.1677E-06	4.0824E-03	5.4578E-01	9.9948E-01
	0.6	0.55	5.7298E-00	2.0220E-06	5.7300E-00	9.3812E-01	1.0000E-00
		1.06	1.6760E+00	9.9544E-06	1.6760E+00	8.7844E-01	1.0000E-00
		1.55	7.0660E-01	6.5598E-05	7.0654E-01	8.0539E-01	9.9992E-01
	1.0	0.55	2.9886E-01	1.0644E-05	2.9886E-01	9.2488E-01	1.0000E+00
		1.06	1.2480E-01	4.7840E-05	1.2480E-01	9.3099E-01	1.0000E+00
		1.55	6.1054E+00	3.1853E-04	6.1051E+00	8.9200E-01	9.9995E-01

4.4.2　混合组分簇团散射特性

气溶胶中，簇团的生成是无数不同种类粒子随机相互碰撞的结果，因此一般情况下大部分簇团是各种粒子混合而成的。本小节对几种混合簇团的散射特性进行研究，分析粒子含量、混合方式等因素对其散射强度和偏振度变化的影响。

首先，分析组成簇团粒子的含量对其散射特性的影响。选取碳溶胶和硫酸铵两种物质组成簇团，两种物质的含量比分别为 1∶4、1∶1 和 4∶1，图 4.38 是碳溶胶和硫酸铵两种粒子组成的簇团模型，其中深色粒子代表碳溶胶，浅色粒子代表硫酸铵。三个模型均随机生成，结构略有差异，但不会对仿真结果产生影响。

（a）碳溶胶和硫酸铵含量比为 1∶4

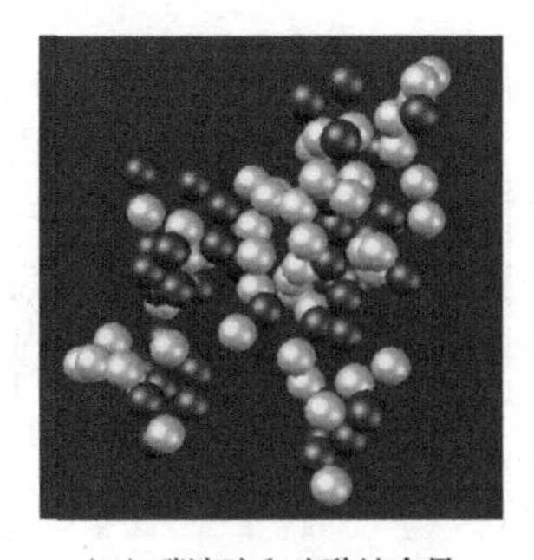

（b）碳溶胶和硫酸铵含量比为 1∶1

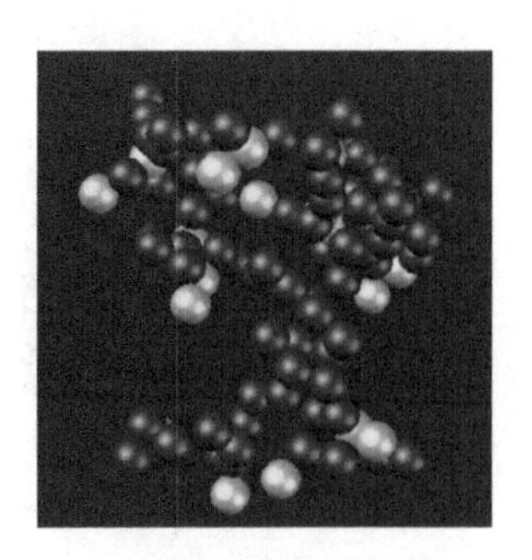

（c）碳溶胶和硫酸铵含量比为 4∶1

图 4.38　碳溶胶和硫酸铵两种粒子组成的簇团模型

图 4.39 是不同含量比碳溶胶和硫酸铵簇团效率因子，可以看出，尺度参数小于 5 时，混合簇团中碳溶胶含量越高，其消光效率因子的值越大，但增长不够明显，这是因为消光效率因子主要取决于介质复折射率实部，碳溶胶的复折射率实部略大于硫酸铵。由于吸收效率因子主要由介质的复折射率虚部决定，因此碳溶胶含量越高的簇团，其吸收效率因子增长越明显。

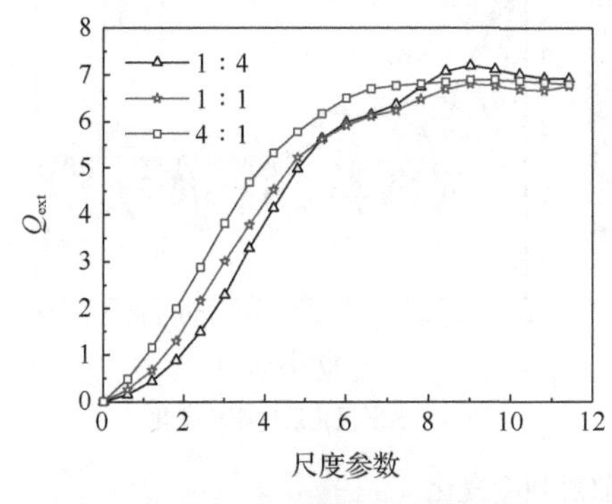

（a）不同含量比碳溶胶和硫酸铵簇团消光效率因子

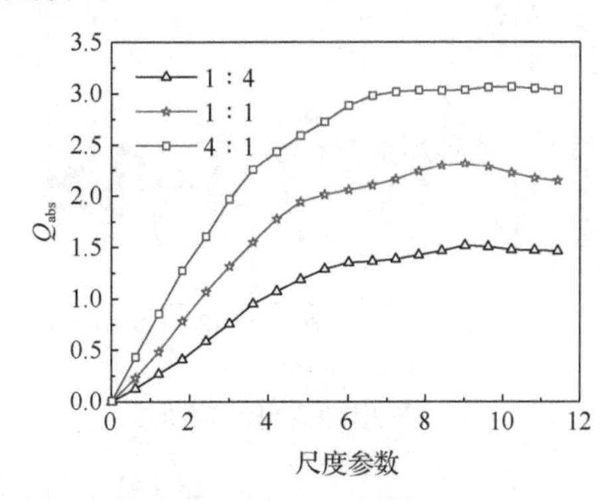

（b）不同含量比碳溶胶和硫酸铵簇团吸收效率因子

图 4.39　不同含量比碳溶胶和硫酸铵簇团效率因子

为了进一步表示效率因子的变化情况，这里引入单次散射反照率 ϖ，定义为散射效率因子（散射截面）与消光效率因子（消光截面）的比值。图 4.40 是不同物质含量比簇团单次散射反照率变化，可以看出，三种含量比下簇团单次散射反照率最后都稳定在一个定值，碳溶胶含量越高，单次散射反照率越低，散射作用的占比就越小。

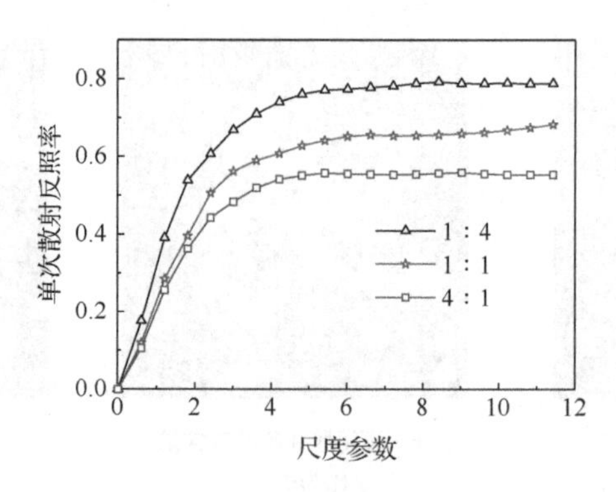

图 4.40　不同物质含量比簇团单次散射反照率变化

图 4.41 是不同簇团散射强度变化。从整体上可以看出，簇团中碳溶胶含量的升高使其散射强度略有降低，曲线振荡位置的差异是由簇团结构不完全一致造成的，可以忽略。在 0°～5° 的前向散射方面，三种含量比下簇团散射强度数值基本一致，180° 左右时簇团后向散射也比较接近。

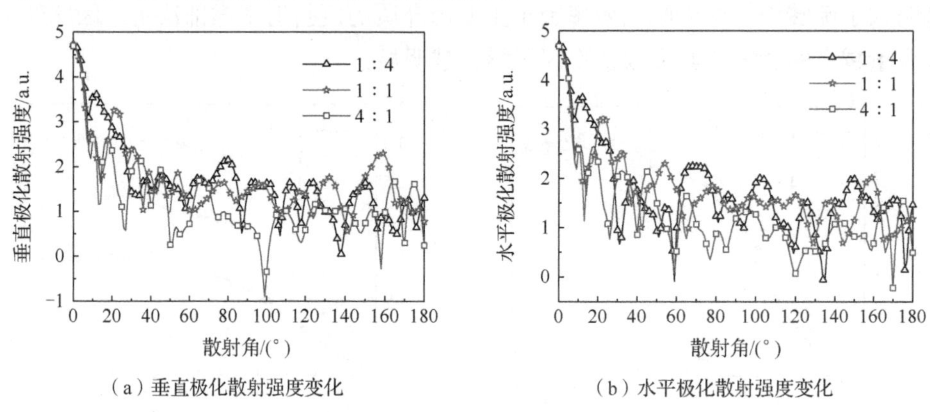

（a）垂直极化散射强度变化　　（b）水平极化散射强度变化

图 4.41　不同簇团散射强度变化

针对上述三种不同含量比簇团，讨论不同入射波长对其散射强度的影响。选取入射波长为 0.55μm、1.06μm 和 1.55μm，介质为碳溶胶和硫酸铵，单个粒子半径为 0.1μm，碳溶胶和硫酸铵的含量比分别为 1∶4、1∶1 和 4∶1，碳溶胶和硫酸铵混合簇团散射强度如图 4.42 所示。从整体上可以看出，入射波长越长，散射强度越小，曲线越平滑。

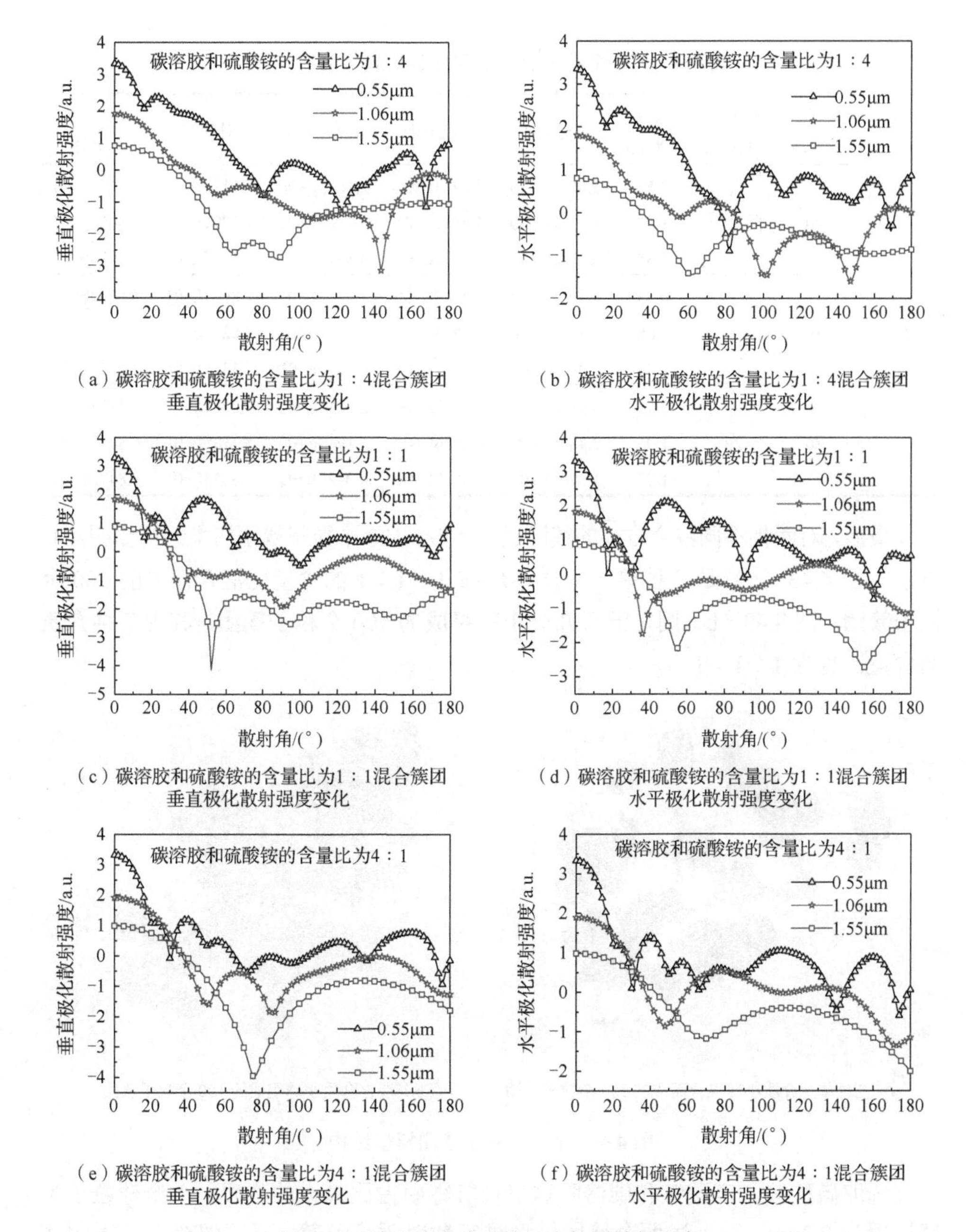

（a）碳溶胶和硫酸铵的含量比为1：4混合簇团垂直极化散射强度变化

（b）碳溶胶和硫酸铵的含量比为1：4混合簇团水平极化散射强度变化

（c）碳溶胶和硫酸铵的含量比为1：1混合簇团垂直极化散射强度变化

（d）碳溶胶和硫酸铵的含量比为1：1混合簇团水平极化散射强度变化

（e）碳溶胶和硫酸铵的含量比为4：1混合簇团垂直极化散射强度变化

（f）碳溶胶和硫酸铵的含量比为4：1混合簇团水平极化散射强度变化

图 4.42　碳溶胶和硫酸铵混合簇团散射强度

为了方便后面的计算，讨论三种不同含量比簇团在各种条件下的光学截面、不对称因子和单次散射反照率等参量的值，100 个粒子组成不同含量比簇团散射参量如表 4.4 所示。

表 4.4　100 个粒子组成不同含量比簇团散射参量

单个粒子半径/μm	碳溶胶含量/%	硫酸铵含量/%	入射波长/μm	消光截面	吸收截面	散射截面	不对称因子	单次散射反照率
0.1	20	80	0.55	3.4514E+00	7.8913E−01	2.6623E+00	7.6127E−01	7.7136E−01
			1.06	1.3922E+00	4.6416E−01	9.2801E−01	7.5291E−01	6.6659E−01
			1.55	6.9599E−01	3.0630E−01	3.8968E−01	6.5886E−01	5.5989E−01
	50	50	0.55	3.7669E−00	1.2898E+00	2.4772E+00	7.8037E−01	6.5762E−01
			1.06	1.8419E+00	7.9833E−01	1.0437E+00	7.6200E−01	5.6662E−01
			1.55	1.0221E+00	5.7097E−01	4.5112E−01	7.3314E−01	4.4137E−01
	80	20	0.55	3.9948E+00	1.7915E+00	2.2034E+00	8.2582E−01	5.5157E−01
			1.06	2.4825E+00	1.2886E+00	1.1940E+00	8.1185E−01	4.8097E−01
			1.55	1.5706E+00	9.6632E−01	6.0429E−01	7.8055E−01	3.8475E−01

最后，对两种不同混合方式的簇团进行比较，100 个粒子簇团模型结构如图 4.43 所示。图 4.43（a）是三种单一介质小球按 1∶1∶1 的含量比混合而成的 100 个粒子簇团。图 4.43（b）则是混合介质小球组成的 100 个粒子簇团，其中三种介质的含量比也为 1∶1∶1。

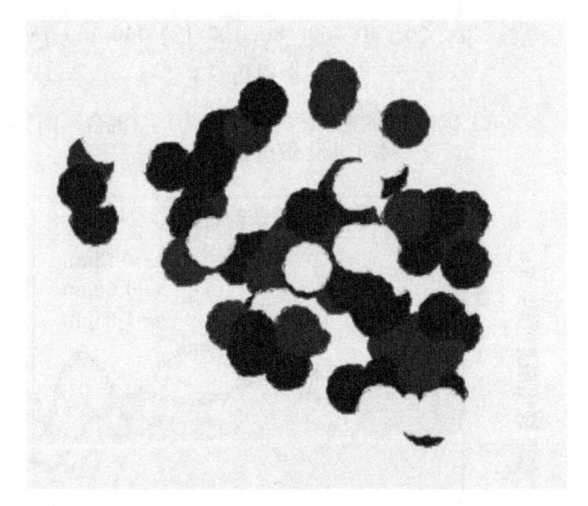

（a）三种单一介质小球混合而成的 100 个粒子簇团

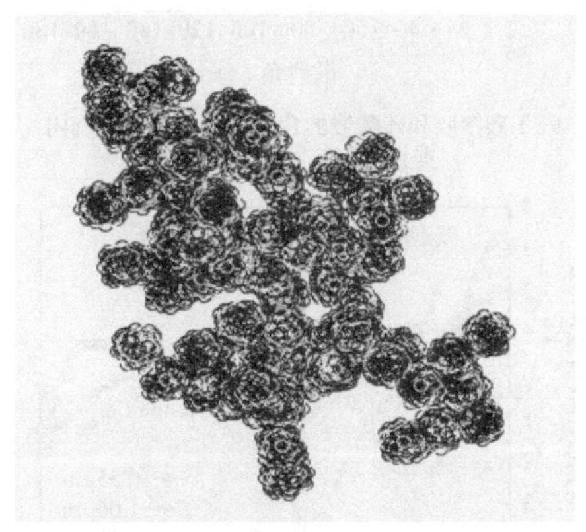

（b）混合介质小球组成的 100 个粒子簇团

图 4.43　100 个粒子簇团模型结构

选取硫酸铵、硝酸铵和碳溶胶这三种雾霾中占比最大的物质，单个球粒子半径设置为 0.2μm，对上述两个簇团模型进行散射强度计算，不同混合方式簇团散射强度角分布如图 4.44 所示。可以看出，二者的前向散射基本一致，单一介质球簇团的垂直和水平极化散射强度都略高于混合介质球簇团，二者曲线在大部分散射角下呈相同的变化趋势。图 4.45 是不同混合方式簇团散射偏振度，二者曲线走势大致相同，在散射角为 40°～160°时，混合介质球簇团的偏振度振幅较大。

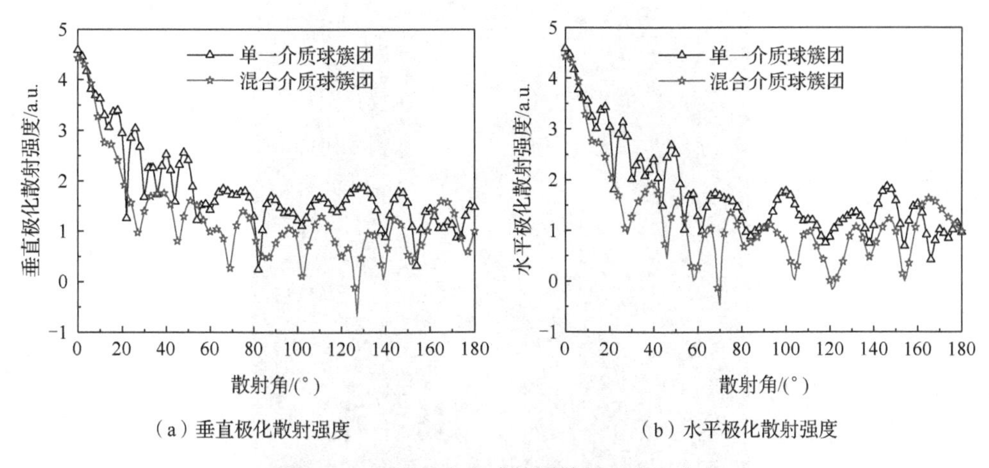

（a）垂直极化散射强度　　（b）水平极化散射强度

图 4.44　不同混合方式簇团散射强度角分布

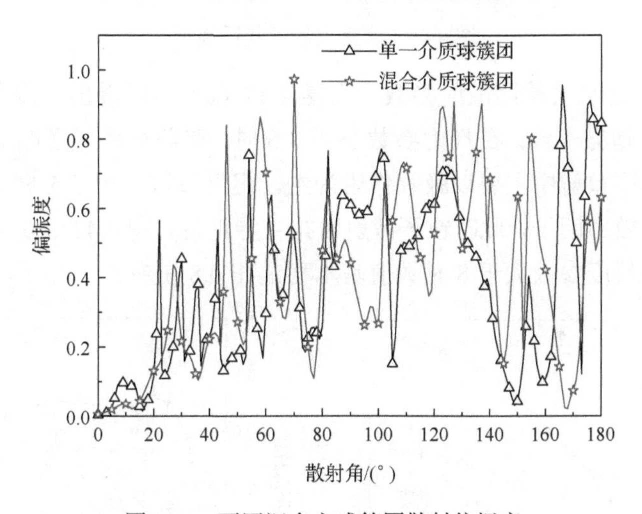

图 4.45　不同混合方式簇团散射偏振度

4.4.3　含水层簇团散射特性

雾霾中通常存在大量的水雾粒子，含水量一般在 50%以上，因此许多雾霾粒子和簇团都会被水覆盖，研究含水层簇团的散射特性是十分重要的。

首先对 100 个含水层粒子组成的簇团进行研究，含水层粒子簇团模型如图 4.46 所示，每个粒子都单独含水层，深色球形部分是其内核介质。设含水层簇团含水量为 70%，即每个含水层粒子含水层和内核介质的厚度比为 1∶2，选取碳溶胶作为内核介质，研究其在 0.55μm 入射波长下的散射特性。

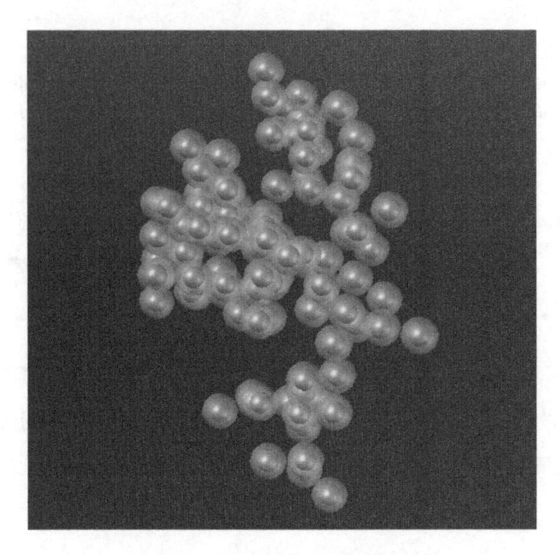

图 4.46　含水层粒子簇团模型

图 4.47 是含水层簇团散射参数，由图 4.47（a）可以看出，该含水层簇团的效率因子变化趋势一致，在尺度参数小于 3.5 时，吸收效率因子略高于散射效率因子，说明簇团散射中主要以吸收作用为主。尺度参数大于 3.5 时，散射效率因子较高于吸收效率因子，此时粒子散射占据主导地位。图 4.47（b）为不对称因子变化情况，在尺度参数大于 8 时数值基本稳定在 0.8 左右。

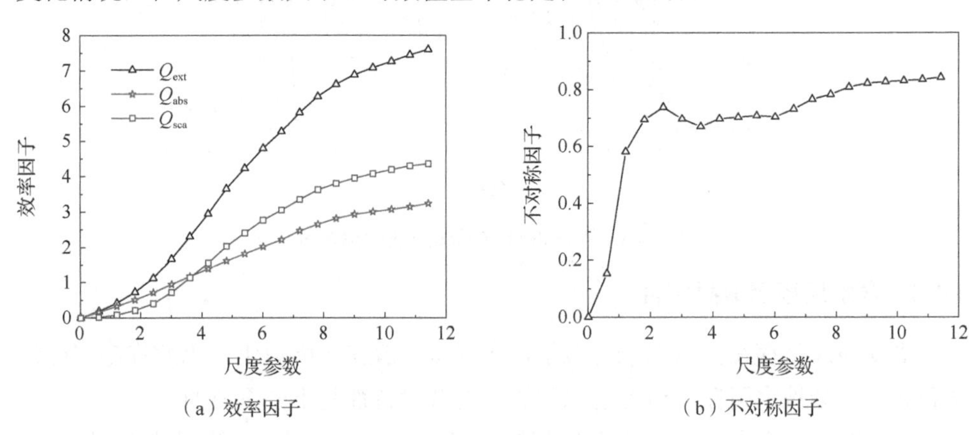

（a）效率因子　　（b）不对称因子

图 4.47　含水层簇团散射参数

图 4.48 是不同尺寸含水层簇团散射相函数变化，可以看出，随着簇团尺寸的增大，前向散射峰变得更明显、更尖锐、更窄，且散射相函数的其他部分振荡逐渐增多，曲线变得更复杂。

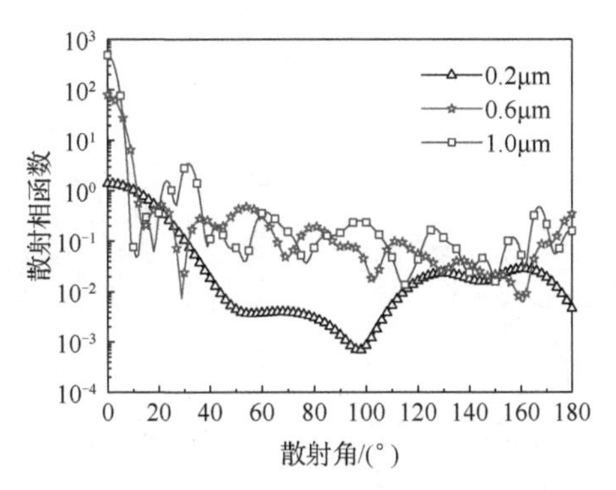

图 4.48　不同尺寸含水层簇团散射相函数变化

为了研究含水层厚度对含水层簇团散射特性的影响，图 4.49 给出了含水层簇团模型。图中，含水层粒子的水层厚度和内核介质厚度的比分别为 1∶4、1∶2 和 1∶1，透明部分是水层，可以看到明显的厚度变化。图 4.50 给出了不同含水层簇团效率因子变化，可以看出，外含水层越厚，效率因子的值越小。

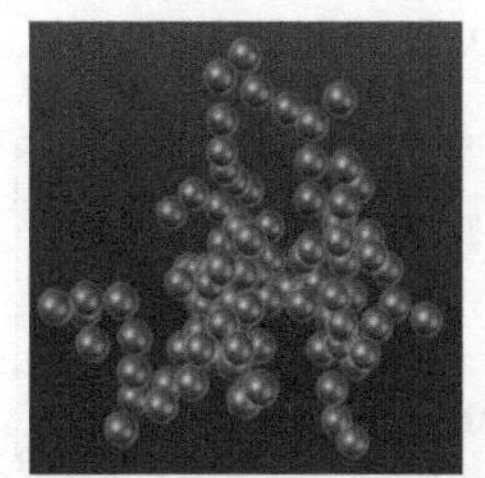

（a）厚度比为 1∶4 含水层簇团模型

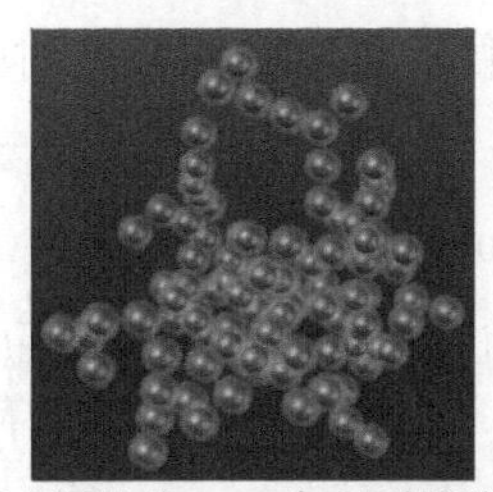

（b）厚度比为 1∶2 含水层簇团模型

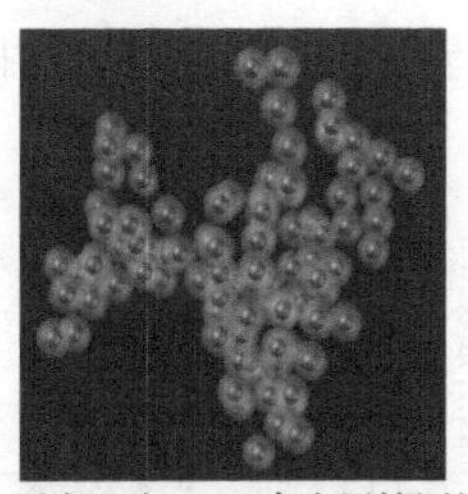

（c）厚度比为 1∶1 含水层簇团模型

图 4.49　含水层簇团模型

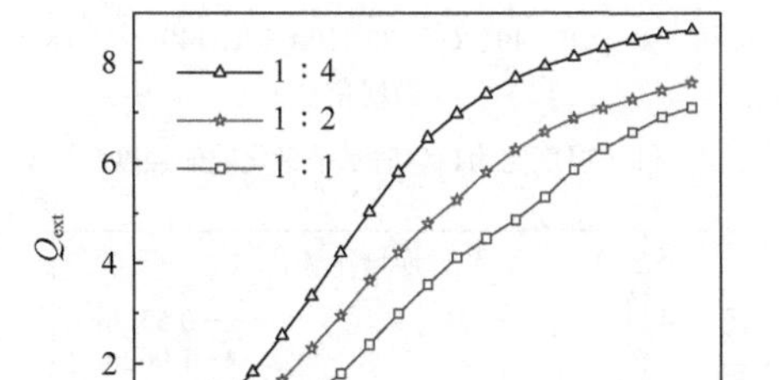

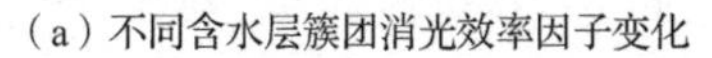

（a）不同含水层簇团消光效率因子变化

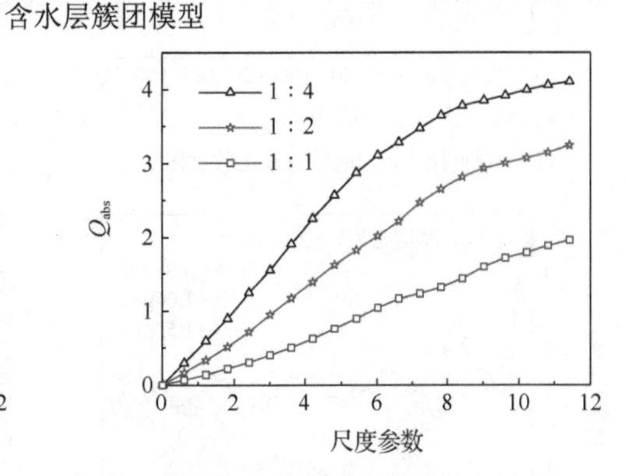

（b）不同含水层簇团吸收效率因子变化

图 4.50　不同含水层簇团效率因子变化

针对上述三种含水层粒子，设单个粒子半径为 0.1μm，图 4.51 给出了三种含水层粒子散射强度角分布，三者前向散射峰基本一致，其他散射角处振荡较多，在后向散射处又趋于一致。

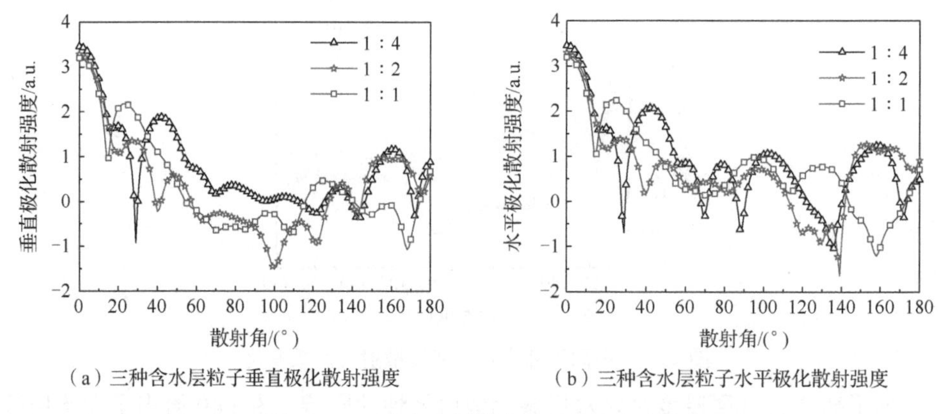

（a）三种含水层粒子垂直极化散射强度　（b）三种含水层粒子水平极化散射强度

图 4.51　三种含水层粒子散射强度角分布

针对上述三种含水层粒子，当等效半径为 1μm 时，内核介质为碳溶胶，讨论其在 0.55μm、1.06μm 和 1.55μm 这三种入射波长下的散射特性。图 4.52 给出了不同厚度含水层簇团散射强度变化，可以看出，散射强度随入射波长变化明显。

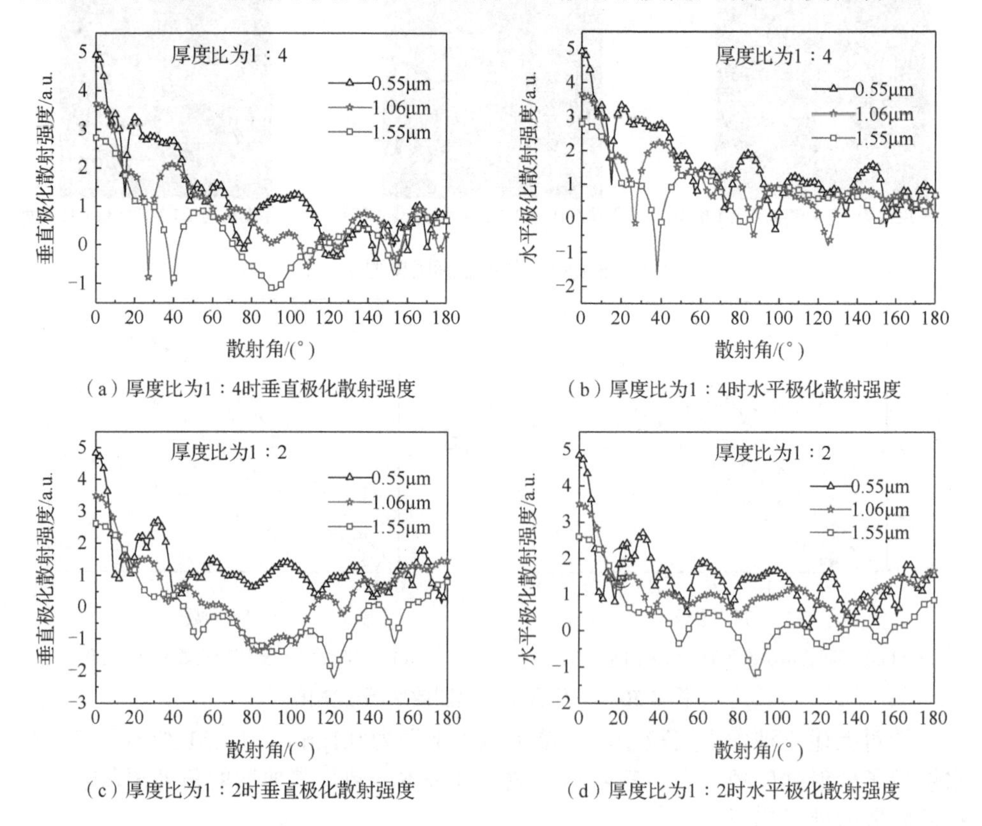

（a）厚度比为1∶4时垂直极化散射强度　（b）厚度比为1∶4时水平极化散射强度

（c）厚度比为1∶2时垂直极化散射强度　（d）厚度比为1∶2时水平极化散射强度

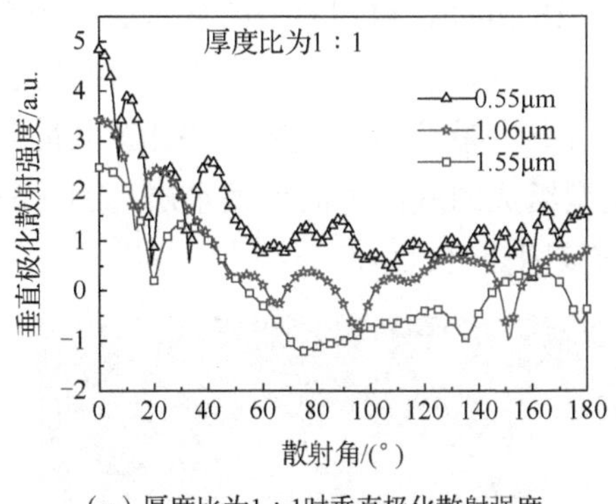

(e) 厚度比为1：1时垂直极化散射强度

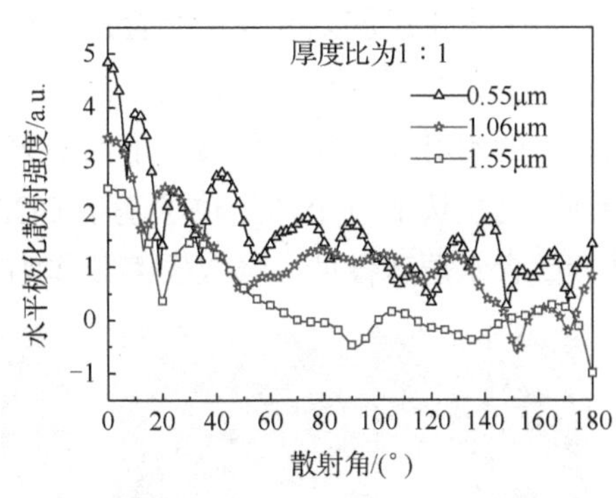

(f) 厚度比为1：1时水平极化散射强度

图 4.52　不同厚度含水层簇团散射强度变化

继续对含水层簇团的散射特性进行研究，表 4.5 给出了改变内核介质、内核半径和含水层厚度比值、入射波长等条件下的光学截面、不对称因子和单次散射反照率等散射参量的值。

表 4.5　不同含水层簇团散射参量

等效半径/μm	内核介质	内核半径和含水层厚度比值	入射波长/μm	消光截面	吸收截面	散射截面	不对称因子	单次散射反照率
1	碳质气溶胶	4∶5	0.55	2.45E+01	1.16E+01	1.28E+01	8.78E−01	5.24E−01
			1.06	1.98E+01	9.19E+00	1.06E+01	7.68E−01	5.36E−01
			1.55	1.37E+01	7.00E+00	6.73E+00	7.16E−01	4.90E−01
		2∶3	0.55	2.11E+01	9.03E+00	1.21E+01	8.51E−01	5.72E−01
			1.06	1.56E+01	6.29E+00	9.30E+00	7.49E−01	5.97E−01
			1.55	9.77E+00	4.41E+00	5.36E+00	7.77E−01	5.49E−01
		1∶2	0.55	2.05E+01	5.62E+00	1.49E+01	8.18E−01	7.26E−01
			1.06	1.17E+01	3.18E+00	8.50E+00	7.47E−01	7.28E−01
			1.55	6.11E+00	2.03E+00	4.09E+00	7.58E−01	6.69E−01
	硫酸铵气溶胶	4∶5	0.55	2.64E+01	1.05E−05	2.64E+01	7.19E−01	1.00E+00
			1.06	1.19E+01	3.83E−05	1.19E+01	7.27E−01	1.00E+00
			1.55	5.07E+00	2.23E−04	5.07E+00	6.91E−01	1.00E+00
		2∶3	0.55	2.30E+01	6.17E−06	2.30E+01	7.39E−01	1.00E+00
			1.06	1.08E+01	2.28E−05	1.08E+01	7.40E−01	1.00E+00
			1.55	4.49E+00	1.25E−04	4.49E+00	7.70E−01	1.00E+00
		1∶2	0.55	2.23E+01	2.58E−06	2.23E+01	7.90E−01	1.00E+00
			1.06	9.00E+00	9.03E−06	9.00E+00	7.50E−01	1.00E+00
			1.55	3.72E+00	5.11E−05	3.72E+00	7.58E−01	1.00E+00

以上含水层簇团都是单个含水层粒子组成的簇团，自然界中的含水层簇团常常不像上述模型一样层次分明。当组成簇团的粒子较少时，其尺寸不大，有时会被较大的水雾粒子完全包裹。下面研究两种不同形状含水层簇团，并计算其散射特性。这里选取五个球形粒子基于 CCA 模型组成的簇团外面包裹水层，图 4.53 是簇团含水层球模型，选取碳溶胶作为内部簇团介质。

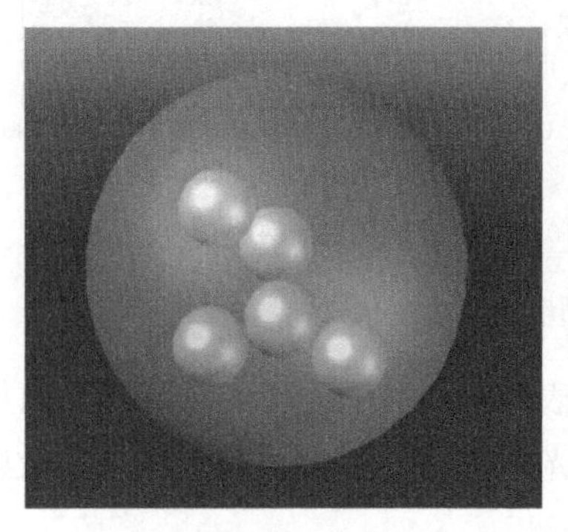

（a）球形含水层簇团模型

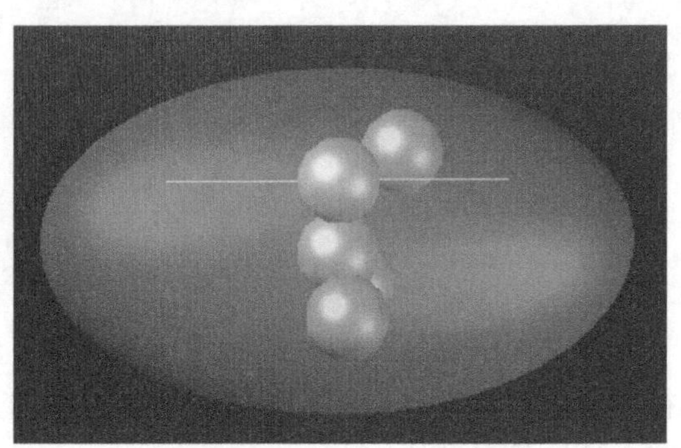

（b）椭球形含水层簇团模型

图 4.53　簇团含水层球模型

图 4.54 是不同含水层簇团效率因子，可以看出，尺度参数较小时，两者的消光效率因子走势基本一致，尺度参数较大时，椭球形含水层簇团的消光效率因子低于球形；对于吸收效率因子，椭球形含水层簇团明显较高。

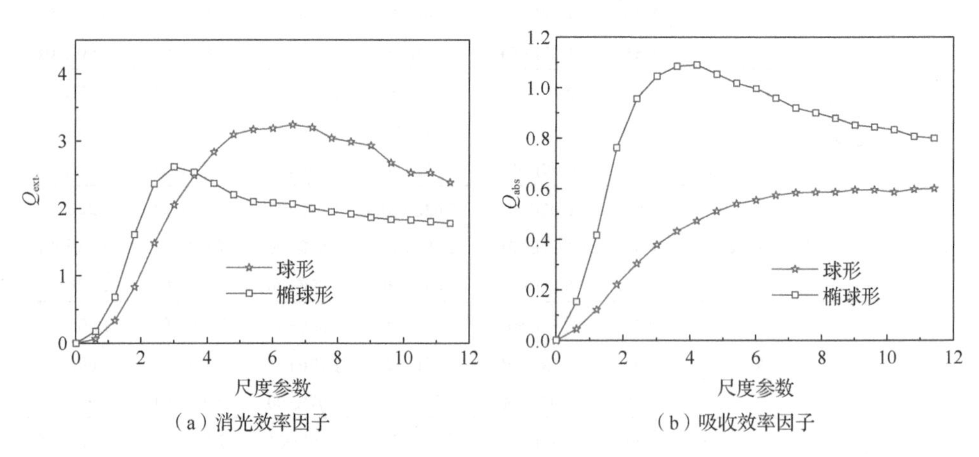

（a）消光效率因子　（b）吸收效率因子

图 4.54　不同含水层簇团效率因子

图 4.55 是不同含水层簇团散射强度变化，椭球形含水层簇团的散射强度整体略低于球形含水层簇团。图 4.56 是不同含水层簇团偏振度变化。

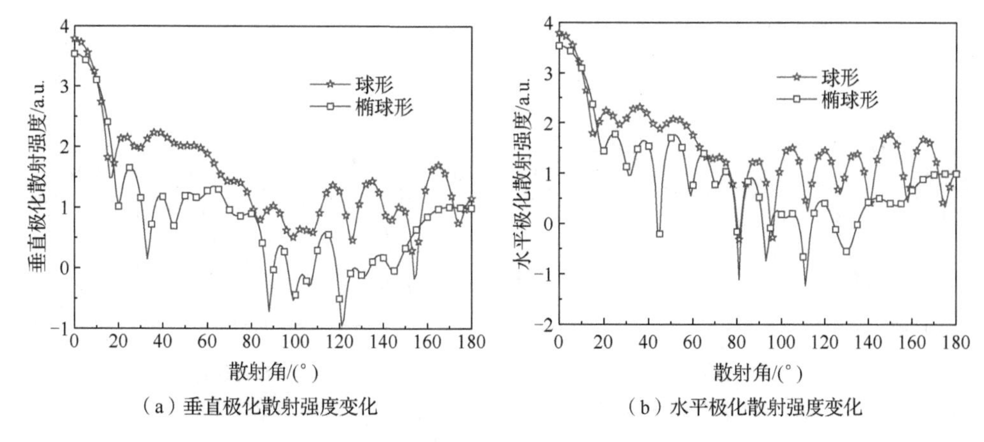

（a）垂直极化散射强度变化　　（b）水平极化散射强度变化

图 4.55　不同含水层簇团散射强度变化

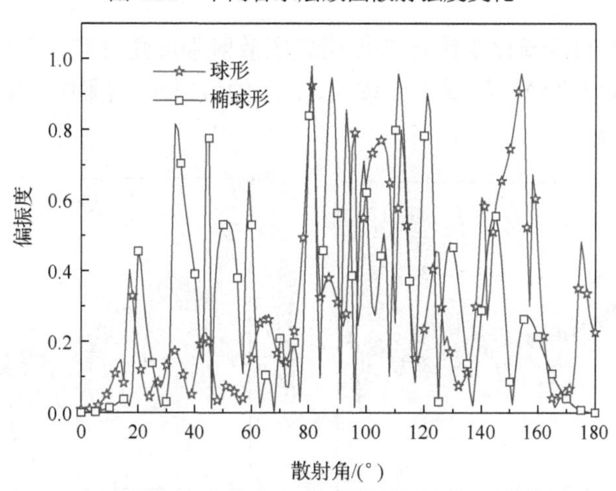

图 4.56　不同含水层簇团偏振度变化

下面针对水滴形含水层簇团进行研究，图 4.57 是水滴形含水层簇团模型，内部依旧选取五个碳溶胶粒子组成的簇团，选取外含水层纵横比为 30∶17、30∶23 和 30∶28。

图 4.58 是不同纵横比水滴形含水层簇团效率因子，可以看出，消光效率因子的变化不明显，当尺度参数大于 7 时，外含水层纵横比越小，消光效率因子越小。吸收效率因子的变化比较显著，当外含水层纵横比减小时，粒子越接近球形，吸收效率因子越小。

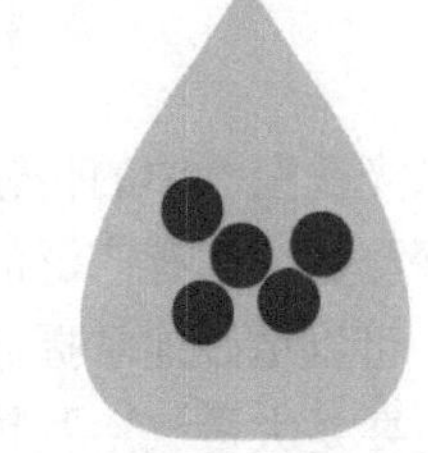

图 4.57　水滴形含水层簇团模型

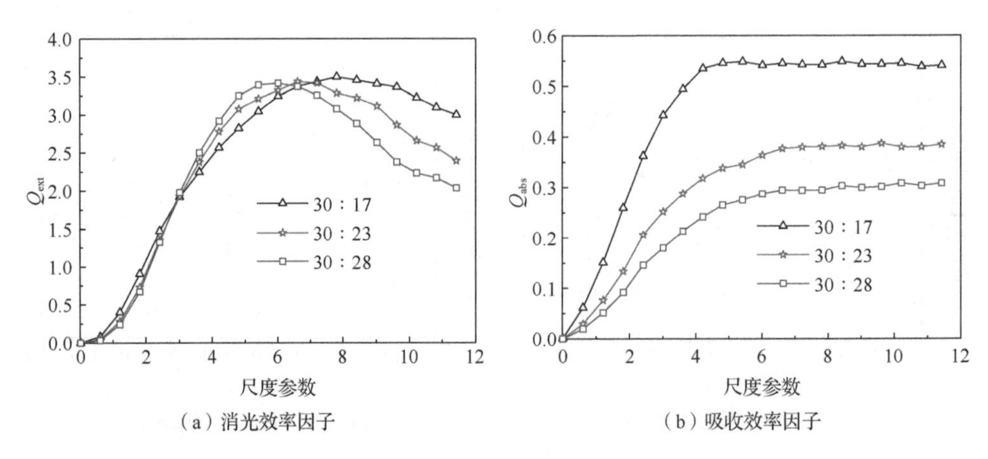

（a）消光效率因子　　（b）吸收效率因子

图 4.58　不同纵横比水滴形含水层簇团效率因子

图 4.59 是不同纵横比水滴形含水层簇团散射强度角分布，可以看出，前向散射峰随着外含水层纵横比的增大而增大，其后的散射角范围中散射强度波动较多，三者趋势基本一致。

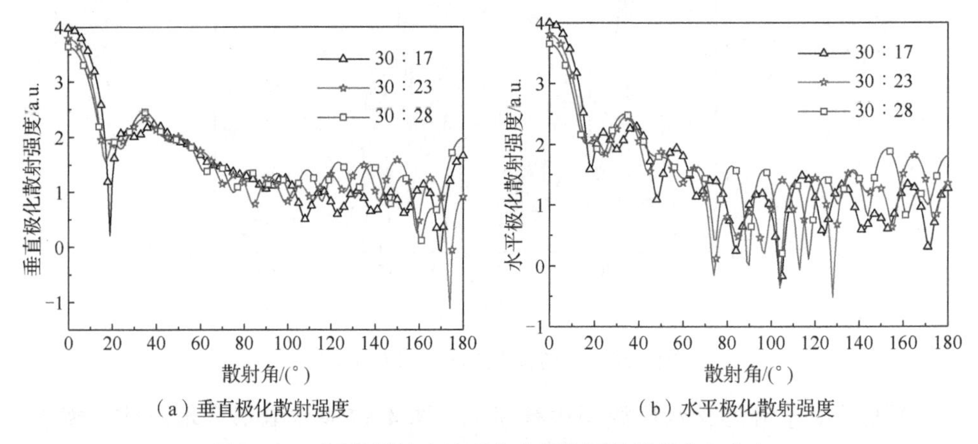

（a）垂直极化散射强度　　（b）水平极化散射强度

图 4.59　不同纵横比水滴形含水层簇团散射强度角分布

4.5　激光在雾霾中的传输特性

激光在空气中的传输一直是一个重要的研究课题，其在雷达通信、卫星导航、光波探测领域都有广泛的用途。通过对激光在空气中的透过率、反射率等参数的测量，可以更好地掌握通信质量、探测精度等重要数据。在空气中，影响激光传输的主要是大量气溶胶粒子，这些气溶胶粒子会阻碍光子的传播，并与其发生碰撞，产生散射、透射等现象。孙玉稳等[86]研究了 2010 年华北地区气溶胶粒子的浓度变化规律，结果表明，天气晴朗的条件下，地面附近的气溶胶浓度高达

1000cm^{-3}。王珉等[87]的研究结果则表明，直径小于 2.5μm 的细粒子占气溶胶粒子的一半以上。

雾霾天气的高发，对激光通信等领域产生了严重的影响，因此对其辐射传输特性的研究就显得尤为重要。胡向峰等[88]对 2009 年河北中南部雾霾天气的气溶胶粒子浓度进行了观测，结果显示，雾霾天气近地面气溶胶浓度为 1000～6000cm^{-3}，且气溶胶粒子浓度随海拔升高而降低，气溶胶粒子尺度基本呈单峰正态分布。雷丽芝[89]对多次雾霾天气颗粒物浓度和组分变化情况进行了统计研究，提出了更具普遍性的雾霾辐射传输模型，计算出红外波段光波入射后其散射和消光特性的变化情况，并进一步推导出透过率和衰减系数的变化规律。王奎[90]基于辐射传输方程，通过比对北京地区夜间雾霾变化情况，给出了用于监测的夜间雾霾模型，并对其光学厚度、气溶胶粒子浓度等特性进行了计算。由此可见，雾霾天气对激光传输的影响远高于晴朗天气。

本节在粒子和簇团散射特性研究的基础上，利用蒙特卡罗方法模拟光在一定浓度气溶胶粒子中的传输现象，分析不同粒子组成的气溶胶对光透过率和反射率的影响。同时，考虑到纵向海拔高度不同，气溶胶粒子浓度也有所区别，故引入斜程传输的概念，研究光从不同角度入射对其传输特性的影响，为激光辐射传输领域的研究提供支持。

4.5.1　气溶胶的粒径分布模型

在研究了单个粒子散射特性的基础上，引入微积分的概念就可以对某一足够小体积区间中指定数量粒子组成的粒子群散射特性进行类推，进而得到可以表征该粒子群的散射参量。

首先，对这一足够小体积区间进行定义。设其中心坐标为 D，边长为 $\mathrm{d}D$，则该区间可以表示为（$D-\mathrm{d}D/2$，$D+\mathrm{d}D/2$），单位是微米（μm）。引入 n（D）表示粒子的尺度分布，其可以定义为

$$n(D)=\frac{\mathrm{d}N}{\mathrm{d}D}=\frac{1}{D\cdot\ln 10}\cdot\frac{\mathrm{d}N}{\mathrm{d}\lg D} \tag{4.46}$$

式中，N 为气溶胶粒子数。

关于粒径的尺度分布，根据不同的粒径范围，学者提出了符合实际分布的各种模型。针对半径为 1μm 左右的气溶胶粒子，Junge 提出了经典的荣格幂函数分布，其基本思想是对粒径区间进行划分，将划分后每个区间内所有粒子的体积和定义为一个常数 b，这样就可以用幂函数的形式来定义尺度分布。其表达式为

$$\frac{\mathrm{d}N}{\mathrm{d}\lg r}=N_0\cdot r^{-b} \tag{4.47}$$

其中，r 是体积区间的半径；N_0 是气溶胶粒子数最大值。

云雾中富含大量水滴、冰核和灰尘等较大的颗粒物，一般粒子半径为几十到几百微米，为了描述其粒径分布情况，科学家引入了统计学的伽马分布模型，具体公式为

$$\frac{\mathrm{d}N}{\mathrm{dlg}r}=N_0\cdot r^{c+1}\cdot\exp(-d\cdot r^e) \tag{4.48}$$

式中，c、d、e 是粒径伽马分布三个参量。

由于粒子的尺寸较小（10^{-6}m 量级），因此常常用对数的形式加以表示，科学家引入正态分布，使粒径的对数服从其分布规律，定义了对数正态分布模型，其表达式为

$$\frac{\mathrm{d}N}{\mathrm{dlg}D}=\sum_{i=1}^{2}\frac{N}{\sqrt{2\pi}\cdot\lg\sigma_i}\cdot\exp\left[-\frac{1}{2}\cdot\left(\frac{\lg D-\lg D_{n,i}}{\lg\sigma_i}\right)^2\right] \tag{4.49}$$

其中，σ_i 为正态分布的标准差；对数正态分布的典型参数 $D_{n,i}=23.5\pm3.2$（大液滴模式）。本节采用这种分布函数模型。

给出了粒子群的分布函数模型，就可以通过组成该群的粒子的散射系数推导出整个粒子群的散射系数，称之为体散射系数。这里采用的主要是加权平均的方法，先将每个粒子的散射参量乘以其在粒子群中所占的比例再进行相加，就可以得到相应的系数，其中体散射系数和体吸收系数可以表示为

$$\langle\beta_{\mathrm{sca}}\rangle=\int_0^\infty C_{\mathrm{sca}}(x,D')\cdot\frac{\mathrm{d}N}{\mathrm{dlg}D}(D')\mathrm{d}\lg D' \tag{4.50}$$

$$\langle\beta_{\mathrm{abs}}\rangle=\int_0^\infty C_{\mathrm{abs}}(x,D')\cdot\frac{\mathrm{d}N}{\mathrm{dlg}D}(D')\mathrm{d}\lg D' \tag{4.51}$$

其中，x 是尺度参数；D' 由粒子群平均半径 r_{c} 给定。

4.5.2　蒙特卡罗方法求解辐射传输方程

辐射传输方程是包含光在介质中传输时能量传输过程、特性和规律的方程。研究光在雾霾中的辐射传输方程，实际上是研究光子和雾霾粒子碰撞后光子数量的动态变化情况。

如果忽略光源发射光子和光子多次散射对光束辐亮度的影响，则由比尔定律可以得到传输距离为 s 时，辐亮度 $I_\lambda(s)$ 和初始辐亮度 $I_\lambda(O)$ 的关系为

$$I_\lambda(s)=I_\lambda(O)\cdot\exp\left[-\int\beta_{\mathrm{ext}}\mathrm{d}s'\right] \tag{4.52}$$

这里设光的入射方向和介质法线的夹角为 0°，入射光方向如图 4.60 所示，考虑夹角情况，竖直方向分量 dz 可以表示为

$$\mathrm{d}z=\cos\theta\mathrm{d}s=\mu\mathrm{d}s \tag{4.53}$$

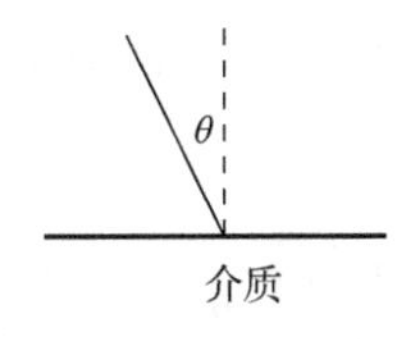

图 4.60　入射光方向示意图

首先对三维空间立方体元 d^6n 中的光子数变化情况进行研究，其中 6 表示坐标系三维、与 z 轴夹角 θ 、与 x 轴夹角 φ 和入射波长 λ ；n 表示光子数。影响该立方体元中光子数的因素：吸收作用造成的光子减少，散射作用造成的光子流失，光子定向流动造成的数量变化，以及因多次散射作用而增加的光子数。

针对吸收作用对光子数的影响，将体吸收系数 β_{abs} 设为定值，引入光谱吸收的光学厚度：

$$\tau_{abs} = -\beta_{abs} ds \tag{4.54}$$

光子随时间的变化可以表示为

$$\frac{d\tau_{abs}}{dt} = -\beta_{abs} \cdot c \tag{4.55}$$

其中，c 表示光速。

针对一次散射造成的光子流失，同样可以定义光谱散射光学厚度 τ_{sca} ，则可以得到：

$$\frac{d\tau_{sca}}{dt} = -\beta_{sca} \cdot c \tag{4.56}$$

分析光子定向流动对光子数量的影响，需要考虑流出光子和流入光子的差值，如果设光子在介质法线方向的流速为 $c \cdot s$ ，则光子的变化量可以表示为

$$(d^6n)_{a,z} = -\frac{\partial}{\partial z}(c \cdot s \cdot \xi_\lambda) d^3V d^2\Omega d\lambda \tag{4.57}$$

其中，s 为介质法线方向；V 为体积；ξ_λ 是光谱光子密度。

最后，分析多次散射对立方体元中光子数的贡献，这里需要分析所有其他方向的粒子，通过散射相函数计算其散射到该区域和方向的概率，可以表示为

$$F = \int \frac{P(r, E, \Omega, \hat{s}', \hat{s})}{4\pi} \tag{4.58}$$

其中，$\hat{s}'$ 是其他方向的光子；$\hat{s}$ 是目标方向的光子；$P(\cdot)$ 是其他方向的散射相函数，代表其他方向光子被散射到 $\hat{s}$ 方向的概率；r、E 和 Ω 代表粒子的位置坐标、粒子能量和粒子方向。因此，体积元内粒子散射对光子数量增加的贡献可以表示为

$$(d^6n)_d = c \cdot \beta_{sca} \cdot F \cdot \xi_\lambda d\hat{s}' d^3V d^2\Omega d\lambda \tag{4.59}$$

其中，F 是光子散射概念。

综上，将立方体元扩展至整个三维介质空间，可以给出光通量随时间变化的表达式为

$$\frac{1}{c}\cdot\frac{\partial\xi_\lambda}{\partial t}=-\hat{s}\cdot\nabla\xi_\lambda-\beta_{\text{ext}}\cdot\xi_\lambda+\beta_{\text{sca}}F\cdot\xi_\lambda\mathrm{d}\hat{s}'+\frac{1}{c}\cdot j_\lambda \tag{4.60}$$

其中，j_λ 是光源的光子发射系数。引入 φ 函数表示通量，式（4.60）可以简化为

$$\varphi(r,E,\Omega)=-\hat{s}\cdot\nabla\xi_\lambda-\beta_{\text{ext}}\cdot\xi_\lambda+\beta_{\text{sca}}F\cdot\xi_\lambda\mathrm{d}\hat{s}'+\frac{1}{c}\cdot j_\lambda \tag{4.61}$$

这里仅对标准辐射传输方程进行推导，没有进一步计算漫反射等因素对辐射传输的影响。式（4.61）所示方程形式虽然并不复杂，但是由于散射表达的多样性，考虑因素较多，可扩展性强，在多个领域都有广泛的应用。

辐射传输方程由于涉及粒子数多，变化复杂，因此没有办法得到其精确解析解，一般只能通过数值解或近似方法给出结果。常用的求解方法有勒让德展开相函数法、傅里叶展开法、累加-倍加法、逐次散射法、离散纵坐标法、球谐函数法和蒙特卡罗方法等。本小节选择蒙特卡罗方法近似模拟粒子传输过程，得到其透过率和反射率等参量，下面对该方法进行简单介绍和推导。

蒙特卡罗方法是一种统计学方法，通过建立概率模型进行模拟得到数据结果，因此数据样本越多，结果就越接近实际值，非常适合用于粒子碰撞的研究。一般可以将其分成数学分析和建立概率模型这两步，设入射光沿着 z 轴正方向射入，针对光子在一定浓度粒子组成介质中的运动规律，一般可以用 Fredholm 方程的第二类积分形式进行表示，具体形式为

$$\begin{aligned}\varphi(r,E,\Omega)&=S_\varphi(r,E,\Omega)\\&\quad+\iiint\varphi(r',E',\Omega')\times K_\varphi(r',E',\Omega'\to r,E,\Omega)\mathrm{d}V'\mathrm{d}E'\mathrm{d}\Omega'\end{aligned} \tag{4.62}$$

其中，$\varphi(\cdot)$ 是垂直入射方向上单位面积内粒子的通量；$S_\varphi(\cdot)$ 是光源发射粒子所形成的通量。积分部分计算了单位体积中在 r' 位置处，能量和方向分别为 E' 和 Ω' 的粒子经过碰撞作用后，位置坐标、能量和方向分别变为 r、E 和 Ω 的粒子总数。式（4.62）中，重点需要计算的是 K_φ 函数，它通常被称为核函数，代表粒子多次碰撞的过程。进一步，利用数学中级数展开的方法，就可以得到单次碰撞的积分算子表示，具体步骤可以表示为

$$\begin{aligned}\varphi_m&=S_{\varphi,m}+\iiint\varphi_{m-1}\times K_\varphi((m-1)\to m)\mathrm{d}S_{m-1}\\&=S_{\varphi,m}+\int\cdots\int\varphi_0\times K_\varphi(0\to 1)\cdots K(S_{m-1}\to S_m)\mathrm{d}S_{m-1}\cdots\mathrm{d}S_1\mathrm{d}S_0\end{aligned} \tag{4.63}$$

其中，为了简化表达式，用 m 代表粒子的 r、E 和 Ω 三个参量；$\mathrm{d}S$ 代表 $\mathrm{d}V'\mathrm{d}E'\mathrm{d}\Omega'$。式（4.63）中，将碰撞过程的积分进行了展开，每一次积分代表光子与介质中粒子进行一次碰撞的过程，计算机就是对大量光子的初始通量状态 φ_0 逐次进行积分，得到其最终的碰撞后通量 φ_m。因此，下一步就需要将上述过程转化为概率模型。将光子从 (r',E',Ω') 转换到 (r,E,Ω) 的过程定义为一次随机事件，则整个过程的概率公式可以表示为

$$P(r,E,\Omega)=\sum_{m=0}^{\infty}P_m(r,E,\Omega) \tag{4.64}$$

其中，$P_m(\cdot)$ 表示光子从前一个状态经碰撞过程转换到下一个状态的概率，它对应上述核函数。为了描述光子碰撞过程中的存活概率，引入 η 函数：

$$\eta(x)=\begin{cases}1, & x>0\\ 0, & x\leqslant 0\end{cases} \tag{4.65}$$

利用计算机模拟生成一串均匀分布在 $(0,1)$ 的伪随机数 $\xi_0,\xi_1,\cdots,\xi_m$，则光子的存活概率可以表示为 $\eta(\varpi-\xi_l)$。其中，ϖ 是碰撞粒子的单次散射反照率，取值为 $(0,1)$。显然，当随机数大于单次散射反照率时，则光子湮灭，反之光子存活。因此，单次散射反照率势必会对光的透过率产生一定影响。通过式（4.65）可以将核函数转化成基本概率模型，如果光子经过碰撞后离开了介质层，就会被统计为反射的光子。由此，可以给出透射率和反射率的概率结果，其表达式为

$$P_{\mathrm{t}}=\sum_{m=0}^{\infty}\eta(z_m-h)\prod_{l=1}^{m}\eta(\varpi-\xi_l)\eta(h-z_l)\eta(z_l) \tag{4.66}$$

$$P_{\mathrm{r}}=\sum_{m=0}^{\infty}\eta(0-z_{m+1})\prod_{l=1}^{m}\eta(\varpi-\xi_l)\eta(h-z_l)\eta(z_l) \tag{4.67}$$

式中，h 为距离概率参数。

方程（4.67）给出了单个光子经过碰撞作用对透过率和反射率的贡献，在一般应用中需要计算大量（N 个）光子的平均透过率和平均反射率，则需要计算每个光子的透过率和反射率，并进行算术平均。一般低能见度雾霾中气溶胶粒子浓度在 $5\times10^3\mathrm{cm}^{-3}$ 左右，庞大的粒子基数保证了蒙特卡罗方法的正确性，但同时需要大量的计算资源作为支持。

此外，还需要确定光子每次碰撞的方向和位置。首先，确定光子散射前后坐标系 $OX_1Y_1Z_1$ 和 $OX_2Y_2Z_2$ 之间的关系，两坐标系的位置关系如图 4.61 所示。若给定一个单位向量 $\boldsymbol{b}$，其可以被表示为

$$\begin{aligned}\boldsymbol{b}&=b_{1,1}\cdot\hat{X}_1+b_{1,2}\cdot\hat{Y}_1+b_{1,3}\cdot\hat{Z}_1\\&=b_{2,1}\cdot\hat{X}_2+b_{2,2}\cdot\hat{Y}_2+b_{2,3}\cdot\hat{Z}_2\end{aligned} \tag{4.68}$$

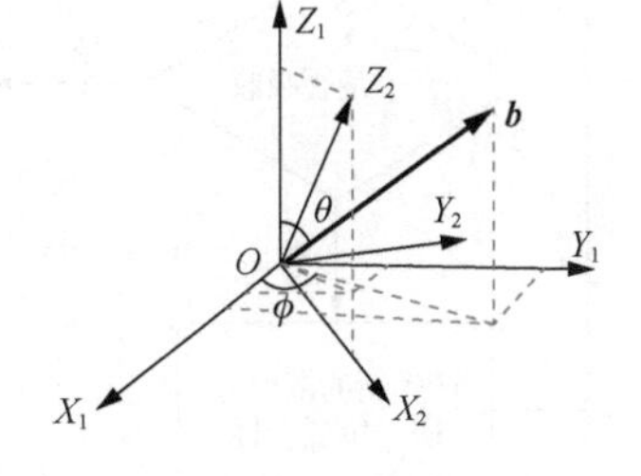

图 4.61　两坐标系的位置关系示意图

如图 4.61 所示，向量 $\boldsymbol{b}$ 在 $OX_1Y_1Z_1$ 中 X_1OY_1 平面上投影与 X_1 轴的夹角为 ϕ，向量 $\boldsymbol{b}$ 与 Z_1 轴的夹角为 θ。因此，向量 $\boldsymbol{b}$ 在两坐标系的各方向分量可以用角度表示为

$$\begin{cases}b_{1,1}=b_{2,1}\sin\phi+b_{2,2}\cos\theta+b_{2,3}\cos\phi\theta\\ b_{1,2}=-b_{2,1}\cos\phi+b_{2,2}\sin\phi\cos\theta+b_{2,3}\sin\phi\sin\theta\\ b_{1,3}=-b_{2,2}\sin\theta+b_{2,3}\cos\theta\end{cases} \tag{4.69}$$

方程（4.69）表示一次碰撞后光子的位置变换规律，不断重复上述步骤，就可以实现对光子位置和方向的追踪。

综上，蒙特卡罗方法主要通过随机数和碰撞粒子的光学性质来确定光子碰撞后的状态。传统蒙特卡罗方法处理多种物质组分雾霾时，通常将物质组分进行分层，使光子先穿过一种介质，再继续穿过下一种介质，或者直接利用公式将所有种类的介质按其所占比例处理为一种介质，再进行计算。这两种方案与实际大气情况存在一定的差异，为了更好地符合实际大气情况，本章建立了多种物质粒子、簇团光学参量的数据库，在每一次光子即将碰撞粒子时，利用随机函数从数据库中调取需要的粒子散射参量，将其赋值给该粒子，这样就可以实现多种粒子的随机组合，增加了雾霾模型的混乱度，更符合实际大气情况。改进蒙特卡罗方法流程如图 4.62 所示。

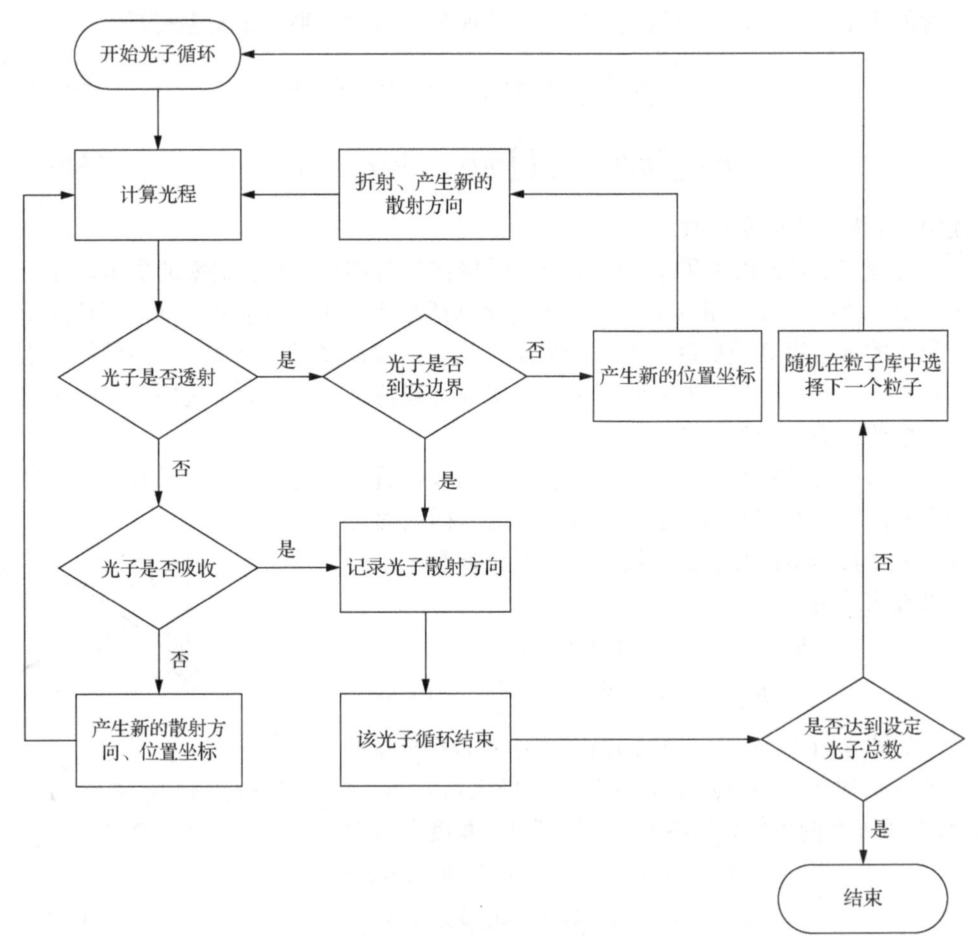

图 4.62　改进蒙特卡罗方法流程

4.5.3 激光在雾霾中的斜程传输

通常，在研究光的辐射传输时，都默认为水平传输，即大气中的粒子浓度均匀，且不随传输距离的变化而发生改变。然而，在实际应用中，由于地球重力、太阳辐射和大气循环等因素的共同作用，大气中的粒子浓度在垂直方向上有较大的差异，存在分层现象，因此需要研究光的不同入射角度对其透过率的影响情况。

激光的传输一般在对流层和平流层中进行，其中对流层由于工业活动排放了大量气溶胶粒子，是雾霾聚集的主要区域。因此，研究重点就集中在对流层区域。秦艳等[91]分析了华北地区对流层气溶胶的浓度和粒径分布情况，结果表明气溶胶的浓度随着高度上升不断降低，且簇团等大体积和大质量的气溶胶粒子多集中在 2km 高度以下，高于 2km 的位置球形气溶胶占据主要部分。孙玉稳等[92]利用高空气溶胶探测资料，对大气气溶胶浓度和粒径的垂直海拔分布情况进行了总结，并通过多阶 τ 函数进行拟合。结果表明，随着海拔的升高，气溶胶浓度急速下降，粒径也有明显减小。宋正方[93]进一步提出低空环境下气溶胶分布可以用指数形式进行模拟，具体公式可以表示为

$$N(h) = N(0) \cdot \mathrm{e}^{-\frac{h}{H_0}} \tag{4.70}$$

其中，$N(h)$ 是某一高度 h 处气溶胶浓度；H_0 是气溶胶标高，表示气溶胶浓度分布均匀、不随高度改变时的等效厚度，是反映气溶胶分布的基本参数。H_0 主要是由大气能见度决定的，雾霾天气时，大气能见度一般在 2km 左右，此时 H_0 约为 840m，下述讨论均在此能见度下进行。

同理，气溶胶粒子的散射系数也可以用相同的指数形式表示，当气溶胶标高一致时，散射系数可以仅表示为高度的函数。因此，水平传输的折射率可以通过指数形式转换成以一定角度 θ 入射的斜程传输透过率，具体公式为

$$t = t_{\mathrm{hor}}^{(1-\exp(-h/H_0))\cdot H_0/h} \tag{4.71}$$

其中，t_{hor} 是光沿水平方向传播某一距离 L 时的透过率，通过蒙特卡罗方法进行求解计算；h 是光传播到当前位置的高度，可以表示为 $L\cdot\sin\theta$。通过式（4.71）就可以将水平透过率转换成考虑气溶胶垂直分布的斜程传输透过率。

4.5.4 不同浓度及组分雾霾激光传输

首先，分析光穿过一定浓度雾霾的辐射传输特性受粒子种类的影响情况。设雾霾粒子浓度为 5000cm^{-3}，粒径符合正态分布，其中众数半径为 1μm（下面的计算均按照该数值设置模型）。

可以利用等效介质理论将簇团等效为球体进行计算。该理论表明簇团的单个粒子直径 d_p 和等效球粒子直径 d_e 的关系为

$$d_e = (6N/\pi)^{1/3} d_p \tag{4.72}$$

其中，N 是簇团粒子数目。也就是，100 个半径为 0.1μm 粒子组成的簇团，其等效球半径约为 0.576μm。同时，等效折射率 m_e 可以表示为

$$(m_e^2 - 1)/(m_e^2 + 2) = (\pi/6)(m^2 - 1)/(m^2 + 2) \tag{4.73}$$

其中，m 是粒子的复折射率。

设雾霾由水雾粒子、硫酸铵粒子和碳溶胶粒子组成，其中，水雾粒子占总粒子数的 50%，硫酸铵粒子和碳溶胶粒子的含量比分别取 4∶1、1∶1、1∶4，图 4.63 是不同气溶胶粒子含量比下光的透过率和反射率变化。可以看出，随着碳溶胶粒子在雾霾中占比的上升，光的透过率和反射率均有明显的下降，这是由于碳溶胶粒子复折射率虚部较大，吸收作用较强，因此光子与其碰撞被吸收的概率增加，透射和反射的光子就会减少。这表明，雾霾中复折射率虚部较大的介质是影响光辐射传输特性的主要因素。

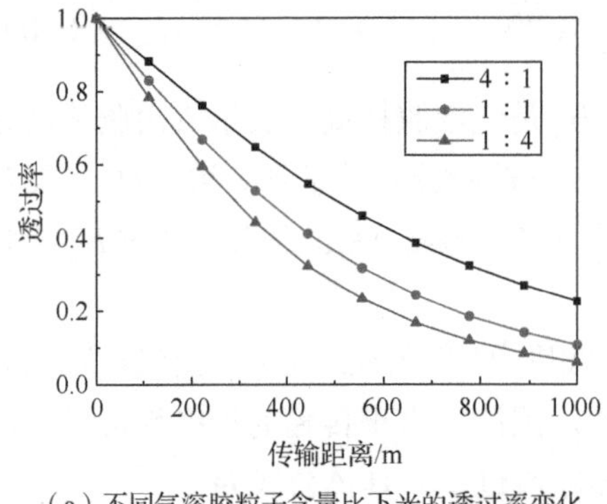

（a）不同气溶胶粒子含量比下光的透过率变化

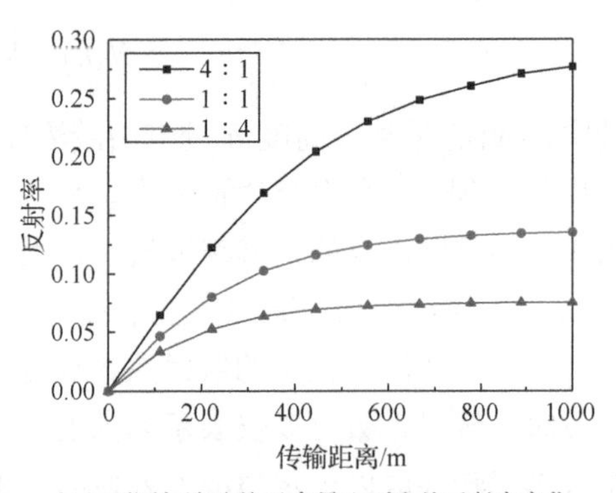

（b）不同气溶胶粒子含量比下光的反射率变化

图 4.63　不同气溶胶粒子含量比下光的透过率和反射率变化

不同的入射波长必然会对光的辐射传输特性产生影响，为了研究其机理，选取入射波长为 0.55μm、1.06μm 和 1.55μm 的光波，入射到球形硫酸铵粒子组成的雾霾中。其中硫酸铵在三种入射波长下的复折射率分别为 $m_{0.55} = 1.52 + i10^{-7}$、$m_{1.06} = 1.518 + i10^{-6}$ 和 $m_{1.55} = 1.516 + i10^{-6}$。图 4.64 是不同入射波长下透过率和反射率变化，可以看出，透过率随着入射波长的增加而减小，且减小的速度逐渐变慢。然而，入射波长越长，反射率就越大。

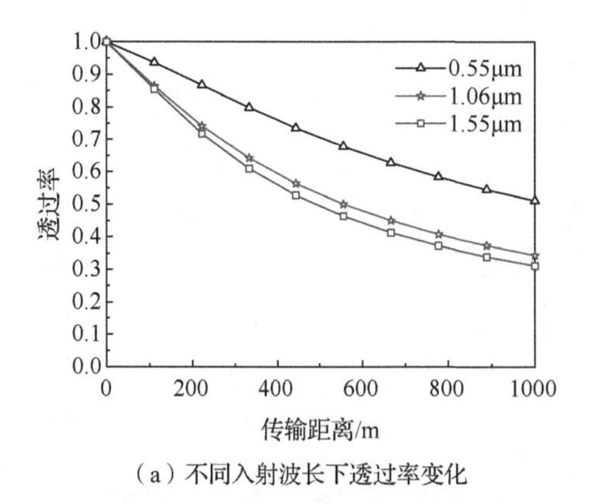

（a）不同入射波长下透过率变化

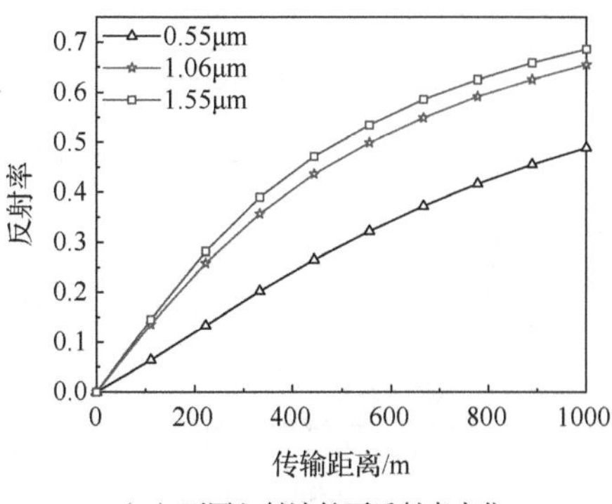

（b）不同入射波长下反射率变化

图 4.64　不同入射波长下透过率和反射率变化

对多径簇团组成的雾霾组分进行研究，图 4.65 是多径簇团模型，图（a）、（b）分别是 50 个和 100 个粒子组成的多径簇团模型，其中众数半径为 1μm。选取碳溶胶作为介质，研究入射波长为 0.55μm、1.06μm 和 1.55μm 时透过率和反射率随传输距离的变化情况，多径簇团介质光的透过率和反射率变化如图 4.66 所示。可以看出，随着入射波长的增加，透过率和反射率都有所增加，其中反射率增加较为明显。纵向对比两种簇团，粒子数的增加使其反射率显著降低。

（a）50 个粒子多径簇团模型

（b）100 个粒子多径簇团模型

图 4.65　不同粒子数多径簇团模型

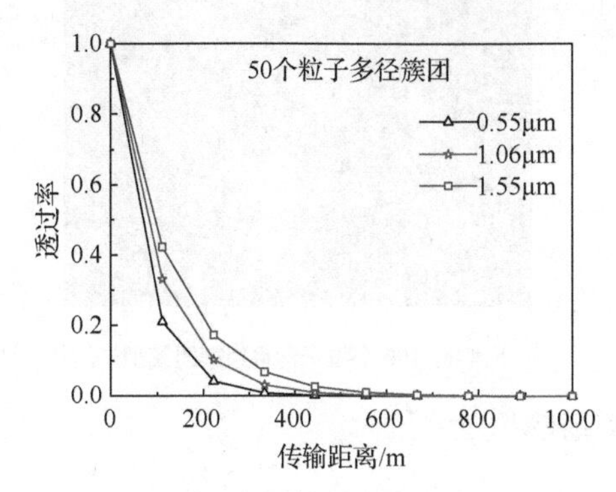

（a）50个粒子多径簇团介质光的透过率变化

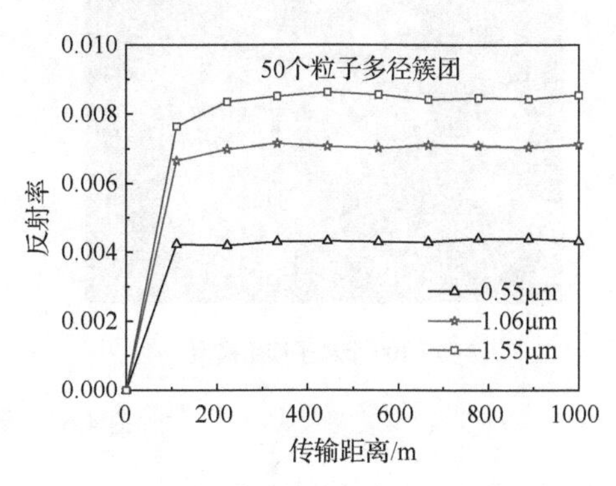

（b）50个粒子多径簇团介质光的反射率变化

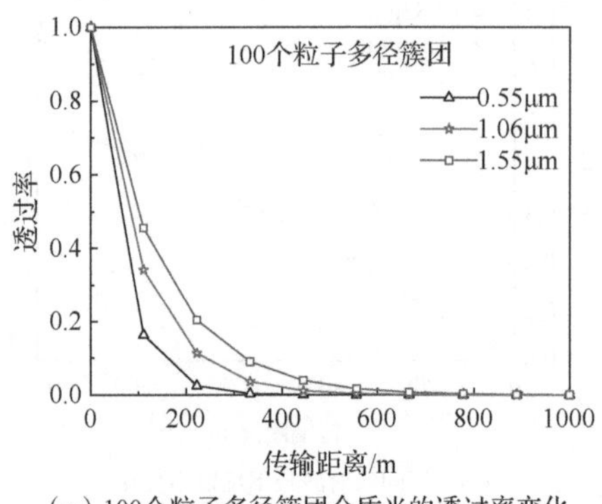

（c）100个粒子多径簇团介质光的透过率变化

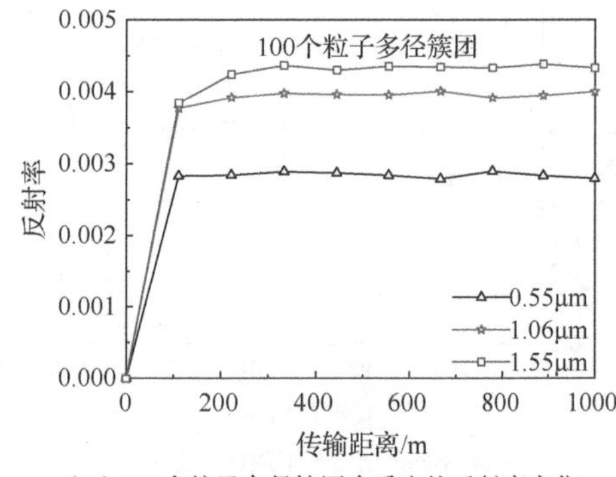

（d）100个粒子多径簇团介质光的反射率变化

图 4.66　多径簇团介质光的透过率和反射率变化

为了分析不同粒子结构对光辐射传输特性的影响，选取组分为碳溶胶，并分别选取球形粒子、100 个粒子组成的簇团和 100 个粒子组成的含水层簇团（内核半径和含水层厚度比为 2∶1）这三种结构进行研究，簇团模型如图 4.67 所示。其中，后两种簇团结构中代入第 3 章的平均参数，即选取 10 个空间取向计算得到的平均光学截面、平均不对称因子和平均单次散射反照率等。图 4.68 是不同粒子结构对透过率和反射率的影响，可以看出，两种簇团结构的透过率基本一致，都明显小于球形粒子组成的雾霾组分，这是因为簇团结构复杂，对光的散射和吸收能力较强。反射率方面，球形粒子的数值略高于普通簇团结构，二者差异不大，含水层簇团的反射率明显高于前两者，这是因为含水层簇团中含有水分，其吸收作用较弱，反射作用较强，说明介质对反射率的影响十分显著。

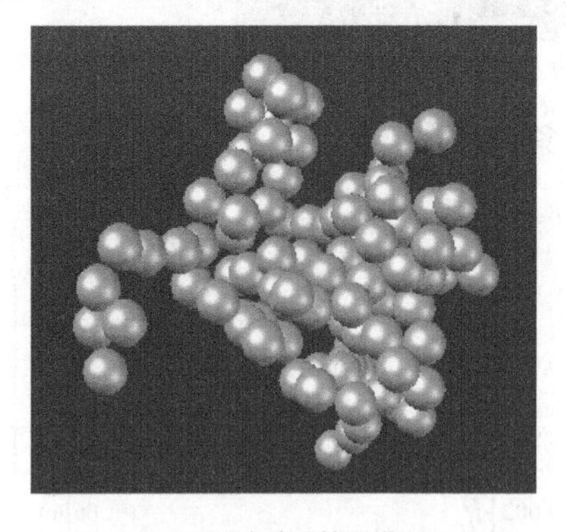

（a）100 个粒子簇团模型

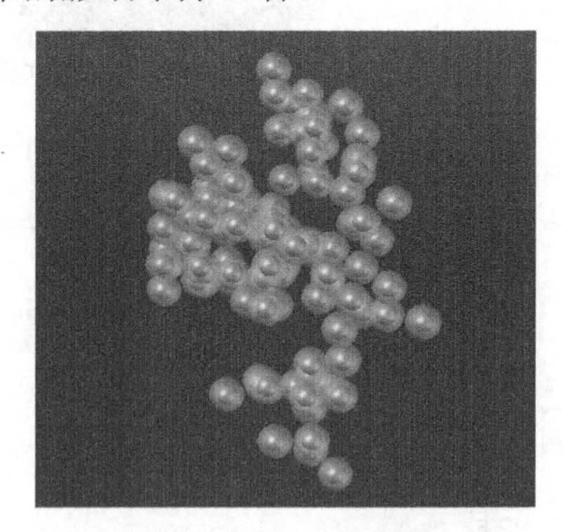

（b）100 个粒子含水层簇团模型

图 4.67　簇团模型

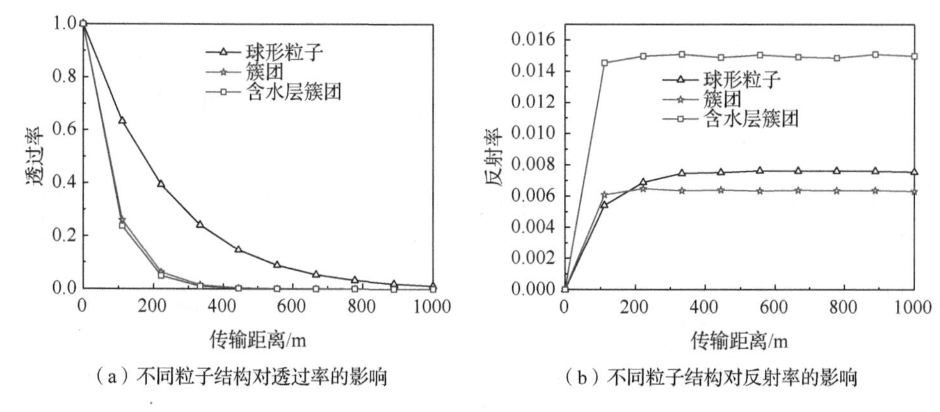

（a）不同粒子结构对透过率的影响　　（b）不同粒子结构对反射率的影响

图 4.68　不同粒子结构对透过率和反射率的影响

研究三种含水层厚度不同的含水层簇团组成雾霾的光传输特性，其内核半径和含水层厚度的比分别为 4∶1、2∶1 和 1∶1，粒子数为 100 个。图 4.69 是不同含水层厚度簇团光的透过率和反射率变化，可以看出，含水层越厚，光的透过率就越高，但增加幅度不大，基本都在 400m 左右减小为 0。反射率受含水层厚度的影响比较显著，含水层越厚，反射率就越高，这是由水的含量逐渐增加所致，可见介质种类的微小变动就会对反射率产生巨大的影响。

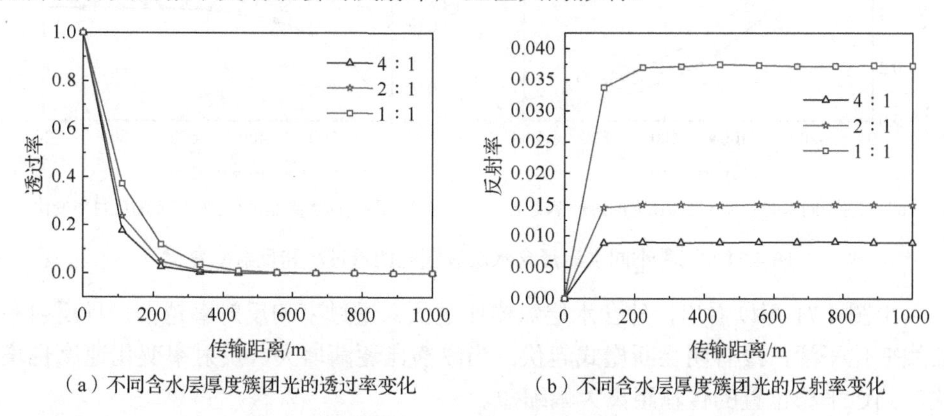

（a）不同含水层厚度簇团光的透过率变化　　（b）不同含水层厚度簇团光的反射率变化

图 4.69　不同含水层厚度簇团光的透过率和反射率变化

针对图 4.43 中两种介质混合方式的簇团所形成的一定浓度雾霾结构特性进行研究，图 4.70 是不同混合方式簇团光的透过率和反射率变化，其中，簇团含 100 个粒子，硫酸铵、硝酸铵和碳溶胶三种物质以含量比 1∶1∶1 混合而成。从图 4.70 可以看出，单一混合和多混合对簇团光的透过率基本没有影响。单一混合簇团光的反射率明显大于多混合簇团，这是因为两簇团物质的种类和含量一致，结果表明，不同混合方式对光的反射率有较大的影响。

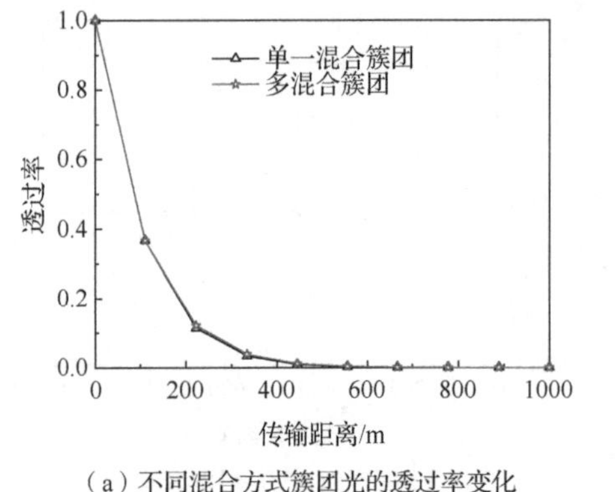

(a) 不同混合方式簇团光的透过率变化

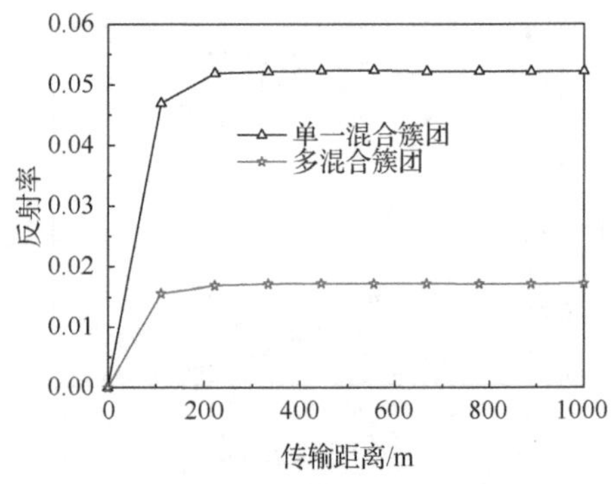

(b) 不同混合方式簇团光的反射率变化

图 4.70　不同混合方式簇团光的透过率和反射率变化

分析第 3 章中纵横比分别为 30∶17、30∶23 和 30∶28 的三种水滴形含水层簇团，图 4.71 是三种不同水滴形含水层簇团光的透过率和反射率变化。

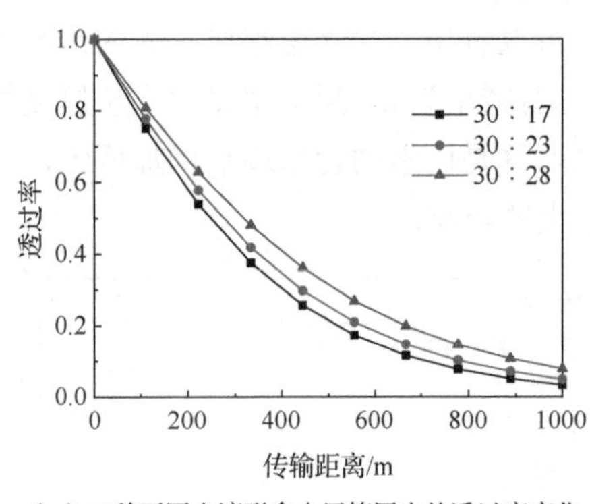

(a) 三种不同水滴形含水层簇团光的透过率变化

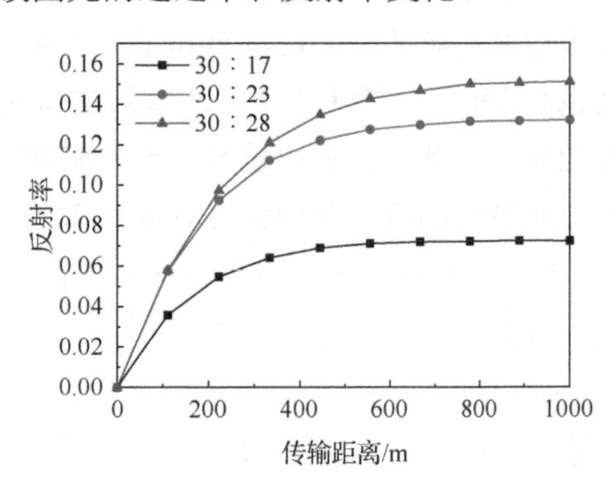

(b) 三种不同水滴形含水层簇团光的反射率变化

图 4.71　三种不同水滴形含水层簇团光的透过率和反射率变化

由图 4.71 可以看出，外含水层纵横比越大，透过率和反射率越小，且反射率曲线变化平滑，没有明显断崖式起伏。当纵横比逐渐增大，反射率变化速度也增快，到达平稳位置的传输距离大幅缩短。

最后，分析入射角 θ 不同时光的透过率变化情况，图 4.72 是光线入射雾霾介质示意图。图 4.73 是不同粒子组成的雾霾不同入射角下光的透过率，图 4.73（a）是混合粒子组成的雾霾不同入射角下光的透过率，其中水含量为 50%，硫酸铵含量为 25%，碳溶胶含量为 25%，图 4.73（b）是碳溶胶粒子簇团形成的雾霾不同入射角下光的透过率。可以看出，当 θ 增大时，入射光线与水平方向的夹角增大，透过率也有所增加，图 4.73（a）中增加明显，图 4.73（b）中有少许提升。这是因为气溶胶粒子在纵向呈指数分布，高度越高，粒子数越小，透过率也会增加。当入射角达到最大的 90° 时，光线沿垂直方向传输，透过率达到最大值。

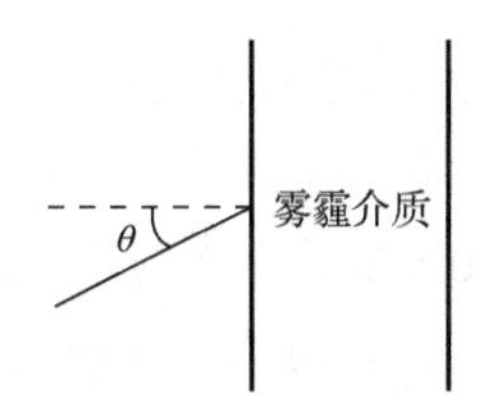

图 4.72　光线入射雾霾介质示意图

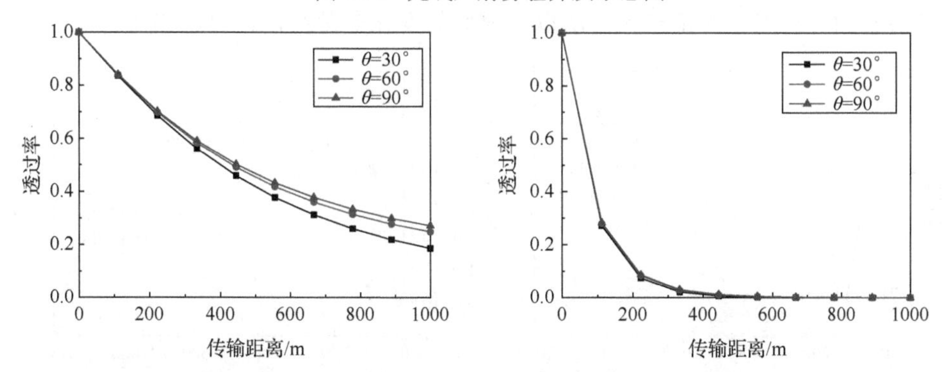

（a）混合粒子组成的雾霾不同入射角下光的透过率　（b）碳溶胶粒子簇团形成的雾霾不同入射角下光的透过率

图 4.73　不同粒子组成的雾霾不同入射角下光的透过率

为了进一步分析入射角的影响，选取图 4.73（a）所示雾霾分布情况进行研究。当传输距离固定为 1000m 时，图 4.74 给出了不同入射角下光的透过率变化。可以看出，透过率随入射角增加而增加，在 60° 后增速放缓，90° 时透过率达到最大。

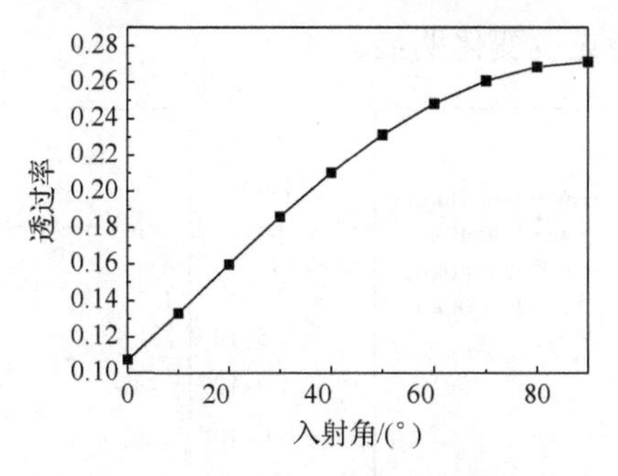

图 4.74　不同入射角下光的透过率变化

4.5.5　不同能见度光在雾霾中的辐射传输计算

能见度是衡量空气质量的重要指标，大气气溶胶粒子的种类和散射特性对其有很大的影响。根据拉姆伯特定律，大气能见度 V 和气溶胶粒子平均消光系数 σ 的关系可以表示为

$$V = -\frac{\ln \varepsilon}{\sigma} = \frac{3.192}{\sigma}(\text{km}) \tag{4.74}$$

其中，ε是视觉对比感阈，在大气环境科学中，一般取$\varepsilon=0.02$。在雾霾天气，一般能见度$V\leqslant 1\text{km}$，上述计算的各种雾霾介质均符合该条件。

首先，讨论不同能见度下0.55μm光入射多径簇团（众数半径1μm）等效介质时的透过率和反射率变化情况，介质选择碳溶胶。图4.75是不同能见度多径簇团光的透过率和反射率变化，从图4.75可以看到，能见度越高，透过率越大。因为碳溶胶的复折射率虚部较大，所以反射率的变化非常小，可以忽略不计。

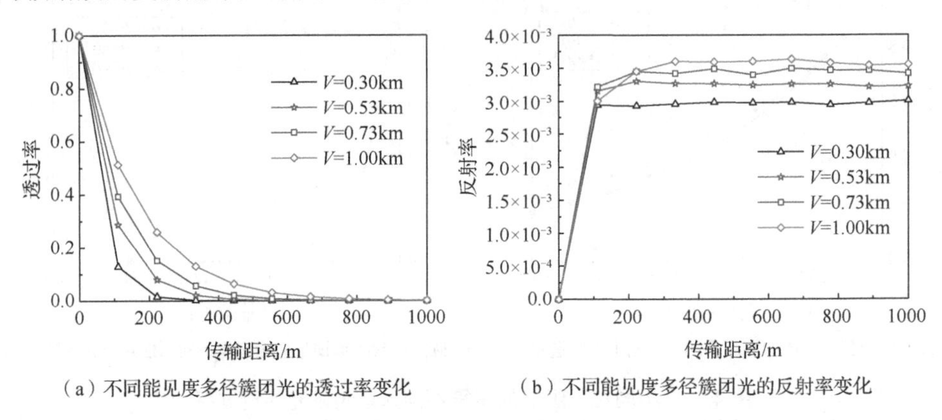

（a）不同能见度多径簇团光的透过率变化　　（b）不同能见度多径簇团光的反射率变化

图4.75　不同能见度多径簇团光的透过率和反射率变化

其次，对0.55μm光入射100个粒子组成的硫酸铵和碳溶胶含量比为1∶1的簇团等效介质进行研究。图4.76是不同能见度混合簇团光的透过率和反射率变化，可以看出，透过率随能见度变化明显。

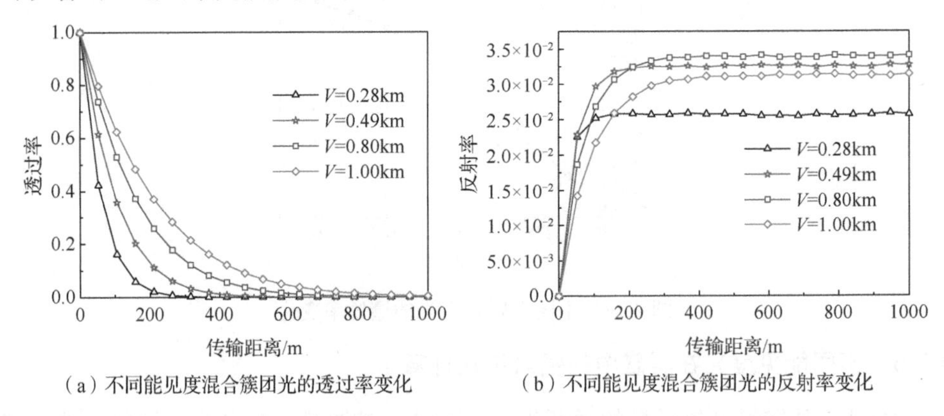

（a）不同能见度混合簇团光的透过率变化　　（b）不同能见度混合簇团光的反射率变化

图4.76　不同能见度混合簇团光的透过率和反射率变化

最后，对光入射100个含水层粒子（内外半径比为1∶2）组成的簇团等效介质进行研究，分别选取碳溶胶和硫酸铵作为内核。图4.77是不同能见度含水层簇团光的透过率和反射率变化。比较图4.77（a）和图4.77（c）可以看出，能见度接近时，硫酸铵含水层簇团光的透过率明显大于碳溶胶含水层簇团。反射率方面，能见度越高，硫酸铵含水层簇团光的反射率越小。

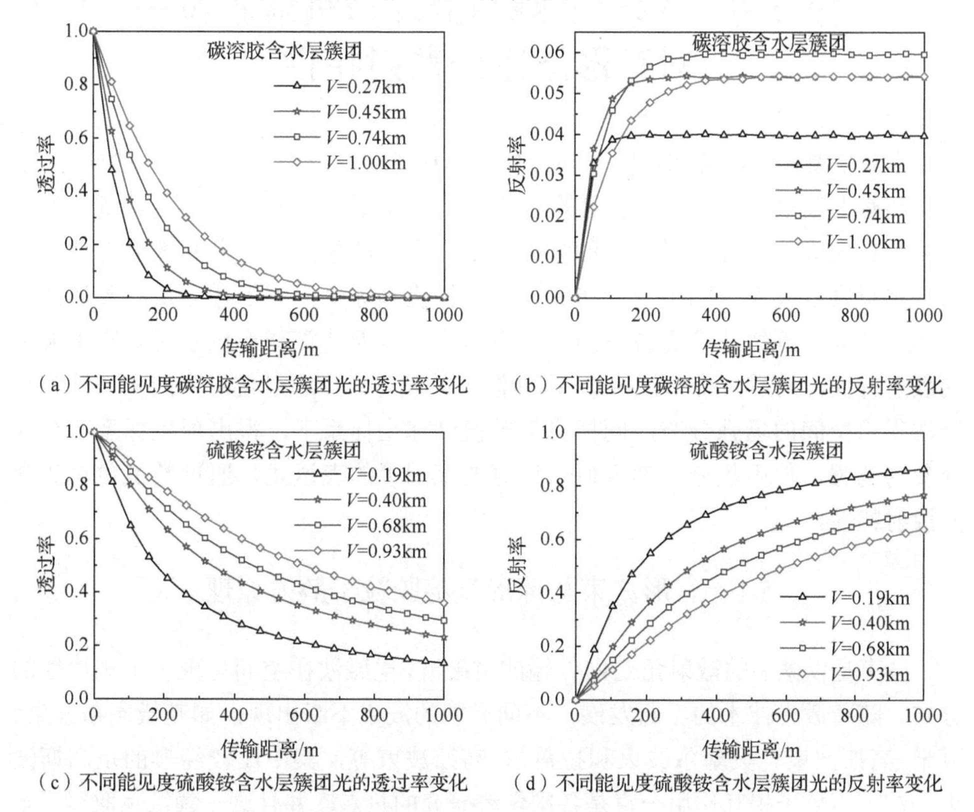

（a）不同能见度碳溶胶含水层簇团光的透过率变化　（b）不同能见度碳溶胶含水层簇团光的反射率变化

（c）不同能见度硫酸铵含水层簇团光的透过率变化　（d）不同能见度硫酸铵含水层簇团光的反射率变化

图 4.77　不同能见度含水层簇团光的透过率和反射率变化

综上可知，在多种簇团等效介质中，能见度越高，光的透过率越高。有碳溶胶存在的簇团等效介质中，反射率较小。在硫酸铵等物质组成的簇团等效介质中，反射率随能见度的增加而减小。

第5章　单个雾霾组分球形气溶胶粒子对有形波束的散射特性

本章主要介绍均匀球形粒子和分层球形粒子对有形波束散射特性的计算。首先介绍有形波束与球形粒子散射的广义洛伦茨-米氏理论原理，使用区域近似法计算高斯波束与球形粒子散射的波束因子，通过波束因子计算其散射特性。其次，将贝塞尔波束空间中场分布的表达式转换到球坐标系下各分量的表达式，使用积分局部近似法计算波束因子的表达式，从而计算球形粒子对贝塞尔波束的散射特性。最后，给出拉盖尔-高斯波束的表达式，通过使用空间角谱法和积分法得出空间的场强分布，同样将其转换到球坐标系下，得出球坐标系下径向分量的场强，使用积分局部近似法计算波束因子的表达式，通过数值仿真研究其散射特性。

5.1　有形波束与球形气溶胶粒子散射原理

波束是以微小的散射角定向传输的电磁波，电磁波在空间呈现一定规律性的分布。随着激光技术的不断发展，不同类型的波束不断出现，如基模高斯波束、厄米-高斯波束、贝塞尔波束和拉盖尔-高斯波束等，其中比较经典的是高斯波束。波束与粒子相互作用一直是各国学者研究的热点，并且这一领域也取得了丰硕的研究成果。下面就 Gouesbet 等[21,22,94]提出的广义洛伦茨-米氏理论原理进行简单的介绍，该理论比较系统地给出了球形粒子对有形波束散射问题的计算方法，也为其他粒子散射特性的计算提供了理论基础和解决思路。

5.1.1　广义洛伦茨-米氏理论原理

图 5.1 为波束与球形粒子散射的几何原理图，取直角坐标系 $O_{\mathrm{G}}uvw$ 为波束坐标系，设有形波束沿 w 轴正方向传播，其中波束中心位于坐标系原点 O_{G}，另取直角坐标系 $O_{\mathrm{P}}xyz$ 为球形粒子所在的坐标系，该坐标系原点为 O_{P} 点，且直角坐标系 $O_{\mathrm{G}}uvw$ 与 $O_{\mathrm{P}}xyz$ 平行，波束中心 O_{G} 在直角坐标系 $O_{\mathrm{P}}xyz$ 中的坐标为 (x_0, y_0, z_0)。Gouesbet 等[21]基于麦克斯韦方程组，利用布罗米奇（Bromwich）标量势在空间范围内对波束的电磁场分量进行了描述，基于电磁场 Bromwich 标量势的特征解获得了电磁场具体数学表达式，其主要的推导过程如下所述[94]。

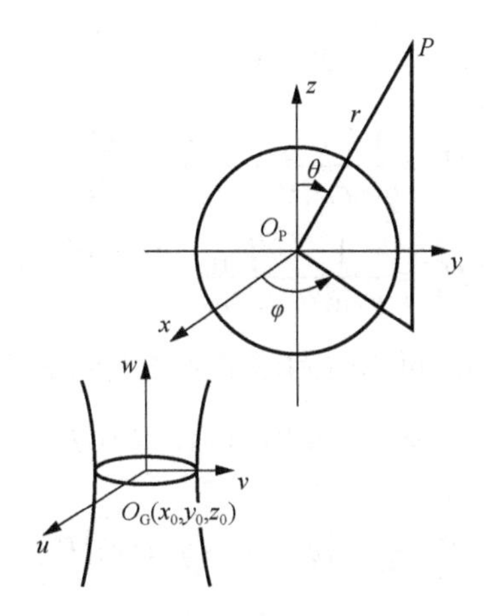

图 5.1　波束与球形粒子散射的几何原理图

由于 Bromwich 标量势 U 满足 Bromwich 方程：

$$\frac{\partial^2 U}{\partial r^2}+k^2U+\frac{1}{r^2\sin\theta}\frac{\partial}{\partial\theta}\sin\theta\frac{\partial U}{\partial\theta}+\frac{1}{r^2\sin^2\theta}\frac{\partial^2 U}{\partial\varphi^2}=0 \tag{5.1}$$

因此入射波束的磁标势 $U_{\mathrm{TM}}^{\mathrm{i}}$ 和电标势 $U_{\mathrm{TE}}^{\mathrm{i}}$ 分别表示为

$$U_{\mathrm{TM}}^{\mathrm{i}}(r,\theta,\varphi)=\frac{E_0}{k}\sum_{n=1}^{\infty}\sum_{m=-n}^{+n}c_n^{p\omega}\ g_{n,\mathrm{TM}}^{m}\ \psi_n(kr)P_n^{|m|}(\cos\theta)\exp(\mathrm{i}m\varphi) \tag{5.2}$$

$$U_{\mathrm{TE}}^{\mathrm{i}}(r,\theta,\varphi)=\frac{H_0}{k}\sum_{n=1}^{\infty}\sum_{m=-n}^{+n}c_n^{p\omega}\ g_{n,\mathrm{TE}}^{m}\ \psi_n(kr)P_n^{|m|}(\cos\theta)\exp(\mathrm{i}m\varphi) \tag{5.3}$$

其中，E_0 和 H_0 是入射波的振幅，其可能包括复数；$\psi_n(kr)$ 是贝塞尔函数；$g_{n,\mathrm{TE}}^{m}$、$g_{n,\mathrm{TM}}^{m}$ 是波束因子，是描述入射波特性的物理量，只与入射波的特性有关系。系数 $c_n^{p\omega}$ 的表达式如下：

$$c_n^{p\omega}=\frac{1}{\mathrm{i}k}(-\mathrm{i})^n\frac{2n+1}{n(n+1)} \tag{5.4}$$

对于波束与球形粒子的计算，最主要的就是如何快速计算出波束因子的值。

根据 Bromwich 标量势 U 可以得出球坐标系（r,θ,φ）下电磁场各个分量的表达式：

$$\begin{cases}E_r=\dfrac{\partial^2 U_{\mathrm{TM}}}{\partial r^2}+k^2U_{\mathrm{TM}}\\[2mm] E_\theta=\dfrac{1}{r}\dfrac{\partial^2 U_{\mathrm{TM}}}{\partial r\partial\theta}-\dfrac{\mathrm{i}\omega\mu}{r\sin\theta}\dfrac{\partial U_{\mathrm{TE}}}{\partial\varphi}\\[2mm] E_\varphi=\dfrac{1}{r\sin\theta}\dfrac{\partial^2 U_{\mathrm{TM}}}{\partial r\partial\varphi}+\dfrac{\mathrm{i}\omega\mu}{r}\dfrac{\partial U_{\mathrm{TE}}}{\partial\theta}\end{cases} \tag{5.5}$$

$$\begin{cases} H_r = \dfrac{\partial^2 U_{\mathrm{TE}}}{\partial r^2} + k^2 U_{\mathrm{TE}} \\ H_\theta = \dfrac{1}{r}\dfrac{\partial^2 U_{\mathrm{TE}}}{\partial r \partial \theta} + \dfrac{\mathrm{i}\omega\varepsilon}{r\sin\theta}\dfrac{\partial U_{\mathrm{TM}}}{\partial \varphi} \\ H_\varphi = \dfrac{1}{r\sin\theta}\dfrac{\partial^2 U_{\mathrm{TE}}}{\partial r \partial \varphi} - \dfrac{\mathrm{i}\omega\mu}{r}\dfrac{\partial U_{\mathrm{TM}}}{\partial \theta} \end{cases} \tag{5.6}$$

由式（5.5）和式（5.6）可以得到球坐标系下电磁场的径向表达式如下：

$$E_r^{\mathrm{i}} = kE_0 \sum_{n=1}^{\infty}\sum_{m=-n}^{+n} c_n^{p\omega}\ g_{n,\mathrm{TM}}^m\ \left[\psi_n''(kr) + \psi_n(kr)\right] P_n^{|m|}(\cos\theta)\exp(\mathrm{i}m\varphi) \tag{5.7}$$

$$H_r^{\mathrm{i}} = kH_0 \sum_{n=1}^{\infty}\sum_{m=-n}^{+n} c_n^{p\omega}\ g_{n,\mathrm{TE}}^m\ \left[\psi_n''(kr) + \psi_n(kr)\right] P_n^{|m|}(\cos\theta)\exp(\mathrm{i}m\varphi) \tag{5.8}$$

与入射场一样，也可以将有形波束散射场的磁标势 $U_{\mathrm{TM}}^{\mathrm{s}}$ 和电标势 $U_{\mathrm{TE}}^{\mathrm{s}}$ 使用下面的表达式表示：

$$U_{\mathrm{TM}}^{\mathrm{s}}(r,\theta,\varphi) = \frac{-E_0}{k}\sum_{n=1}^{\infty}\sum_{m=-n}^{+n} c_n^{p\omega} A_n^m \times \xi_n(kr) P_n^{|m|}(\cos\theta)\exp(\mathrm{i}m\varphi) \tag{5.9}$$

$$U_{\mathrm{TE}}^{\mathrm{s}}(r,\theta,\varphi) = \frac{-H_0}{k}\sum_{n=1}^{\infty}\sum_{m=-n}^{+n} c_n^{p\omega} B_n^m \times \xi_n(kr) P_n^{|m|}(\cos\theta)\exp(\mathrm{i}m\varphi) \tag{5.10}$$

同样，可以根据 Bromwich 标量势 U 得出球坐标系 (r,θ,φ) 下散射电磁场径向分量的表达式：

$$E_r^{\mathrm{s}} = -kE_0 \sum_{n=1}^{\infty}\sum_{m=-n}^{+n} c_n^{p\omega} A_n^m \left[\xi_n''(kr) + \xi_n(kr)\right] P_n^{|m|}(\cos\theta)\exp(\mathrm{i}m\varphi) \tag{5.11}$$

$$H_r^{\mathrm{s}} = -kH_0 \sum_{n=1}^{\infty}\sum_{m=-n}^{+n} c_n^{p\omega} B_n^m \left[\xi_n''(kr) + \xi_n(kr)\right] P_n^{|m|}(\cos\theta)\exp(\mathrm{i}m\varphi) \tag{5.12}$$

其中，A_n^m、B_n^m 为有形波束与球形粒子散射场的散射系数，可通过球形粒子散射的边界条件得到：

$$A_n^m = a_n g_{n,\mathrm{TM}}^m,\quad B_n^m = b_n g_{n,\mathrm{TE}}^m \tag{5.13}$$

其中，a_n、b_n 为广义洛伦茨-米氏理论中的米氏散射系数；$g_{n,\mathrm{TM}}^m$、$g_{n,\mathrm{TE}}^m$ 为入射波束的波束因子，因此有形波束散射场散射系数的计算主要就是波束因子的计算。

通过球形粒子散射的边界条件也可以表达出散射场的强度，下面就远场散射场强度的计算进行简单的介绍。当探测点距散射体的位置较远，即 $r \gg \lambda$ 时，函数 $\xi_n(kr)$ 具有如下的近似表达式：

$$\xi_n(kr) \to \mathrm{i}^{n+1}\exp(-\mathrm{i}kr) \tag{5.14}$$

在该极限近似情况下 $\xi_n''(kr) + \xi_n(kr) = 0$，因此散射场在球坐标系下各分量的表达式如下：

$$E_r = H_r = 0 \tag{5.15}$$

$$E_\theta = \frac{\mathrm{i}E_0}{kr}\exp(-\mathrm{i}kr)\sum_{n=1}^{\infty}\sum_{m=-n}^{+n}\frac{2n+1}{n(n+1)} \times\left[a_n g_{n,\mathrm{TM}}^m \tau_n^{|m|}(\cos\theta) + \mathrm{i}mb_n g_{n,\mathrm{TE}}^m \pi_n^{|m|}(\cos\theta)\right]\exp(\mathrm{i}m\varphi) \tag{5.16}$$

$$E_\varphi = \frac{-E_0}{kr}\exp(-\mathrm{i}kr)\sum_{n=1}^{\infty}\sum_{m=-n}^{+n}\frac{2n+1}{n(n+1)} \times\left[ma_n g_{n,\mathrm{TM}}^m \pi_n^{|m|}(\cos\theta) + \mathrm{i}b_n g_{n,\mathrm{TE}}^m \tau_n^{|m|}(\cos\theta)\right]\exp(\mathrm{i}m\varphi) \tag{5.17}$$

$$H_\varphi = \frac{H_0}{E_0}E_\theta \tag{5.18}$$

$$H_\theta = -\frac{H_0}{E_0}E_\varphi \tag{5.19}$$

因此，远场总散射场强度有 θ 和 φ 两个分量，总散射场 $\left|E^{\mathrm{sca}}\right|^2 = \left|E_\theta^{\mathrm{sca}}\right|^2 + \left|E_\varphi^{\mathrm{sca}}\right|^2$，其散射振幅可以表示为

$$\begin{bmatrix} E_\theta^{\mathrm{sca}} \\ E_\varphi^{\mathrm{sca}} \end{bmatrix} = \frac{E_0\exp(-\mathrm{i}kr)}{kr}\begin{bmatrix} \mathrm{i}S_2 \\ -S_1 \end{bmatrix} \tag{5.20}$$

其中，

$$S_1 = \sum_{n=1}^{\infty}\sum_{m=-n}^{+n}\frac{2n+1}{n(n+1)}\left[ma_n g_{n,\mathrm{TM}}^m \pi_n^{|m|}(\cos\theta) + \mathrm{i}b_n g_{n,\mathrm{TE}}^m \tau_n^{|m|}(\cos\theta)\right]\exp(\mathrm{i}m\varphi) \tag{5.21}$$

$$S_2 = \sum_{n=1}^{\infty}\sum_{m=-n}^{+n}\frac{2n+1}{n(n+1)}\left[a_n g_{n,\mathrm{TM}}^m \tau_n^{|m|}(\cos\theta) + \mathrm{i}mb_n g_{n,\mathrm{TE}}^m \pi_n^{|m|}(\cos\theta)\right]\exp(\mathrm{i}m\varphi) \tag{5.22}$$

通过远场可以计算微分散射截面，下面的表达式是微分散射截面的定义[94]：

$$\sigma = \lim_{r\to\infty} 4\pi r^2 \frac{\left|E_{\mathrm{far}}^{\mathrm{sca}}\right|^2}{\left|E_0\right|^2} = \lim_{r\to\infty} 4\pi r^2 \frac{\left|H_{\mathrm{far}}^{\mathrm{sca}}\right|^2}{\left|H_0\right|^2} \tag{5.23}$$

其中，$E_{\mathrm{far}}^{\mathrm{sca}}$、$H_{\mathrm{far}}^{\mathrm{sca}}$ 分别为远场总散射电磁场的表达式，因此微分散射截面也有 θ 和 φ 两个分量，微分散射截面中各个分量具体的表达式如散射振幅表达式。

根据散射截面、消光截面和吸收截面的定义，可以得出有形波束与球形粒子作用的散射截面、消光截面和吸收截面，具体表达式如下。

散射截面：

$$\begin{aligned} C_{\mathrm{sca}} &= \int_0^{\pi}\int_0^{2\pi}(I_\theta^+ + I_\varphi^+)r^2\sin\theta\mathrm{d}\theta\mathrm{d}\varphi \\ &= \frac{\lambda^2}{\pi}\sum_{n=1}^{\infty}\sum_{m=-n}^{+n}\frac{2n+1}{n(n+1)}\frac{(n+|m|)!}{(n-|m|)!}\left\{\left|a_n\right|^2\left|g_{n,\mathrm{TM}}^m\right|^2 + \left|b_n\right|^2\left|g_{n,\mathrm{TE}}^m\right|^2\right\} \end{aligned} \tag{5.24}$$

消光截面：

$$C_{\text{ext}} = \int_0^{\pi}\int_0^{2\pi} \frac{1}{2}\text{Re}(E_{\varphi}^{\text{i}} H_{\theta}^{\text{s}*} + E_{\varphi}^{\text{s}} H_{\theta}^{\text{i}*} - E_{\theta}^{\text{i}} H_{\varphi}^{\text{s}*} - E_{\theta}^{\text{s}} H_{\varphi}^{\text{i}*}) r^2 \sin\theta \text{d}\theta \text{d}\varphi$$
$$= \frac{\lambda^2}{\pi}\text{Re}\left[\sum_{n=1}^{\infty}\sum_{m=-n}^{+n} \frac{2n+1}{n(n+1)} \frac{(n+|m|)!}{(n-|m|)!}\left(a_n \left|g_{n,\text{TM}}^m\right|^2 + b_n \left|g_{n,\text{TE}}^m\right|^2\right)\right] \tag{5.25}$$

吸收截面：

$$C_{\text{abs}} = C_{\text{ext}} - C_{\text{sca}} \tag{5.26}$$

5.1.2　波束因子的计算

有形波束与球形粒子散射特性的计算主要是波束因子的计算。对于波束因子的计算，Gouesbet 等[22]提出了积分法、区域近似法和级数法。Doicu 等[95]提出了使用平移加法定理来求解波束因子的方法。下面主要介绍积分法、区域近似法和积分局部近似法三种方法。

1. *积分法*

根据任意波束可以使用球面波进行展开，将入射波束电磁场的径向分量使用波束因子的形式表示出来[21]：

$$E_r^{\text{i}} = kE_0 \sum_{n=1}^{\infty}\sum_{m=-n}^{+n} c_n^{p\varpi}\ g_{n,\text{TM}}^m\ \left[\psi_n''(kr) + \psi_n(kr)\right] P_n^{|m|}(\cos\theta)\exp(\text{i}m\varphi) \tag{5.27}$$

$$H_r^{\text{i}} = kH_0 \sum_{n=1}^{\infty}\sum_{m=-n}^{+n} c_n^{p\varpi}\ g_{n,\text{TE}}^m\ \left[\psi_n''(kr) + \psi_n(kr)\right] P_n^{|m|}(\cos\theta)\exp(\text{i}m\varphi) \tag{5.28}$$

根据指数函数和勒让德函数的正交性：

$$\int_0^{2\pi} \exp\left[\text{i}(m-m')\varphi\right]\text{d}\varphi = 2\pi\delta_{mm'} \tag{5.29}$$

$$\int_0^{2\pi} P_n^m(\cos\theta) P_l^m(\cos\theta)\sin\theta \text{d}\theta = \frac{2}{2n+1}\frac{(n+m)!}{(n-m)!}\delta_{nl} \tag{5.30}$$

其中，$\delta_{mm'}$ 和 δ_{nl} 表示正交函数。

可以得到使用积分法计算波束因子的表达式：

$$g_{n,\text{TM}}^m = \frac{1}{E_0 c_n^{p\varpi}} \frac{2n+1}{4\pi n(n+1)} \frac{(n-|m|)!}{(n+|m|)!} \frac{r}{\psi_n^{(1)}(kr)}$$
$$\int_0^{\pi}\int_0^{2\pi} E_r P_n^{|m|}(\cos\theta)\exp(-\text{i}m\varphi)\sin\theta \text{d}\theta \text{d}\varphi \tag{5.31}$$

$$g_{n,\mathrm{TE}}^m = \frac{1}{H_0 c_n^{p\varpi}} \frac{2n+1}{4\pi n(n+1)} \frac{\left(n-|m|\right)!}{\left(n+|m|\right)!} \frac{r}{\psi_n^{(1)}(kr)} \times \int_0^{\pi}\int_0^{2\pi} H_r P_n^{|m|}(\cos\theta)\exp(-\mathrm{i}m\varphi)\sin\theta \mathrm{d}\theta \mathrm{d}\varphi \tag{5.32}$$

球贝塞尔函数的正交性表示为

$$\int_0^{\infty} \psi_n^{(1)}(kr)\psi_{n'}^{(1)}(kr)\mathrm{d}(kr) = \frac{\pi}{2(2n+1)}\delta_{nn'} \tag{5.33}$$

将式（5.33）代入计算波束因子的表达式（5.31）和表达式（5.32），可以进一步简化波束因子的计算表达式对坐标的影响：

$$g_{n,\mathrm{TM}}^m = \frac{(2n+1)^2}{2\pi^2 n(n+1)c_n^{p\varpi}} \frac{\left(n-|m|\right)!}{\left(n+|m|\right)!} \int_0^{\pi}\int_0^{2\pi}\int_0^{\infty} \frac{E_r(r,\theta,\varphi)}{E_0} \times r\psi_n^{(1)}(kr)P_n^{|m|}(\cos\theta)\exp(-\mathrm{i}m\varphi)\sin\theta \mathrm{d}\theta \mathrm{d}\varphi \mathrm{d}(kr) \tag{5.34}$$

$$g_{n,\mathrm{TE}}^m = \frac{(2n+1)^2}{2\pi^2 n(n+1)c_n^{p\varpi}} \frac{\left(n-|m|\right)!}{\left(n+|m|\right)!} \int_0^{\pi}\int_0^{2\pi}\int_0^{\infty} \frac{H_r(r,\theta,\varphi)}{H_0} \times r\psi_n^{(1)}(kr)P_n^{|m|}(\cos\theta)\exp(-\mathrm{i}m\varphi)\sin\theta \mathrm{d}\theta \mathrm{d}\varphi \mathrm{d}(kr) \tag{5.35}$$

2. 区域近似法

在区域近似原理的基础上，Hulst[7]提出了计算波束因子的区域近似法。其主要思想就是将电磁场径向分量表达式中的 kr 使用 $n+1/2$ 来替换，将 θ 用 $\pi/2$ 来替换，然后将电磁场的各个分量按 $\exp(-\mathrm{i}m\varphi)$ 进行傅里叶级数展开，因此波束因子由所获得的展开系数得到。

3. 积分局部近似法

级数形式的区域近似法[96]，虽然计算速度较快，计算精确度也很高，但是由于其为级数形式，当波束的轴离坐标轴较远时，它的收敛速度较慢，尤其当需要计算的 n 值相对较大的时候，级数会发散，不会收敛，导致计算失败。为了避免出现这样的问题，Ren 根据上面所述区域近似原理，提出了计算波束因子的积分局部近似法[97]。

积分局部近似法主要就任意给定的沿 z 轴方向传播的有形波束[98]，将电磁场的径向分量 E_r 和 H_r 进行局部近似，并进行指数傅里叶级数展开，再考虑修正因子就可以得到相应波束的波束因子。具体来说，波束因子 $g_{n,\mathrm{TM}}^m$、$g_{n,\mathrm{TE}}^m$ 分别由以下表达式中的一重积分得到：

$$g_{n,\mathrm{TM}}^{m}=\frac{Z_{n}^{m}}{2\pi E_{0}}\int_{0}^{2\pi}\bar{E}_{r}\left(r=\rho_{n},\theta=\frac{\pi}{2},\phi'\right)\exp\left(-\mathrm{i}m\phi'\right)\mathrm{d}\phi' \tag{5.36}$$

$$g_{n,\mathrm{TE}}^{m}=\frac{Z_{n}^{m}}{2\pi H_{0}}\int_{0}^{2\pi}\bar{H}_{r}\left(r=\rho_{n},\theta=\frac{\pi}{2},\phi'\right)\exp(-\mathrm{i}m\phi')\mathrm{d}\phi' \tag{5.37}$$

对于上述计算波束因子的表达式来说，只要电磁场径向分量的表达式不是很复杂，波束因子的计算就比较简单。

5.2　单个雾霾组分球形气溶胶粒子对高斯波束的散射特性

高斯波束作为波束研究中最具代表性的波束来说，对研究粒子的散射特性是非常重要的，由于常见的激光器产生的光束就是高斯波束，随着激光应用技术的不断发展，对于高斯波束与球形粒子相互作用的研究就最先进入人们的视野，这主要因为激光光束在大气光学、雷达遥感、生物学和纳米材料科学等领域具有广阔的应用前景。特别对大气气溶胶中悬浮粒子、雾霾天气下环境中污染物浓度的监测以及雨滴的研究具有巨大的影响。本节主要介绍在轴高斯波束与球形粒子散射特性的研究，包括对均匀球形粒子和含水分层球形粒子散射强度的研究，对比高斯波束下含水层对气溶胶粒子散射特性的影响。

5.2.1　高斯波束的球形气溶胶粒子散射波束因子计算

稳态传输电磁场满足亥姆霍兹（Helmholtz）方程：

$$\nabla^{2}E(x,y,z)+k^{2}E(x,y,z)=0 \tag{5.38}$$

其中，$E(x,y,z)$ 与单场强度的复数表示 $E(x,y,z,t)$ 具有如下关系：

$$E(x,y,z,t)=E(x,y,z)\exp(\mathrm{i}\omega t) \tag{5.39}$$

由于平面波和球面波是 Helmholtz 方程的特解，高斯波束不是 Helmholtz 方程的精确解，而是在缓变振幅近似情况下的一个特解，因此高斯波束可以通过一定的化简使用下面的表达式来表示：

$$E(r,z)=\frac{E_{0}\omega_{0}}{\omega(z)}\exp\left(-\frac{r^{2}}{\omega^{2}(z)}\right)\exp\left\{-\mathrm{i}\left[k\left(\frac{r^{2}}{2R(z)}+z\right)-\psi\right]\right\} \tag{5.40}$$

其中，ω_0 是高斯波束的束腰半径；$\omega(z)$ 是坐标 z 处高斯波束的束宽；$R(z)$ 是高斯波束的等相面曲率半径；ψ 是高斯波束的相位因子。$\omega(z)$、$R(z)$、ψ 的表达式如下：

$$\omega(z)=\omega_{0}\sqrt{1+z/Z_{0}} \tag{5.41}$$

$$R(z)=Z_{0}\left(\frac{z}{Z_{0}}+\frac{Z_{0}}{z}\right) \tag{5.42}$$

$$\psi = \tan^{-1}\frac{z}{Z_0} \tag{5.43}$$

其中，Z_0 为共焦参数，它的表达式为

$$Z_0 = \frac{1}{2}k\omega_0^2 = \frac{\pi\omega_0^2}{\lambda} \tag{5.44}$$

以上是关于高斯波束的简单介绍，但是上面高斯波束的电场表达式对于波束因子的计算较困难，因此本章将高斯波束应用平面波展开的一阶近似来表示。

设一束束腰半径为 ω_0 的近轴高斯波束在均匀介质中沿 z 轴方向传播，省去时间因子 $\exp(-\mathrm{i}\omega t)$，电场 x 轴方向的横向分量可以表示为

$$E_x = E_0\exp\left(-\frac{x^2+y^2}{\omega_0^2}\right) \tag{5.45}$$

其中，E_0 为高斯波束束腰中心电场的振幅。高斯波束 y 轴方向的分量 $E_y(x,y,z)=0$。

将入射高斯波束空间中任意一点的电磁场使用平面角谱法进行展开，可以得到相对于粒子直角坐标系电磁场各个分量的表达式：

$$E_y = H_x = 0 \tag{5.46}$$

$$E_x = E_0\psi_0\exp\left[-\mathrm{i}k(z-z_0)\right] \tag{5.47}$$

$$E_z = -\xi_L\frac{2Q}{l}(x-x_0)E_x \tag{5.48}$$

$$H_y = H_0\psi_0\exp\left[-\mathrm{i}k(z-z_0)\right] \tag{5.49}$$

$$H_z = -\xi_L\frac{2Q}{l}(y-y_0)H_y \tag{5.50}$$

其中，

$$\psi_0 = \mathrm{i}Q\exp\left[-\mathrm{i}Q\frac{(x-x_0)^2+(y-y_0)^2}{\omega_0^2}\right] \tag{5.51}$$

$$Q = \frac{1}{\mathrm{i}+2(\zeta-\zeta_0)} \tag{5.52}$$

$$\zeta = \frac{z}{l},\ \zeta_0 = \frac{z_0}{l} \tag{5.53}$$

然后利用球坐标系与直角坐标系的变换关系，得到入射高斯波束空间中任意一点电磁场径向分量的表达式[92]：

$$E_r = E_0\frac{F}{2}\left[\sum^{jp}\psi_{jp}\exp(\mathrm{i}j_+\varphi)+\sum^{jp}\psi_{jp}\exp(\mathrm{i}j_-\varphi)\right]+E_0x_0G\sum^{jp}\psi_{jp}\exp(\mathrm{i}j_0\varphi) \tag{5.54}$$

$$H_r = H_0\frac{F}{2\mathrm{i}}\left[\sum^{jp}\psi_{jp}\exp(\mathrm{i}j_+\varphi)-\sum^{jp}\psi_{jp}\exp(\mathrm{i}j_-\varphi)\right]+H_0y_0G\sum^{jp}\psi_{jp}\exp(\mathrm{i}j_0\varphi) \tag{5.55}$$

其中，

$$F=\psi_0^0\sin\theta\left(1-\frac{2Q}{l}\xi_L z\right)\exp(-\mathrm{i}kz)\exp(\mathrm{i}kz_0) \tag{5.56}$$

$$G=\xi_L\psi_0^0\frac{2Q}{l}\cos\theta\exp(-\mathrm{i}kz)\exp(\mathrm{i}kz_0) \tag{5.57}$$

$$\psi_0^0=\mathrm{i}Q\exp\left(-\mathrm{i}Q\frac{r^2\sin^2\theta}{\omega_0^2}\right)\exp\left(-\mathrm{i}Q\frac{x^2+y^2}{\omega_0^2}\right) \tag{5.58}$$

$$\psi_{jp}=\left(\frac{\mathrm{i}Qr\sin\theta}{\omega_0^2}\right)^j\frac{(x_0-\mathrm{i}y_0)^{j-p}(x_0+\mathrm{i}y_0)^p}{(j-p)!p!} \tag{5.59}$$

$$\sum^{jp}=\sum_{j=0}^{\infty}\sum_{p=0}^{j} \tag{5.60}$$

$$\begin{cases}j_+=j+1-2p=j_0+1\\ j_-=j-1-2p=j_0-1\end{cases} \tag{5.61}$$

$$Q=\frac{1}{\mathrm{i}-2z_0/l} \tag{5.62}$$

将式（5.54）、式（5.55）中电磁场径向分量的表达式代入区域近似法波束因子的计算公式可以得到波束因子的表达式：

$$g_{n,\mathrm{TM}}^m=\exp(\mathrm{i}kz_0)\,\mathrm{i}Q\exp\left[-\mathrm{i}Q\left(\frac{\rho_n}{\omega_0}\right)^2\right]\exp\left(-\mathrm{i}Q\frac{x_0^2+y_0^2}{\omega_0^2}\right)\frac{1}{2}\left(\sum_{j_+=m}^{jp}\psi_{jp}+\sum_{j_-=m}^{jp}\psi_{jp}\right) \tag{5.63}$$

$$g_{n,\mathrm{TE}}^m=\exp(\mathrm{i}kz_0)\,\mathrm{i}Q\exp\left[-\mathrm{i}Q\left(\frac{\rho_n}{\omega_0}\right)^2\right]\exp\left(-\mathrm{i}Q\frac{x_0^2+y_0^2}{\omega_0^2}\right)\frac{1}{2\mathrm{i}}\left(\sum_{j_+=m}^{jp}\psi_{jp}-\sum_{j_-=m}^{jp}\psi_{jp}\right) \tag{5.64}$$

其中，

$$\rho_n=\frac{(n+1/2)\lambda}{2\pi} \tag{5.65}$$

对于米氏散射系数的计算，可以应用第 2 章所给的公式，计算有形波束与球形粒子散射的散射场系数，从而仿真计算球形粒子对高斯波束的散射特性。

5.2.2　单个雾霾组分均匀球形气溶胶粒子对高斯波束的散射特性

本小节选取雾霾中的主要成分硫酸铵、硫酸、硝酸铵、碳质气溶胶的单个球形粒子作为散射体，在波长λ=0.55μm 的在轴高斯波束的照射下（取束腰中心的位置$x_0=y_0=z_0=0$），硫酸铵、硫酸、硝酸铵、碳质气溶胶粒子的复折射率分别为$1.52+\mathrm{i}10^{-7}$、$1.431+\mathrm{i}2\times10^{-8}$、$1.554+\mathrm{i}10^{-8}$、$1.75+\mathrm{i}0.44$。取高斯波束的束腰半径$\omega_0=1.0\mu\mathrm{m}$，单个球形粒子的半径$r=1.0\mu\mathrm{m}$，计算在轴高斯波束与球形粒子散射的散射强度随散射角的变化曲线，其中I_H表示平行于散射面的散射强度，I_V表示垂直于散射面的散射强度。

不同气溶胶粒子与在轴高斯波束相互作用的散射强度随散射角变化曲线如图 5.2 所示。

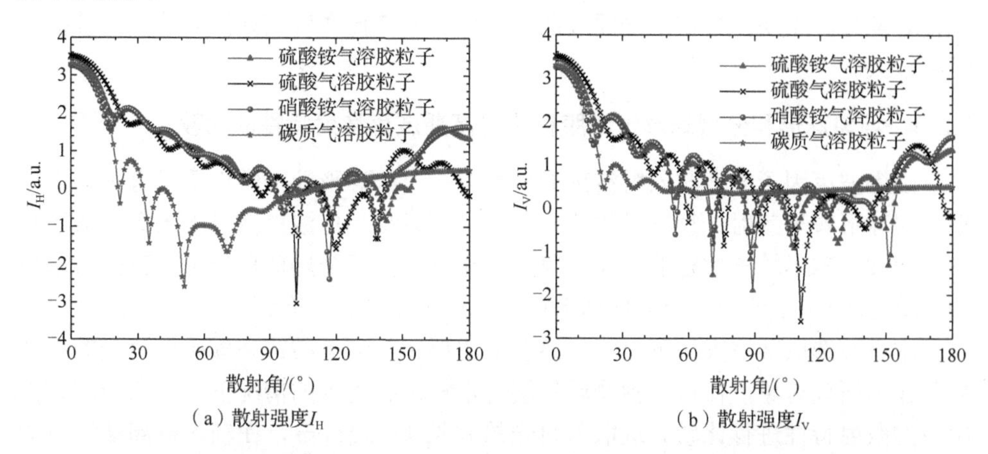

图 5.2　不同气溶胶粒子与在轴高斯波束相互作用的散射强度随散射角变化曲线

由图 5.2 可知复折射率的虚部主要影响后向散射强度的分布，当复折射率虚部较小时散射强度的振荡幅度比虚部较大时散射强度的振荡幅度大，碳质气溶胶后向散射强度分布较平稳，振荡较小，说明它的吸收特性较大。硫酸铵、硫酸、硝酸铵的复折射率虚部较小，吸收特性较小，因此其振荡较剧烈。复折射率的实部主要影响前向散射的波峰和波谷出现的顺序，不同粒子虚部很小时，实部较大的粒子波峰和波谷轻微向左移动，这可以从硫酸和硝酸铵的前向散射曲线中看出。

不同气溶胶粒子与平面波和在轴高斯波束相互作用的散射强度随散射角变化曲线如图 5.3 所示。

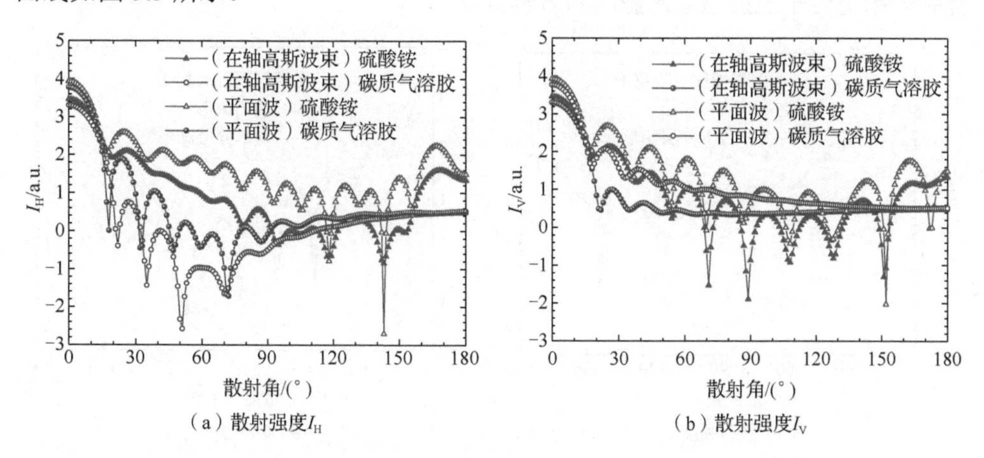

图 5.3　不同气溶胶粒子与平面波和在轴高斯波束相互作用的散射强度随散射角变化曲线

从图 5.3 中在轴高斯波束和平面波与球形粒子散射的对比得出，同一类粒子的在轴高斯波束和平面波散射强度随散射角的变化趋势基本相同，只在个别趋势上稍有差异，主要差异在于平面波散射强度的量值比在轴高斯波束的大，且振荡幅度较大。

5.2.3　均匀球形和分层球形气溶胶粒子对高斯波束散射特性的比较

因为波束因子的值与入射波束的特性有关，与球形粒子的性质没有关系，根据分层球形粒子散射计算满足的边界条件，可以推导出波束散射中米氏散射系数与平面波、球形粒子散射的米氏散射系数相同。关于分层球形粒子米氏散射系数的计算见 3.1.1 小节中单个分层球形粒子米氏理论的相关介绍。

本小节选取雾霾天气下大气气溶胶中主要污染物硝酸铵和碳质气溶胶的单个粒子作为研究对象，在这两种物质外层含水和没有含水的情况下，对高斯波束作用下的散射特性进行比较。选取入射光的波长 $\lambda = 0.55\mu m$，在轴入射高斯波束的束腰半径 $\omega_0 = 1.0\mu m$，硝酸铵气溶胶粒子的复折射率为$1.554 + i10^{-8}$，碳质气溶胶粒子的复折射率为$1.75 + i0.44$，水的复折射率为$1.333 + i10^{-9}$。取均匀球形粒子的半径$r = 1.0\mu m$，分层球形粒子的内径$r_1 = 0.8r$。图 5.4 是在轴高斯波束与均匀球形、含水分层球形硝酸铵气溶胶粒子相互作用散射强度随散射角变化曲线，图 5.5 是在轴高斯波束与均匀球形、含水分层球形碳质气溶胶粒子相互作用的散射强度随散射角变化曲线。从图 5.4 和图 5.5 中曲线可以看出，在轴高斯波束与均匀球形粒子、分层球形粒子的作用表现出与平面波相同的规律，含水层对气溶胶粒子后向散射强度分布的影响较大，对前向散射只是在量值上面的影响。但在轴高斯波束散射强度弱于平面波，因为分层球形主要影响的是粒子的复折射率，所以这与复折射率对粒子散射强度的影响基本相同。

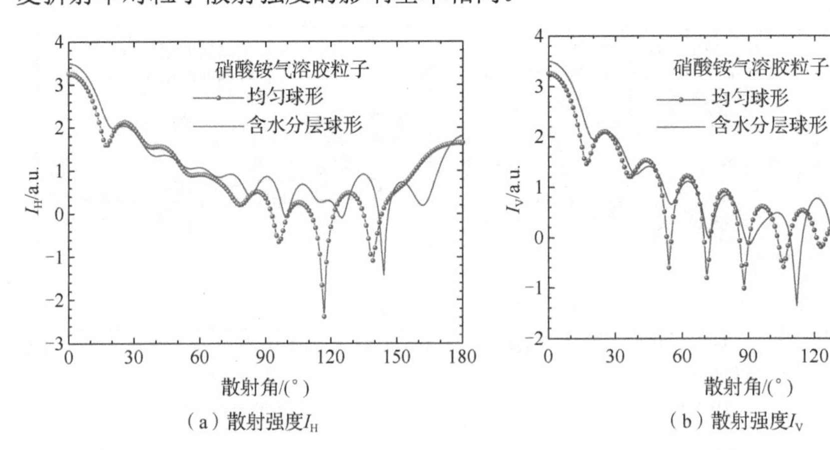

（a）散射强度I_H　　（b）散射强度I_V

图 5.4　在轴高斯波束与均匀球形、含水分层球形硝酸铵气溶胶粒子相互作用散射强度随散射角变化曲线

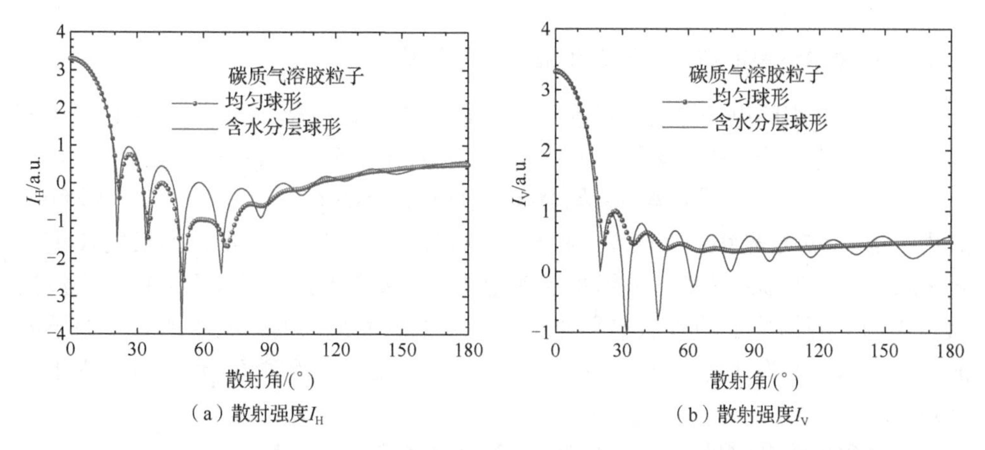

（a）散射强度I_H　（b）散射强度I_V

图 5.5　在轴高斯波束与均匀球形、含水分层球形碳质气溶胶粒子相互作用的散射强度随散射角变化曲线

5.3　单个雾霾组分气溶胶粒子对贝塞尔波束的散射特性

贝塞尔波束是自由空间标量波动方程沿波束传播方向的一组特殊解，其光波的电磁场可以使用柱贝塞尔函数来描述。因为在传输过程中贝塞尔波束的电磁场强度分布不随传输距离变化而变化，所以 1987 年 Durnin 等[99]将贝塞尔波束命名为“无衍射波束”。贝塞尔波束正是由于具有这样的特点，所以受到广大研究工作者的关注，如贝塞尔波束在大气中的传输、粒子的捕获与操控、气溶胶的探测和微粒散射特性的研究等。Mitri[100-102]对贝塞尔波束的散射进行了较多研究，包括高阶贝塞尔波束在直角坐标系中电磁场各分量的表达式，并使用 GLMT 方法中的积分法计算了高阶贝塞尔波束与球形粒子的散射，并进行非衍射贝塞尔三角波束在三维空间中的矢量分析，给出了贝塞尔三角波束在直角坐标系中的表达式以及电磁场各个分量强度的分布图等。Cui 等[103]使用表面积分方程法（surface integral equation method，SIEM）计算了任意方向入射的非衍射贝塞尔三角波束与任意形状粒子作用时远场微分散射截面随散射角的分布。对于零阶贝塞尔高斯波束的研究已经有较多的报道，如 Preston 等[104]使用 SIEM 研究了零阶贝塞尔波束与任意形状粒子的散射。Chen 等[105]使用 GLMT 方法研究了零阶贝塞尔波束与偏心球粒子的散射特性。Qu 等[106]使用积分局部近似法结合矢量球谐波函数理论，研究了零阶贝塞尔波束与各向异性介质球粒子的散射特性。韩璐[107]使用 GLMT 方法研究了零阶贝塞尔波束与椭球粒子的散射特性。对于高阶贝塞尔波束散射研究的报道并不是很多，徐强等[108]使用 GLMT 方法结合计算波束因子的积分局部近似法，计算了高阶贝塞尔波束与均匀球形粒子、分层球形粒子的散射特性。

5.3.1 贝塞尔波束的球形粒子散射波束因子计算

贝塞尔波束的电场分布可以使用柱贝塞尔函数来表述，且电场的表达式为自由空间标量方程沿 z 轴传播的一组特殊解，在柱坐标系中可以表示为

$$E(r,\varphi,z)=E_0\exp(\mathrm{i}k_z z)J_l(k_R r)\exp(\pm\mathrm{i}l\phi) \tag{5.66}$$

其中，E_0 为初始光场；$J_l(\cdot)$ 为 l 阶柱贝塞尔函数；$k_R=k\sin\alpha$，为横向波束；$k_z=k\cos\alpha$，为轴向波束。使用角谱理论展开，贝塞尔波束可以看成由许多波矢量位于同一圆锥体上的等振幅平面子波相干叠加而形成的，其中所有平面子波的波矢量与 z 轴的夹角为 α，α 可以称为贝塞尔波束的衍射角，也可以称为半圆锥角。

在直角坐标系中贝塞尔波束电磁场各个分量的表达式为

$$\begin{aligned}E_x=\frac{1}{2}E_0\Bigg\{&\exp\left[\mathrm{i}(k_z z+l\phi)\right]\times\Bigg[\left(1+\frac{k_z}{k}-\frac{k_R^2x^2}{k^2R^2}+\frac{l(l+1)(x-\mathrm{i}y)^2}{k^2R^4}\right)J_l(kR)\\&-\frac{k_R(y^2-x^2-2\mathrm{i}lxy)}{k^2R^3}J_{l+1}(k_RR)\Bigg]\Bigg\}\end{aligned} \tag{5.67}$$

$$\begin{aligned}E_y=\frac{1}{2}E_0xy\Bigg(&\exp\left[\mathrm{i}(k_z z+l\phi)\right]\Bigg\{\frac{l(l+1)\left[2+\mathrm{i}(x^2-y^2)/xy\right]-k_R^2R^2}{k^2R^4}J_l(kR)\\&+\frac{k_R\left[2+\mathrm{i}l(y^2-x^2)/xy\right]}{k^2R^3}J_{l+1}(k_RR)\Bigg\}\Bigg)\end{aligned} \tag{5.68}$$

$$E_z=\frac{1}{2}\mathrm{i}E_0\frac{x}{kR}\left(1+\frac{k_z}{k}\right)\left\{\exp\left[\mathrm{i}(k_z z+l\phi)\right]\times\left[\frac{l\left(1-\mathrm{i}\dfrac{y}{x}\right)}{R}J_l(k_RR)-k_RJ_{l+1}(k_RR)\right]\right\} \tag{5.69}$$

$$H_x\varepsilon^{-1/2}=E_y \tag{5.70}$$

$$\begin{aligned}H_y\varepsilon^{-1/2}=\frac{1}{2}E_0\Bigg(&\exp\left[\mathrm{i}(k_z z+l\phi)\right]\times\Bigg\{\left[1+\frac{k_z}{k}-\frac{k_R^2y^2}{k^2R^2}+\frac{l(l-1)(y+\mathrm{i}x)^2}{k^2R^4}\right]J_l(k_RR)\\&-\frac{k_R(x^2-y^2+2\mathrm{i}lxy)}{k^2R^3}J_{l+1}(k_RR)\Bigg\}\Bigg)\end{aligned} \tag{5.71}$$

$$H_z\varepsilon^{-1/2}=\frac{1}{2}\mathrm{i}E_0\frac{y}{kR}\left(1+\frac{k_z}{k}\right)\left(\exp\left[\mathrm{i}(k_z z+l\phi)\right]\times\left\{\left[\frac{l\left(1+\mathrm{i}\dfrac{x}{y}\right)}{R}\right]J_l(k_RR)-k_RJ_{l+1}(k_RR)\right\}\right) \tag{5.72}$$

其中，$k_z=k\cos\alpha$，α 为贝塞尔波束的半圆锥角；$k_R=k\sin\alpha$；$R=\sqrt{x^2+y^2}$；$\phi=\arctan(y/x)$；l 为高阶贝塞尔波束的拓扑荷数；$J_l(k_RR)$ 为 l 阶柱贝塞尔函数。

根据式（5.67）～式（5.72）所示电磁场在直角坐标系中各个分量的表达式，可以数值仿真计算出贝塞尔波束任意平面的电场强度分布。图 5.6 是不同阶贝塞尔涡旋波束的电场强度分布图，展示了拓扑荷数 $l = 0,1,2,3$ 的非衍射贝塞尔波束在半圆锥角 $\alpha = \pi/12$ 时，$z = 0$ 处总电场强度的二维分布图。

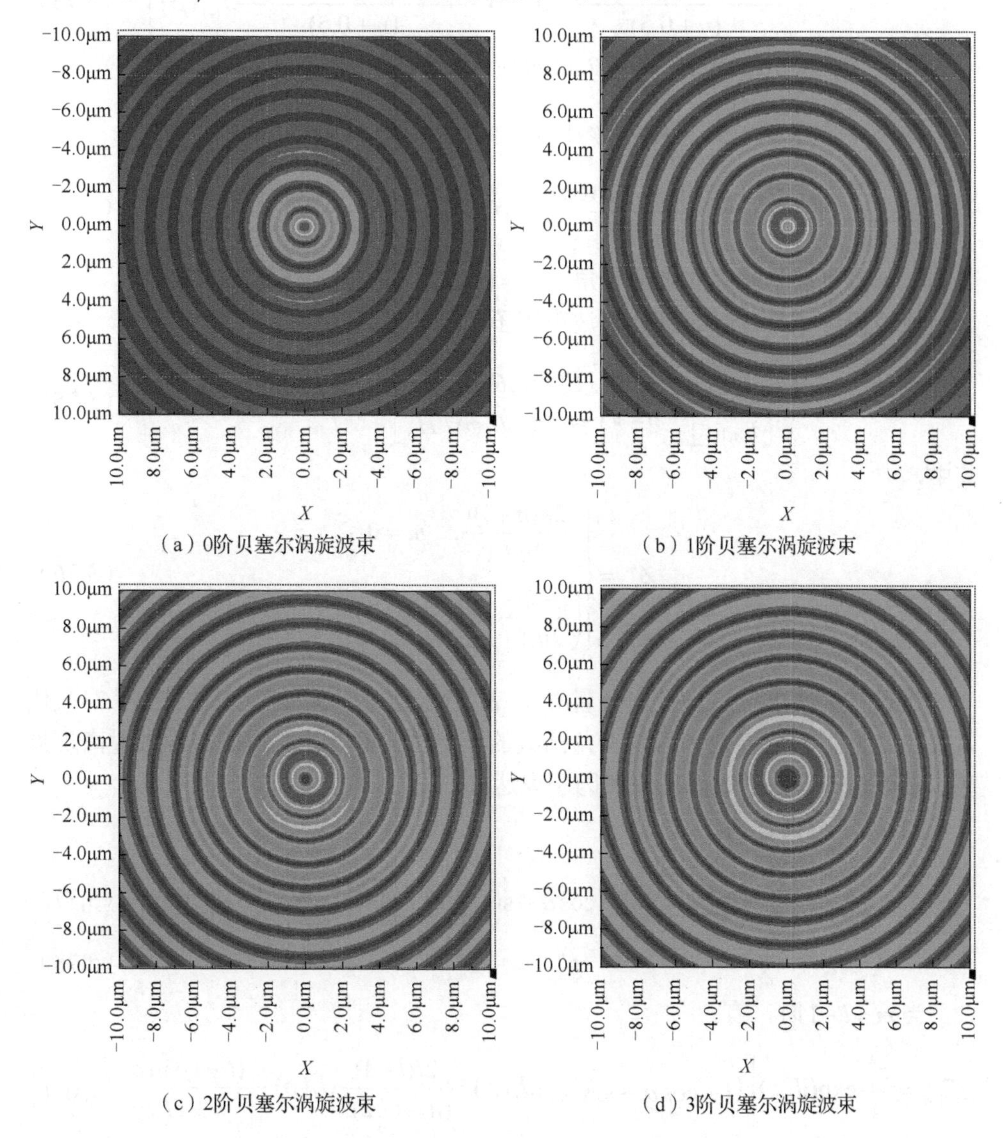

（a）0阶贝塞尔涡旋波束　（b）1阶贝塞尔涡旋波束

（c）2阶贝塞尔涡旋波束　（d）3阶贝塞尔涡旋波束

图 5.6　不同阶贝塞尔涡旋波束的电场强度分布图

将直角坐标系下的表达式转化成球坐标系中的表达式，基于积分局部近似法，使得 $kr \to n + 1/2$ 和 $\theta \to \pi/2$，可以得到球坐标系下电磁场各分量的表达式，其中径向分量 E_r、H_r 的表达式如下：

$$\begin{aligned}E_r &= \sin\theta\cos\varphi E_x + \sin\theta\sin\varphi E_y + \cos\theta E_z \\ &= \frac{1}{2}E_0\cdot\exp\left[\mathrm{i}(k_z z + l\varphi)\right]\cdot\left[\cos\varphi(1+\cos\alpha-\sin^2\alpha)J_l(\rho)\right. \\ &\quad \left. + \frac{l(l-1)(\cos\varphi - \mathrm{i}\sin\varphi)}{(n+0.5)^2}J_l(\rho) + \frac{\sin\alpha(\cos\varphi + \mathrm{i}l\sin\varphi)}{(n+0.5)}J_{l+1}(\rho)\right]\end{aligned} \tag{5.73}$$

$$\begin{aligned}H_{r} &= \sin\theta\cos\varphi H_x + \sin\theta\sin\varphi H_y + \cos\theta H_z \\ &= \frac{1}{2}H_0\cdot\exp\left[\mathrm{i}(k_z z + l\varphi)\right]\cdot\left[\sin\varphi(1+\cos\alpha-\sin^2\alpha)J_l(\rho)\right. \\ &\quad \left. + \frac{l(l-1)(\sin\varphi + \mathrm{i}\cos\varphi)}{(n+0.5)^2}J_l(\rho) + \frac{\sin\alpha(\sin\varphi - \mathrm{i}l\cos\varphi)}{(n+0.5)}J_{l+1}(\rho)\right]\end{aligned} \tag{5.74}$$

其中，α 为贝塞尔波束的半圆锥角；$\rho = (n+1/2)\sin\alpha$；$\varphi = \arctan(y/x)$。

使用积分局部近似法[96]计算波束因子的积分表达式：

$$\begin{bmatrix} g_{n,\mathrm{TM}}^m \\ g_{n,\mathrm{TE}}^m \end{bmatrix} = \frac{Z_n^m}{2\pi}\int_0^{2\pi}\begin{bmatrix} E_r^{\mathrm{Loc}}(r,\theta,\varphi)/E_0 \\ H_r^{\mathrm{Loc}}(r,\theta,\varphi)/H_0 \end{bmatrix}\exp(-im\varphi)\mathrm{d}\varphi \tag{5.75}$$

其中，

$$Z_n^m = \begin{cases} \dfrac{2n(n+1)\mathrm{i}}{2n+1}, & m=0 \\ \left(\dfrac{-2\mathrm{i}}{2n+1}\right)^{|m|-1}, & m\neq 0 \end{cases} \tag{5.76}$$

将贝塞尔波束电磁场径向分量 E_r、H_r 的表达式（5.73）、表达式（5.74）代入式（5.75），利用指数函数与三角函数的正交性，可以计算得到在轴入射高阶贝塞尔波束与球形粒子散射的波束因子表达式。

当 $m = l+1$ 时，有

$$g_{n,\mathrm{TM}}^m = \frac{z_n^m}{4}\exp(\mathrm{i}k_z z)\left[(1+\cos\alpha-\sin^2\alpha)J_l(\rho) + \frac{(l+1)\sin\alpha}{n+1/2}J_{l+1}(\rho)\right] \tag{5.77}$$

$$g_{n,\mathrm{TE}}^m = -\mathrm{i}g_{n,\mathrm{TM}}^m \tag{5.78}$$

当 $m = l-1$ 时，有

$$g_{n,\mathrm{TM}}^m = \frac{z_n^m}{4}\exp(\mathrm{i}k_z z)\left[\left(1+\cos\alpha-\sin^2\alpha\right)J_l(\rho) + \frac{2l(l-1)}{(n+1/2)^2}J_l(\rho) - \frac{(l-1)\sin\alpha}{n+1/2}J_{l+1}(\rho)\right] \tag{5.79}$$

$$g_{n,\mathrm{TE}}^m = \mathrm{i}g_{n,\mathrm{TM}}^m \tag{5.80}$$

当 $m \neq l \pm 1$ 时，有

$$g_{n,\mathrm{TM}}^m = 0,\quad g_{n,\mathrm{TE}}^m = 0 \tag{5.81}$$

以上表达式就是使用GLMT中的积分局部近似法得到的贝塞尔波束与球形粒子散射的波束因子表达式。当拓扑荷数为零时，其称为零阶贝塞尔波束的积分局部近似的波束因子表达式，其结果与相应文献[105]给出的零阶贝塞尔波束的波束因子结果完全相同。5.3.2 小节通过上面给出的波束因子结果来数值仿真计算贝塞尔波束与球形粒子作用的微分散射截面随散射角的分布。

5.3.2　单个雾霾组分均匀球形气溶胶粒子对贝塞尔波束的散射特性

计算零阶贝塞尔波束与均匀球形粒子散射特性，入射的零阶贝塞尔波束的波长 $\lambda = 0.3628\mu m$ ，球形粒子的复折射率 $2.0 + i0.0$ ，均匀球形粒子的半径 $r = 1.0\lambda$ ，贝塞尔波束的半圆锥角 $\alpha = 0°$ 、$10°$ 、$12°$，不同半圆锥角的零阶贝塞尔涡旋波束与均匀球形粒子散射的微分散射截面随散射角变化曲线如图 5.7 所示。

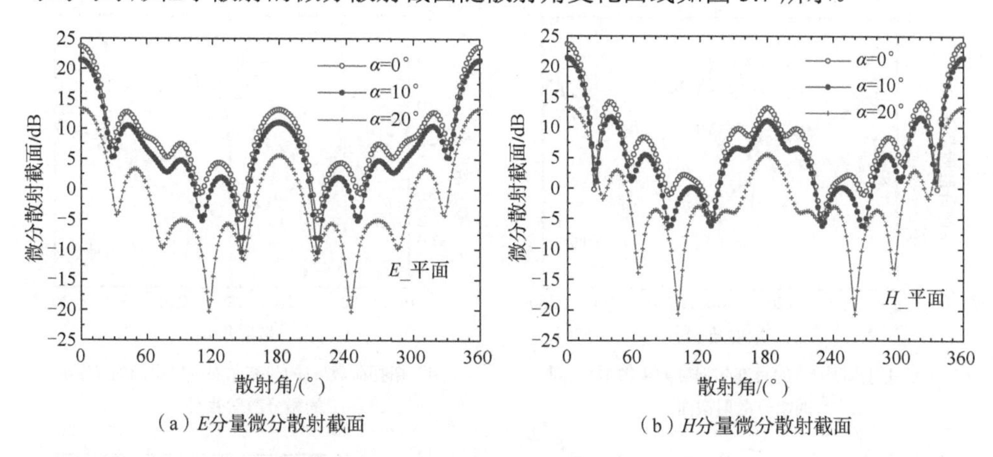

（a）E分量微分散射截面　（b）H分量微分散射截面

图 5.7　不同半圆锥角的零阶贝塞尔涡旋波束与均匀球形粒子散射的微分散射截面随散射角变化曲线

选取硝酸铵气溶胶和碳质气溶胶粒子来计算贝塞尔波束与均匀球形单个粒子的散射特性。在波长 $\lambda = 0.55\mu m$ 的在轴贝塞尔波束的照射下（取束腰中心的位置 $x_0 = y_0 = z_0 = 0$ ），硝酸铵和碳质气溶胶粒子的复折射率分别为 $1.554 + i10^{-8}$ 和 $1.75 + i0.44$ 。选取贝塞尔波束的半圆锥角 $\alpha = 5°$ ，单个均匀球形粒子的半径 $r = 1.0\mu m$ ，计算在轴入射贝塞尔波束与均匀球形粒子相互作用的微分散射截面随散射角的变化。

贝塞尔涡旋波束与硝酸铵、碳质气溶胶均匀球形粒子散射的微分散射截面随散射角变化曲线如图 5.8 所示。

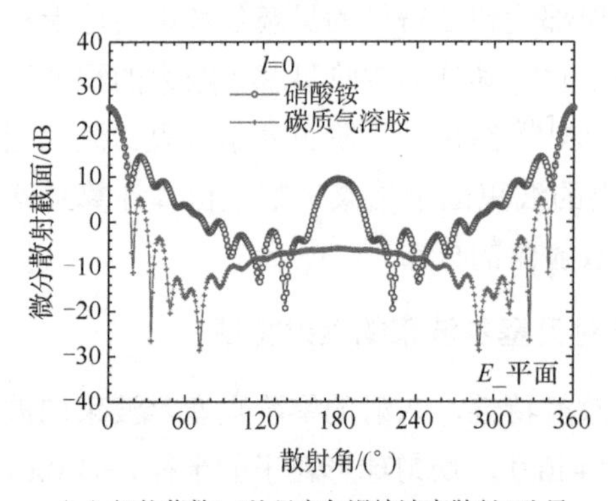

(a) 拓扑荷数l=0的贝塞尔涡旋波束散射E分量的微分散射截面

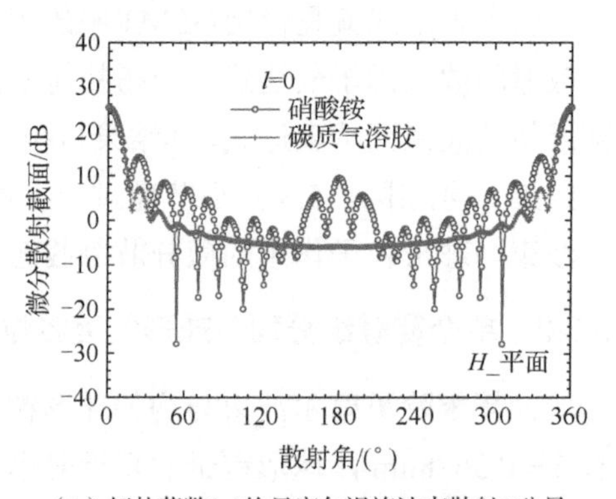

(b) 拓扑荷数l=0的贝塞尔涡旋波束散射H分量的微分散射截面

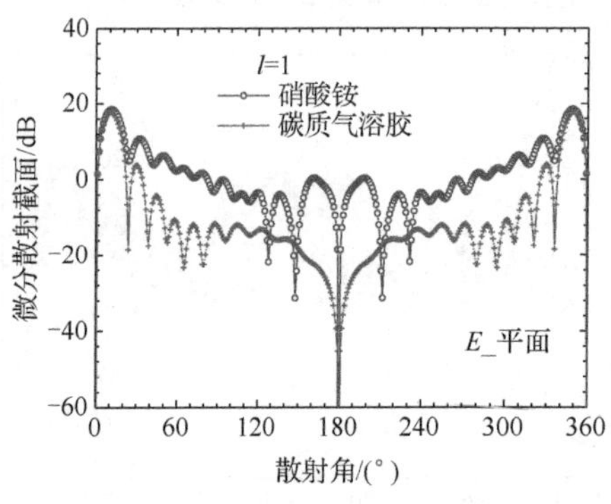

(c) 拓扑荷数l=1的贝塞尔涡旋波束散射E分量的微分散射截面

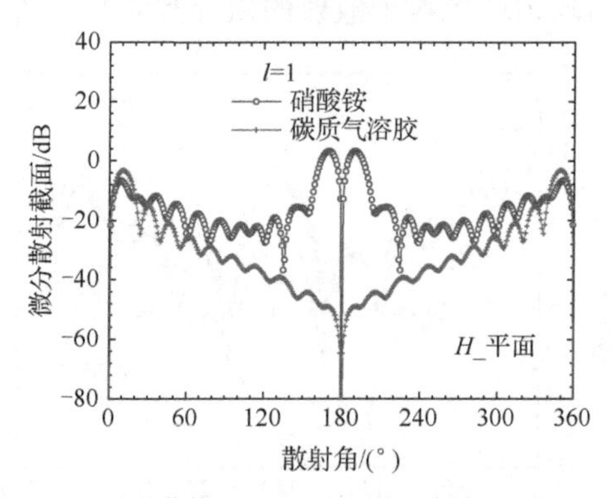

(d) 拓扑荷数l=1的贝塞尔涡旋波束散射H分量的微分散射截面

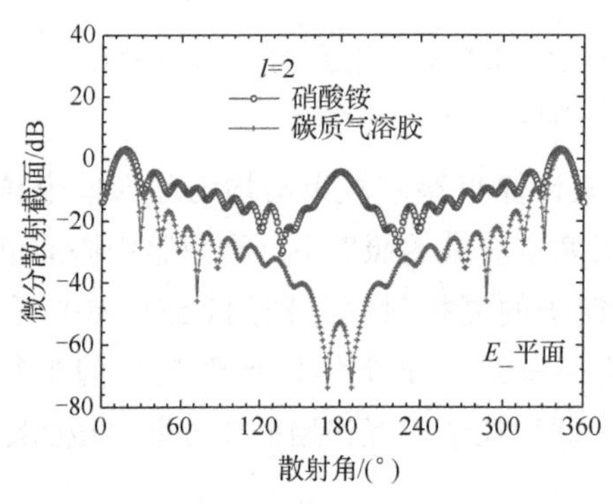

(e) 拓扑荷数l=2的贝塞尔涡旋波束散射E分量的微分散射截面

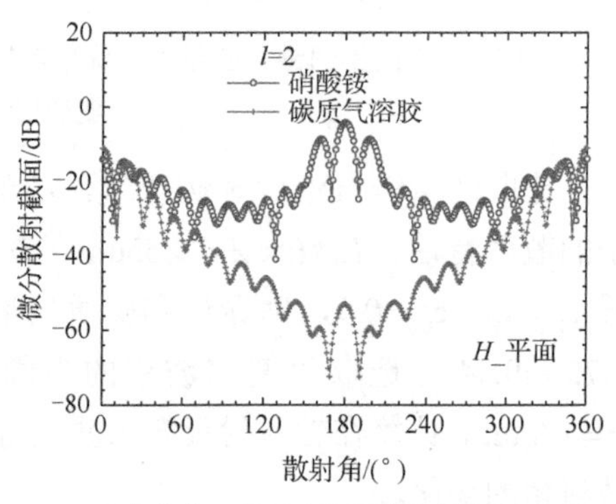

(f) 拓扑荷数l=2的贝塞尔涡旋波束散射H分量的微分散射截面

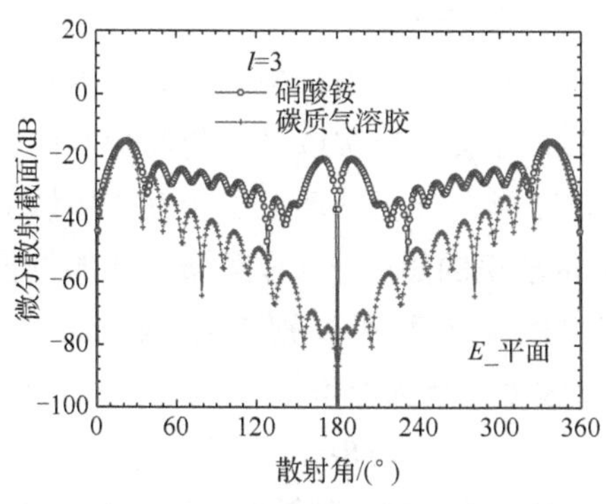

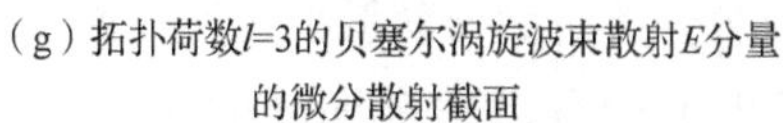
（g）拓扑荷数l=3的贝塞尔涡旋波束散射E分量的微分散射截面

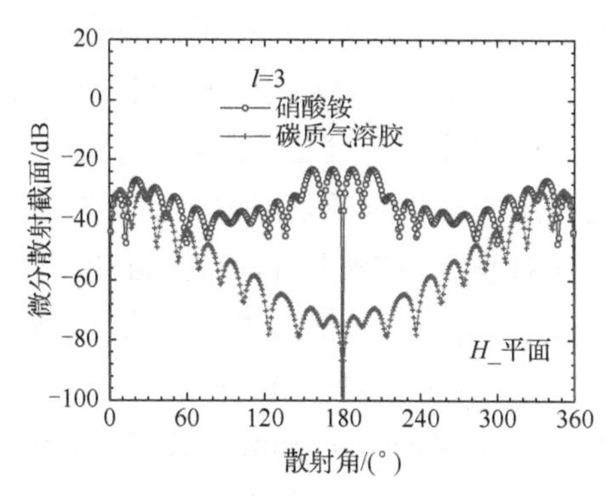

（h）拓扑荷数l=3的贝塞尔涡旋波束散射H分量的微分散射截面

图 5.8　贝塞尔涡旋波束与硝酸铵、碳质气溶胶均匀球形粒子散射的微分散射截面随散射角变化曲线

从图 5.8 中贝塞尔涡旋波束与均匀球形气溶胶粒子散射的微分散射截面随散射角变化曲线可以看出，不管是硝酸铵还是碳质气溶胶粒子，其前向微分散射截面受气溶胶复折射率虚部的影响相对较小，侧向和后向微分散射截面受复折射率虚部的影响较大。这是因为粒子的前向散射主要以衍射为主，粒子的吸收特性对粒子散射的影响相对小，侧向和后向散射与粒子的吸收特性有较大关系，对于两种复折射率差异较大的散射物质来说，侧向和后向微分散射截面的差异较大。因为碳质气溶胶粒子复折射率的虚部较硝酸铵的虚部大，所以碳质气溶胶粒子的吸收特性较强，致使碳质气溶胶粒子的后向微分散射截面较小。同时，也可以看出碳质气溶胶的后向微分散射截面的振荡较小，这也是由碳质气溶胶粒子复折射率的虚部较大造成的。气溶胶粒子的前向散射主要受其复折射率实部的影响，这是因为前向散射主要由衍射造成，而复折射率的实部影响衍射现象。当拓扑荷数 $l=1$ 、3 时，散射角 $\theta=180°$ 时的散射强度为零，也就是微分散射截面的值会趋向于负无穷大，这主要与贝塞尔波束的性质具有较大的关系。因为高阶贝塞尔波束具有中空现象，所以后向散射出现散射强度为零的情况。

5.3.3　均匀球形和分层球形气溶胶粒子对贝塞尔波束散射特性的比较

5.3.2 小节主要研究了贝塞尔波束与均匀球形粒子相互作用的散射特性，本小节将研究贝塞尔波束与分层球形粒子相互作用的散射特性，并且将分层球形与均匀球形粒子的散射特性进行对比，得出分层物质对球形粒子散射特性的影响。对于分层球形粒子散射特性的计算在第 3 章中已介绍，因为粒子的分层只影响粒子散射特性中米氏散射系数的计算，所以只要计算出米氏散射系数并将其与波束因子相乘就可以得到波束与分层球形粒子的散射系数。关于分层球形粒子米氏散射系数的计算在第 2 章进行了详细的介绍，这里不再赘述。

因为本小节要将分层球形粒子的散射特性与 5.3.2 小节计算的均匀球形粒子的散射特性进行对比，所以选取均匀和含水的分层硝酸铵以及均匀和含水的分层碳质气溶胶粒子来探讨贝塞尔波束与均匀球形、分层球形粒子相互作用散射特性的差异。在波长 $\lambda = 0.55\mu\text{m}$ 的在轴贝塞尔波束的照射下（取束腰中心的位置 $x_0 = y_0 = z_0 = 0$），硝酸铵、碳质气溶胶和水的复折射率分别为 $1.554 + \text{i}10^{-8}$、$1.75 + \text{i}0.44$ 和 $1.333 + \text{i}1.96 \times 10^{-9}$。选取贝塞尔波束的半圆锥角 $\alpha = 5°$，单个均匀球形粒子的半径 $r = 0.55\mu\text{m}$，分层球形粒子的内层半径 $r_1 = 0.8r$。下面计算在轴入射贝塞尔波束与均匀球形、分层球形粒子散射的微分散射截面随散射角变化曲线。

贝塞尔涡旋波束的硝酸铵气溶胶粒子散射的微分散射截面随散射角变化曲线如图 5.9 所示，贝塞尔涡旋波束的碳质气溶胶粒子散射的微分散射截面随散射角变化曲线如图 5.10 所示。

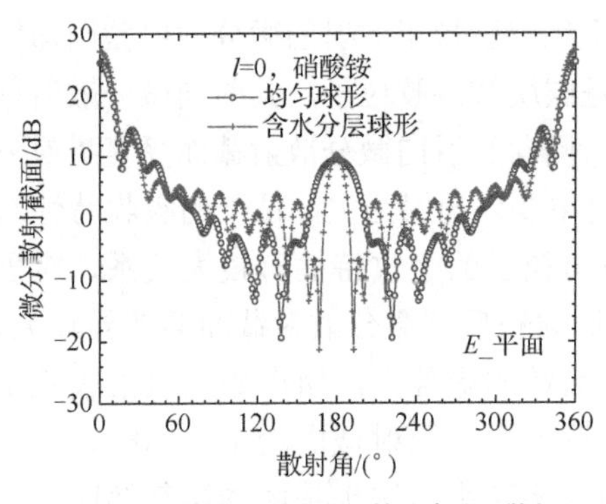

（a）拓扑荷数l=0的贝塞尔涡旋波束粒子散射E分量的微分散射截面

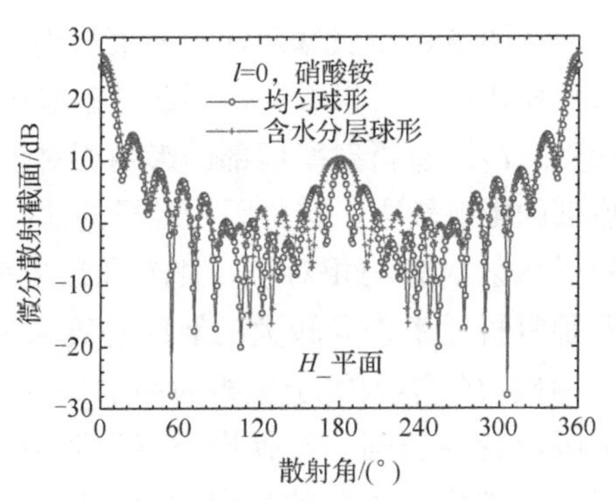

（b）拓扑荷数l=0的贝塞尔涡旋波束粒子散射H分量的微分散射截面

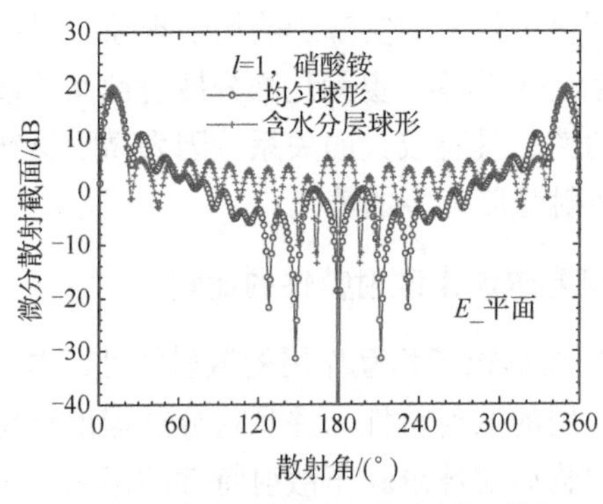

（c）拓扑荷数l=1的贝塞尔涡旋波束粒子散射E分量的微分散射截面

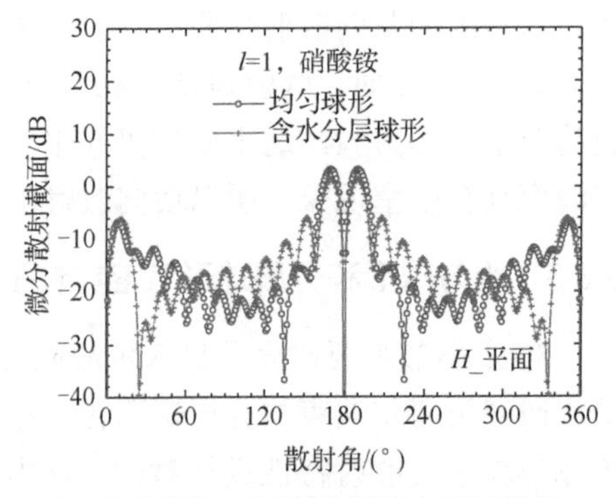

（d）拓扑荷数l=1的贝塞尔涡旋波束粒子散射H分量的微分散射截面

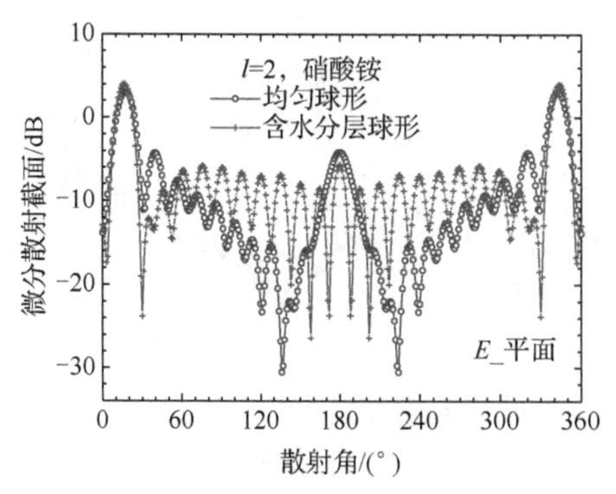

（e）拓扑荷数l=2的贝塞尔涡旋波束粒子散射E分量的微分散射截面

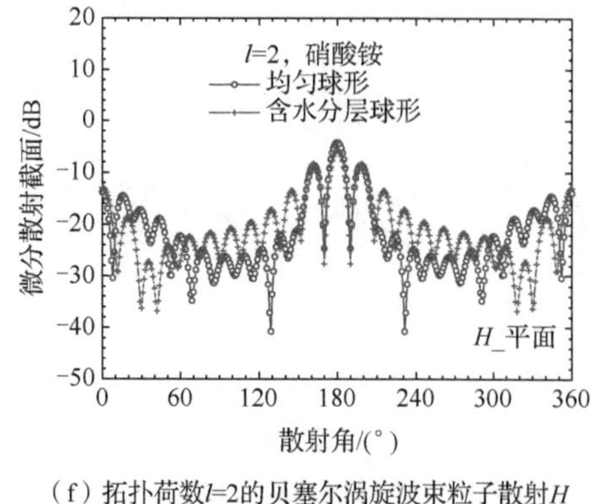

（f）拓扑荷数l=2的贝塞尔涡旋波束粒子散射H分量的微分散射截面

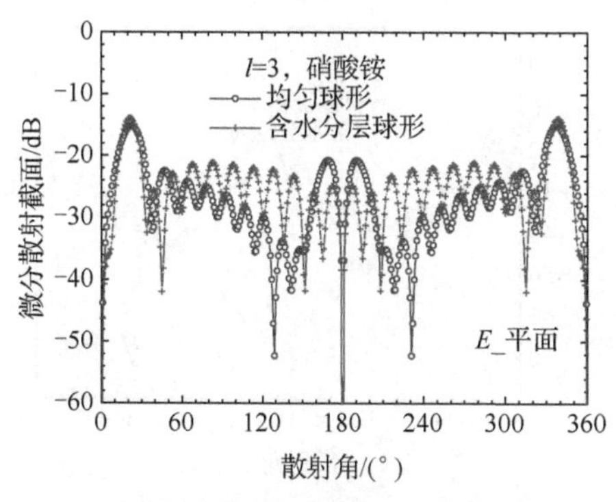

（g）拓扑荷数l=3的贝塞尔涡旋波束粒子散射E分量的微分散射截面

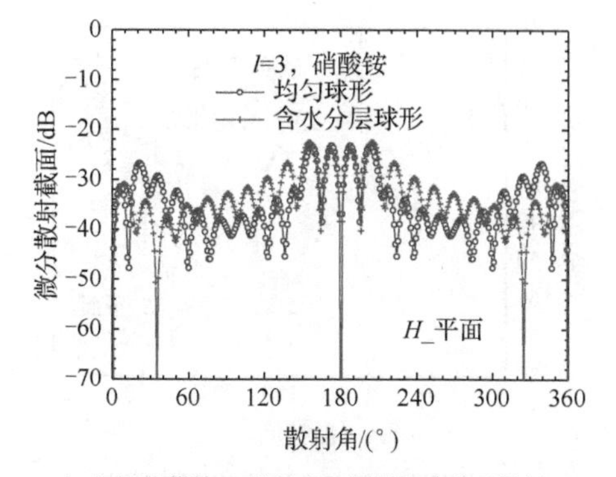

（h）拓扑荷数l=3的贝塞尔涡旋波束粒子散射H分量的微分散射截面

图 5.9　贝塞尔涡旋波束的硝酸铵气溶胶粒子散射的微分散射截面随散射角变化曲线

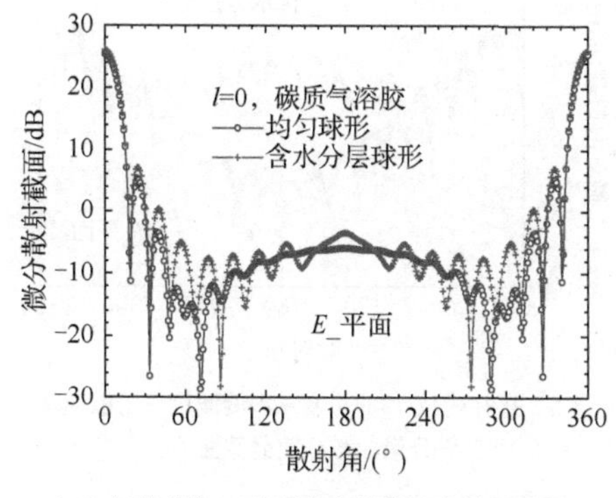

（a）拓扑荷数l=0的贝塞尔涡旋波束粒子散射E分量的微分散射截面

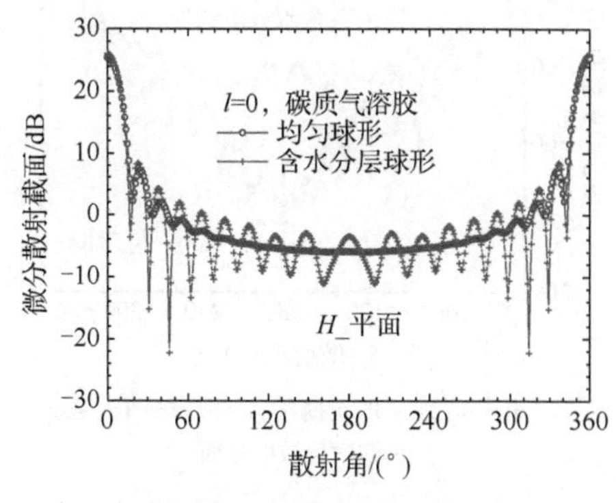

（b）拓扑荷数l=0的贝塞尔涡旋波束粒子散射H分量的微分散射截面

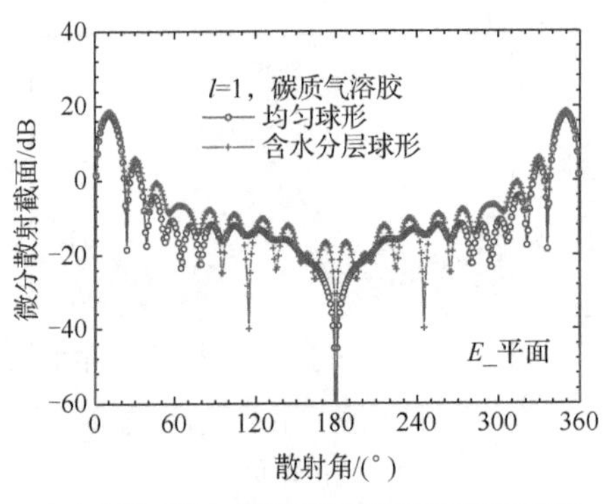

（c）拓扑荷数l=1的贝塞尔涡旋波束粒子散射E分量的微分散射截面

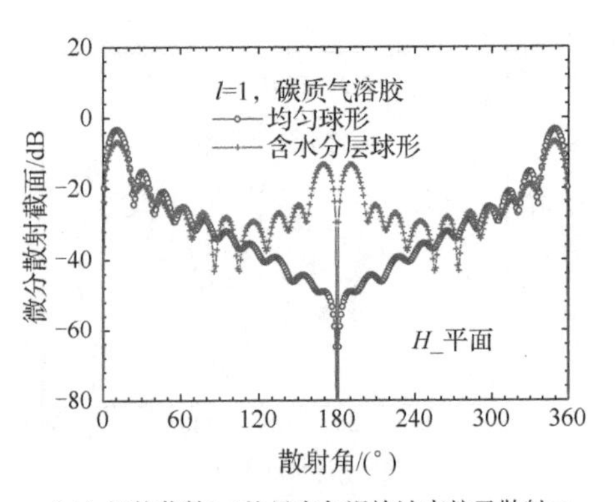

（d）拓扑荷数l=1的贝塞尔涡旋波束粒子散射H分量的微分散射截面

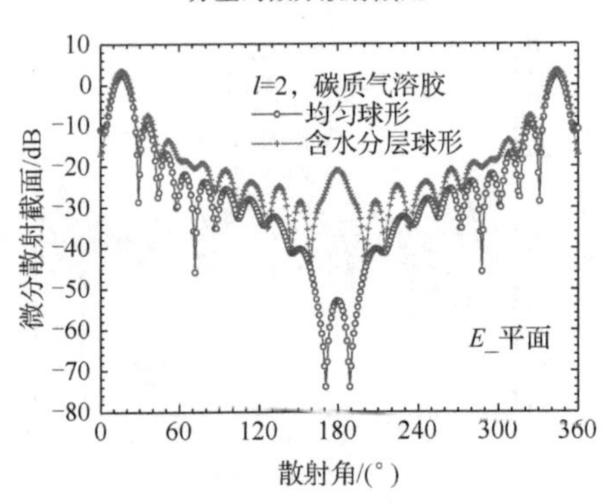

（e）拓扑荷数l=2的贝塞尔涡旋波束粒子散射E分量的微分散射截面

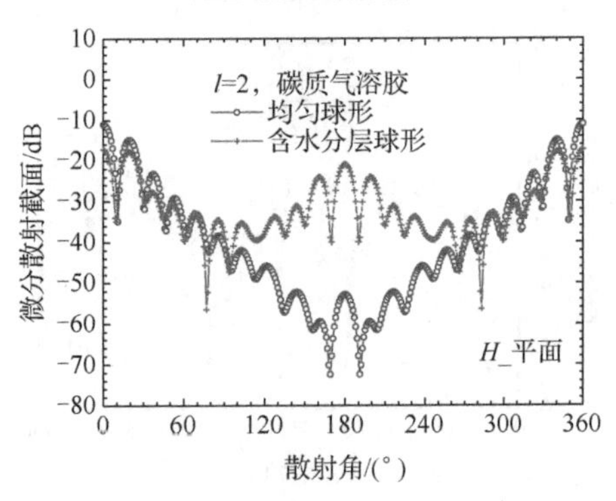

（f）拓扑荷数l=2的贝塞尔涡旋波束粒子散射H分量的微分散射截面

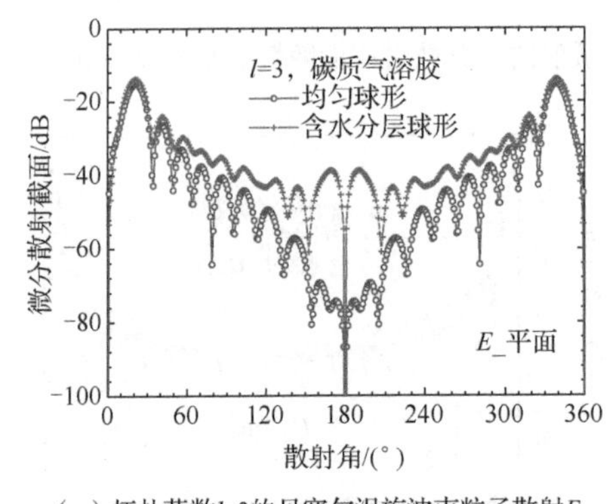

（g）拓扑荷数l=3的贝塞尔涡旋波束粒子散射E分量的微分散射截面

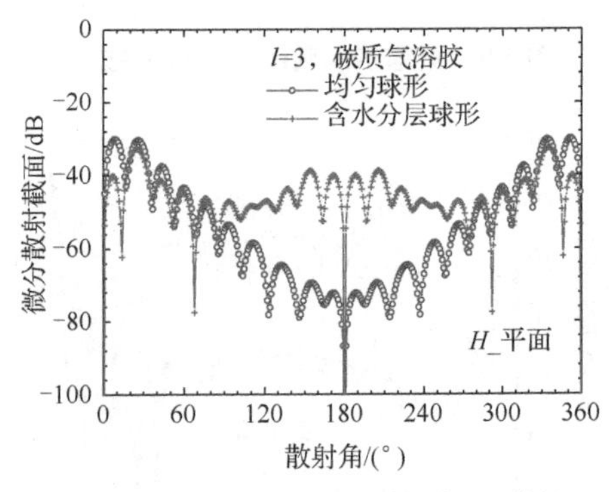

（h）拓扑荷数l=3的贝塞尔涡旋波束粒子散射H分量的微分散射截面

图 5.10　贝塞尔涡旋波束的碳质气溶胶粒子散射的微分散射截面随散射角变化曲线

从图 5.9、图 5.10 可以看出，贝塞尔涡旋波束的拓扑荷数 l 大于 1 时，含水的硝酸铵、碳质气溶胶分层球形粒子的后侧向微分散射截面都比均匀球形粒子的大，这主要是因为水的复折射率实部和虚部都比硝酸铵的小，且后侧向微分散射截面与复折射率的实部和虚部都有关。均匀球形粒子和含水分层球形粒子的前向和前侧向微分散射截面的变化趋势基本相同，但在数值方面稍有区别，对于粒子的前向散射主要是衍射现象，衍射主要受复折射率实部的影响。含水分层球形粒子中水的复折射率虚部对微分散射截面的影响如图 5.10 所示，由于均匀球形粒子和含水分层球形粒子的复折射率差异较大，而复折射率的虚部主要影响后向微分散射截面的振荡特性，因此含水分层球形碳质气溶胶粒子的后向微分散射截面的振荡较均匀球形粒子的强，并且随着贝塞尔涡旋波束拓扑荷数的增大，出现含水分层球形碳质气溶胶粒子的微分散射截面大于均匀球形碳质气溶胶粒子微分散射截面的现象。这也说明，含水层减小了碳质气溶胶的吸收特性，从而使散射增强。因为硝酸铵与水的复折射率虚部的差异较小，所以在趋势上稍有差异，虽然不是很明显，但是依然可以看出后向微分散射截面振荡特性有加强的现象。

5.4　单个雾霾组分气溶胶粒子对拉盖尔-高斯波束的散射特性

随着激光技术的不断发展，激光在军事、通信、生物医学和大气光学中得到了比较广泛的应用，这使得更多研究者关注到该领域。矢量光束具有偏振特性产生的角动量，或者螺旋形相位光束的轨道角动量[109]。涡旋波束由于具有轨道角动量数，可以构成无穷多维的希尔伯特空间，相对于传统的二进制编码，光束的轨道角动量编码能够更加有效地提高数据传输的容量，因此对拉盖尔-高斯波束的传输[110]及其与微小粒子相互作用的研究得到很多研究工作者的关注。例如，对拉盖尔-高斯涡旋波束与球形粒子辐射压力[111]和捕获力[112]的研究，以及对聚焦的拉盖尔-高斯波束与均匀球形粒子相互作用的研究[113]。但是，对拉盖尔-高斯波束直接与球形粒子散射特性的研究并没有太多描述，因此徐强等选取 x 轴方向极化的拉盖尔-高斯波束使用 GLMT 来研究其与单个球形粒子作用的散射特性[114]。

Gouesbet 等[21,22,94]根据 Davis 提出的高斯波束的一阶近似，利用 Bromwich 公式深入研究了波束与均匀球形粒子的远区散射场，提出了著名的广义洛伦茨-米氏理论，给出了在轴球形粒子对高斯波束散射的一种级数计算方法以及高斯波束在球坐标系下波束因子的三种计算方法：积分法、区域近似法和积分区域近似法。Gouesbet 等提出的广义洛伦茨-米氏理论为波束散射问题的解决提供了方案，本节使用该理论研究拉盖尔-高斯波束与球形粒子相互作用的散射特性。

5.4.1　拉盖尔-高斯波束的球形气溶胶粒子散射波束因子计算

拉盖尔-高斯波束与球形粒子散射的原理如图 5.11 所示，一束 x 轴方向线偏振的拉盖尔-高斯波束沿坐标系 $O'x'y'z'$ 的 z' 轴入射到球心位于直角坐标系 $Oxyz$ 原点 O 的半径为 a 的球形粒子上。

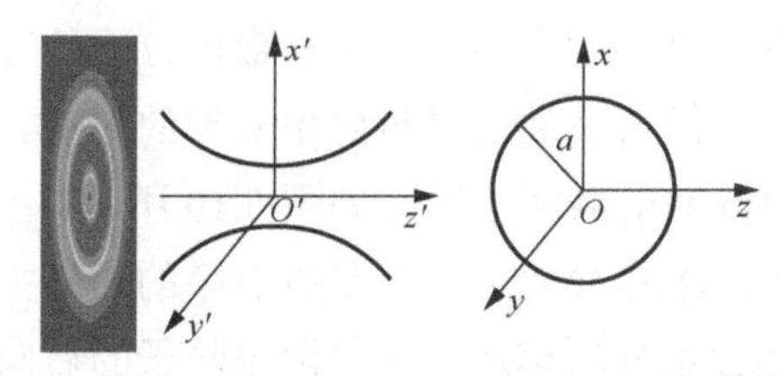

图 5.11　拉盖尔-高斯波束与球形粒子散射的原理

入射的拉盖尔-高斯波束在 $z=0$ 处电场的表达式如下：

$$E_x(x,y,0)=E_0\left(\frac{x+\mathrm{i}y}{\omega_0}\right)^l\exp\left(-\frac{x^2+y^2}{\omega_0^2}\right) \tag{5.82}$$

其中，E_0 为振幅；ω_0 为束腰半径；l 为拓扑荷数。

将拉盖尔-高斯波束使用空间矢量角谱法展开：

$$E_x(r)=\iint_{-\infty}^{+\infty}A_x(p,q)\exp\left[\mathrm{i}k(px+qy+mz)\right]\mathrm{d}p\mathrm{d}q \tag{5.83}$$

$$E_y(r)=\iint_{-\infty}^{+\infty}A_y(p,q)\exp\left[\mathrm{i}k(px+qy+mz)\right]\mathrm{d}p\mathrm{d}q \tag{5.84}$$

$$E_z(r)=-\iint_{-\infty}^{+\infty}\left[\frac{p}{m}A_x(p,q)+\frac{q}{m}A_y(p,q)\right]\exp\left[\mathrm{i}k(px+qy+mz)\right]\mathrm{d}p\mathrm{d}q \tag{5.85}$$

其中，$E=E_x\boldsymbol{i}+E_y\boldsymbol{j}+E_z\boldsymbol{k}$，$\boldsymbol{i}$、$\boldsymbol{j}$、$\boldsymbol{k}$ 分别为 x、y、z 方向的单位矢量；k 为波数；$p=\cos\alpha$；$q=\cos\beta$；$m=\cos\gamma$。且有

$$m=\begin{cases}(1-p^2-q^2)^{\frac{1}{2}}, & p^2+q^2\leqslant 1\\ \mathrm{i}(p^2+q^2-1)^{\frac{1}{2}}, & p^2+q^2>1\end{cases} \tag{5.86}$$

$$A_x(p,q)=\left(\frac{k}{2\pi}\right)^2\iint_{-\infty}^{+\infty}E_x(x,y,0)\exp\left[-\mathrm{i}k(px+qy)\right]\mathrm{d}x\mathrm{d}y \tag{5.87}$$

$$A_y(p,q)=\left(\frac{k}{2\pi}\right)^2\iint_{-\infty}^{+\infty}E_y(x,y,0)\exp\left[-\mathrm{i}k(px+qy)\right]\mathrm{d}x\mathrm{d}y \tag{5.88}$$

对式（5.87）和式（5.88）进行围道积分，并利用公式

$$\int_{-\infty}^{+\infty}\exp(-\beta^2t^2-\mathrm{i}qt)\mathrm{d}t=\frac{\sqrt{\pi}}{\beta}\exp\left(-\frac{q^2}{4\beta^2}\right) \tag{5.89}$$

其中，$\mathrm{Re}(\beta)>0$，计算得

$$\begin{aligned}A_x(p,q)&=\left(\frac{k}{2\pi}\right)^2\iint_{-\infty}^{+\infty}E_0\left(\frac{x+\mathrm{i}y}{\omega_0}\right)^l\exp\left(-\frac{x^2+y^2}{\omega_0^2}\right)\exp\left[-\mathrm{i}k(px+qy)\right]\mathrm{d}x\mathrm{d}y\\&=\frac{k^2\omega_0^2}{2\pi}\left[\frac{1}{2}k\omega_0(q-\mathrm{i}p)\right]^l\exp\left[-\frac{k^2\omega_0^2(p^2+q^2)}{4}\right]E_0\end{aligned} \tag{5.90}$$

$$A_y(p,q)=\left(\frac{k}{2\pi}\right)^2\iint_{-\infty}^{+\infty}E_y(x,y,0)\exp\left[-\mathrm{i}k(px+qy)\right]\mathrm{d}x\mathrm{d}y=0 \tag{5.91}$$

$$\begin{aligned}A_z(p,q)&=\frac{p}{m}A_x(p,q)+\frac{q}{m}A_y(p,q)\\&=\frac{p}{m}\cdot\frac{k^2\omega_0^2}{2\pi}\cdot\left[\frac{1}{2}k\omega_0(q-\mathrm{i}p)\right]^l\cdot\exp\left[-\frac{k^2\omega_0^2(p^2+q^2)}{4}\right]E_0\end{aligned} \tag{5.92}$$

对式（5.83）～式（5.85）使用稳相法可以得到空间电场各分量的表达式：

$$\begin{aligned}E_x(r)&=\iint_{-\infty}^{+\infty}A_x(p,q)\exp\left[\mathrm{i}k(px+qy+mz)\right]\mathrm{d}p\mathrm{d}q\\&=\iint_{-\infty}^{+\infty}\frac{k^2\omega_0^2}{2\pi}\left[\frac{1}{2}k\omega_0(q-\mathrm{i}p)\right]^l\exp\left[-\frac{k^2\omega_0^2(p^2+q^2)}{4}\right]E_0\cdot\exp\left[\mathrm{i}k(px+qy+mz)\right]\mathrm{d}p\mathrm{d}q\\&\approx\frac{\mathrm{i}k\omega_0^2\cdot z}{x^2+y^2+z^2}\cdot\left(k\omega_0\cdot\frac{y-\mathrm{i}x}{2\sqrt{x^2+y^2+z^2}}\right)^l\\&\quad\cdot\exp\left(-\frac{\omega_0^2k^2}{4}\frac{x^2+y^2}{x^2+y^2+z^2}\right)\exp\left(\mathrm{i}k\sqrt{x^2+y^2+z^2}\right)\cdot E_0\end{aligned} \tag{5.93}$$

$$E_y(r)=0 \tag{5.94}$$

$$\begin{aligned}E_z(r)&=-\iint_{-\infty}^{+\infty}\left[\frac{p}{m}A_x(p,q)+\frac{q}{m}A_y(p,q)\right]\exp\left[\mathrm{i}k(px+qy+mz)\right]\mathrm{d}p\mathrm{d}q\\&=-\iint_{-\infty}^{+\infty}\frac{p}{m}A_x(p,q)\exp\left[\mathrm{i}k(px+qy+mz)\right]\mathrm{d}p\mathrm{d}q\\&\approx\frac{\mathrm{i}k\omega_0^2\cdot x}{x^2+y^2+z^2}\cdot\left(k\omega_0\cdot\frac{y-\mathrm{i}x}{2\sqrt{x^2+y^2+z^2}}\right)^l\\&\quad\cdot\exp\left(-\frac{\omega_0^2k^2}{4}\frac{x^2+y^2}{x^2+y^2+z^2}\right)\exp\left(\mathrm{i}k\sqrt{x^2+y^2+z^2}\right)\cdot E_0\end{aligned} \tag{5.95}$$

同理，使用空间角谱法和积分法，得到空间磁场的表达式：

$$H_x(x,y,z)=\frac{-1}{(\mu/\varepsilon)^{\frac{1}{2}}}\iint_{-\infty}^{+\infty}\left[\frac{pq}{m}A_x(p,q)+\frac{1-p^2}{m}A_y(p,q)\right]\exp\left[\mathrm{i}k(px+qy+mz)\right]\mathrm{d}p\mathrm{d}q$$
$$=\frac{-\mathrm{i}k\omega_0^2\cdot x\cdot y}{(\mu/\varepsilon)^{\frac{1}{2}}(x^2+y^2+z^2)^{\frac{3}{2}}}\cdot\left(k\omega_0\cdot\frac{y-\mathrm{i}x}{2\sqrt{x^2+y^2+z^2}}\right)^l$$
$$\cdot\exp\left(-\frac{\omega_0^2k^2}{4}\frac{x^2+y^2}{x^2+y^2+z^2}\right)\exp\left(\mathrm{i}k\sqrt{x^2+y^2+z^2}\right)\cdot E_0 \tag{5.96}$$

$$H_y(x,y,z)=\frac{1}{(\mu/\varepsilon)^{\frac{1}{2}}}\iint_{-\infty}^{+\infty}\left[\frac{1-q^2}{m}A_x(p,q)+\frac{pq}{m}A_y(p,q)\right]\exp\left[\mathrm{i}k(px+qy+mz)\right]\mathrm{d}p\mathrm{d}q$$
$$=\frac{\mathrm{i}k\omega_0^2\cdot(x^2+z^2)}{(\mu/\varepsilon)^{\frac{1}{2}}(x^2+y^2+z^2)^{\frac{3}{2}}}\cdot\left(k\omega_0\cdot\frac{y-\mathrm{i}x}{2\sqrt{x^2+y^2+z^2}}\right)^l$$
$$\cdot\exp\left(-\frac{\omega_0^2k^2}{4}\frac{x^2+y^2}{x^2+y^2+z^2}\right)\exp\left(\mathrm{i}k\sqrt{x^2+y^2+z^2}\right)\cdot E_0 \tag{5.97}$$

$$H_z(x,y,z)=\frac{-1}{(\mu/\varepsilon)^{\frac{1}{2}}}\iint_{-\infty}^{+\infty}\left[qA_x(p,q)-pA_y(p,q)\right]\exp\left[\mathrm{i}k(px+qy+mz)\right]\mathrm{d}p\mathrm{d}q$$
$$=\frac{-\mathrm{i}k\omega_0^2\cdot y\cdot z}{(\mu/\varepsilon)^{\frac{1}{2}}(x^2+y^2+z^2)^{\frac{3}{2}}}\cdot\left(k\omega_0\cdot\frac{y-\mathrm{i}x}{2\sqrt{x^2+y^2+z^2}}\right)^l$$
$$\cdot\exp\left(-\frac{\omega_0^2k^2}{4}\frac{x^2+y^2}{x^2+y^2+z^2}\right)\cdot\exp\left(\mathrm{i}k\sqrt{x^2+y^2+z^2}\right)\cdot E_0 \tag{5.98}$$

其中，

$$m\big|_{p_0,q_0}=\frac{z}{\sqrt{x^2+y^2+z^2}},\quad p_0=\frac{x}{\sqrt{x^2+y^2+z^2}},\quad q_0=\frac{y}{\sqrt{x^2+y^2+z^2}} \tag{5.99}$$

图 5.12 是拉盖尔-高斯波束的电场强度分布图（ω_0=0.6328μm，$z_0=10$μm）。

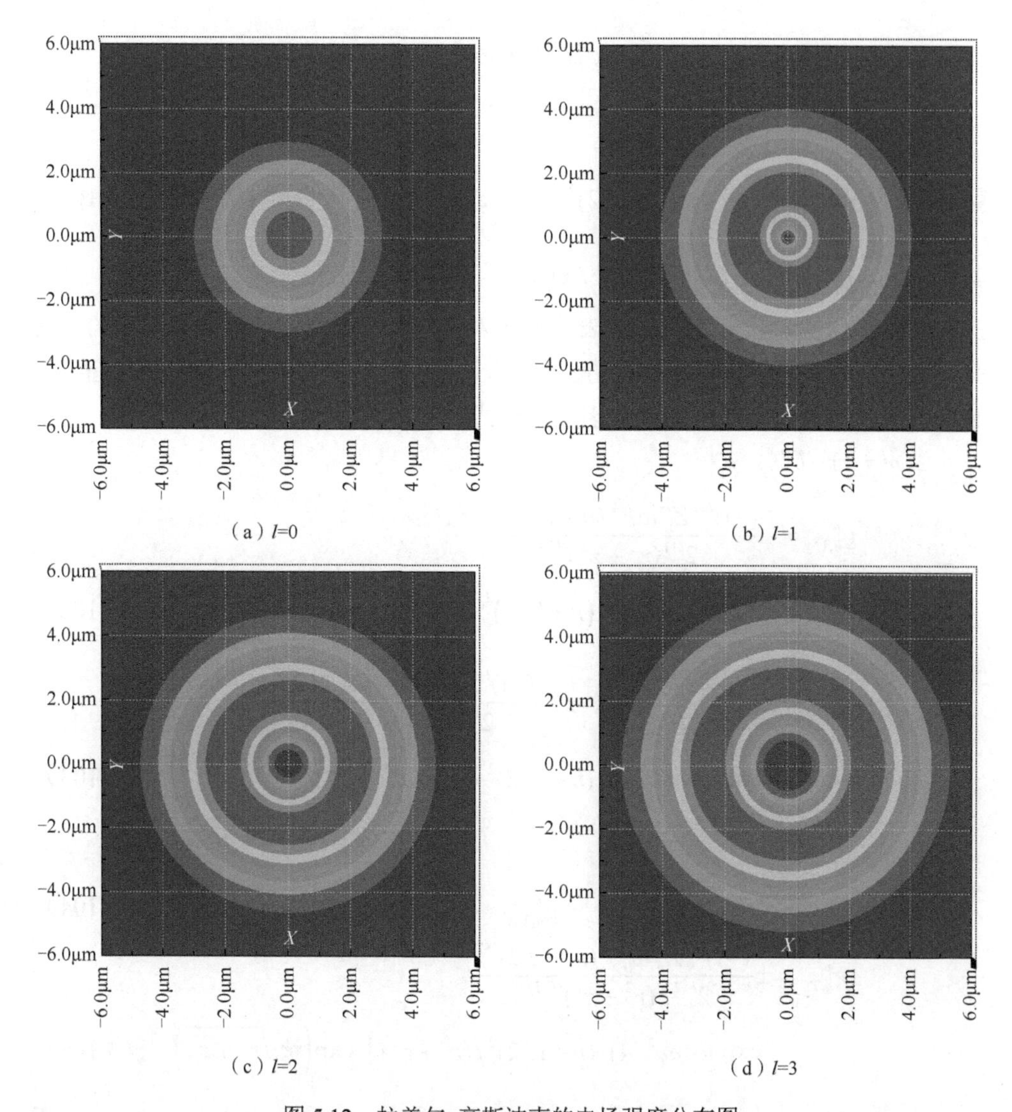

（a）l=0　　（b）l=1

（c）l=2　　（d）l=3

图 5.12　拉盖尔-高斯波束的电场强度分布图

通过将直角坐标系下电磁场的表达式转化成球坐标系下电磁场的表达式，并利用积分局部近似法，使得 $kr \to n+1/2$ 和 $\theta \to \pi/2$，可以得到球坐标系下电磁场各分量的表达式，其中径向分量 E_r、H_r 的表达式如下：

$$\begin{aligned} E_r &= \sin\theta\cos\varphi E_x + \sin\theta\sin\varphi E_y + \cos\theta E_z \\ &= \frac{-(-\mathrm{i})^{l+1} k {\omega_0}^{l+2} (n+1/2)^l z}{2^l (r^2+z^2)^{l/2+1}} \exp(-\mathrm{i} l\varphi) \\ &\quad \cdot \exp\left[(-\omega_0^2/4)\cdot(n+1/2)^2/(r^2+z^2)\right]\cdot\exp(\mathrm{i}k\sqrt{r^2+z^2})E_0\cos\varphi \end{aligned} \tag{5.100}$$

$$
\begin{aligned}
H_r &= \sin\theta\cos\varphi H_x + \sin\theta\sin\varphi H_y + \cos\theta H_z \\
&= \left[\frac{2(n+1/2)^2\cos^2\varphi}{k} - kz^2\right]\frac{(-\mathrm{i})^{l+1}\omega_0^{\ l+2}(n+1/2)^l}{2^l(r^2+z^2)^{(l+3)/2}}\exp(-\mathrm{i}l\varphi) \\
&\quad \cdot\exp\left[(-\omega_0^{\ 2}/4)\cdot(n+1/2)^2/(r^2+z^2)\right]\cdot\exp\left(\mathrm{i}k\sqrt{r^2+z^2}\right)H_0\sin\varphi
\end{aligned}
\tag{5.101}
$$

其中，$r=\sqrt{x^2+y^2}$；$\varphi=\arctan(y/x)$。

将电磁场径向分量 E_r、H_r 的表达式代入积分局部近似法计算波束因子的表达式（5.75），并利用指数函数与三角函数的正交性，计算得到在轴入射的拉盖尔-高斯波束与球形粒子作用的波束因子表达式。

当 $m=\pm1-l$ 时，

$$
\begin{aligned}
g_{n,\mathrm{TM}}^m &= \frac{-(-\mathrm{i})^{l+1}Z_n^m\omega_0^{\ l+2}(n+1/2)^l k\cdot z}{2^{l+1}(r^2+z^2)^{l/2+1}} \\
&\quad \cdot\exp\left[(-\omega_0^{\ 2}/4)\cdot\left(n+1/2\right)^2/(r^2+z^2)\right]\cdot\exp\left(\mathrm{i}k\sqrt{r^2+z^2}\right)
\end{aligned}
\tag{5.102}
$$

$$
\begin{aligned}
g_{n,\mathrm{TE}}^m &= \pm\left[\frac{(n+1/2)^2}{2k} - k\cdot z^2\right]\frac{(-\mathrm{i})^{l+2}Z_n^m\omega_0^{\ l+2}(n+1/2)^l}{2^{l+1}(r^2+z^2)^{(l+3)/2}} \\
&\quad \cdot\exp\left[(-\omega_0^{\ 2}/4)\cdot(n+1/2)^2/(r^2+z^2)\right]\cdot\exp\left(\mathrm{i}k\sqrt{r^2+z^2}\right)
\end{aligned}
\tag{5.103}
$$

当 $m=\pm3-l$ 时，

$$
g_{n,\mathrm{TM}}^m = 0 \tag{5.104}
$$

$$
\begin{aligned}
g_{n,\mathrm{TE}}^m &= \pm\frac{(-\mathrm{i})^{l+1}Z_n^m\omega_0^{\ l+2}(n+1/2)^{l+2}}{2^{l+2}k(r^2+z^2)^{(l+3)/2}} \\
&\quad \cdot\exp\left[(-\omega_0^{\ 2}/4)\cdot(n+1/2)^2/(r^2+z^2)\right]\cdot\exp\left(\mathrm{i}k\sqrt{r^2+z^2}\right)
\end{aligned}
\tag{5.105}
$$

当 $m\neq\pm1-l$ 且 $m\neq\pm3-l$ 时，

$$
\left.\begin{matrix} g_{n,\mathrm{TM}}^m \\ g_{n,\mathrm{TE}}^m \end{matrix}\right\} = 0 \tag{5.106}
$$

以上就是使用广义洛伦茨-米氏理论（GLMT）法计算拉盖尔-高斯波束与球形粒子散射的波束因子表达式的推导过程。通过拉盖尔-高斯波束与球形粒子散射的散射系数与波束因子、米氏散射系数的关系式（5.13）就可以计算出拉盖尔-高斯波束与球形粒子作用的散射系数。

5.4.2　单个雾霾组分均匀球形气溶胶粒子对拉盖尔-高斯波束的散射特性

当拓扑荷数$l=0$时，拉盖尔-高斯波束退化为高斯波束，将退化得到的拉盖尔-高斯波束与 x 轴方向极化的高斯波束与均匀球形粒子作用的微分散射截面进行比较。取在轴入射的拉盖尔-高斯波束和 x 轴方向极化的高斯波束的波长$\lambda=0.6328\mu\text{m}$，束腰半径$\omega_0=1.0\mu\text{m}$，均匀球形粒子半径$r=1.0\lambda$，均匀球形粒子的复折射率为$1.55+\text{i}0.0$，$z=10\mu\text{m}$。图 5.13 是零阶拉盖尔-高斯波束和$x$轴方向极化的高斯波束分别与均匀球形粒子散射的微分散射截面随散射角变化曲线。

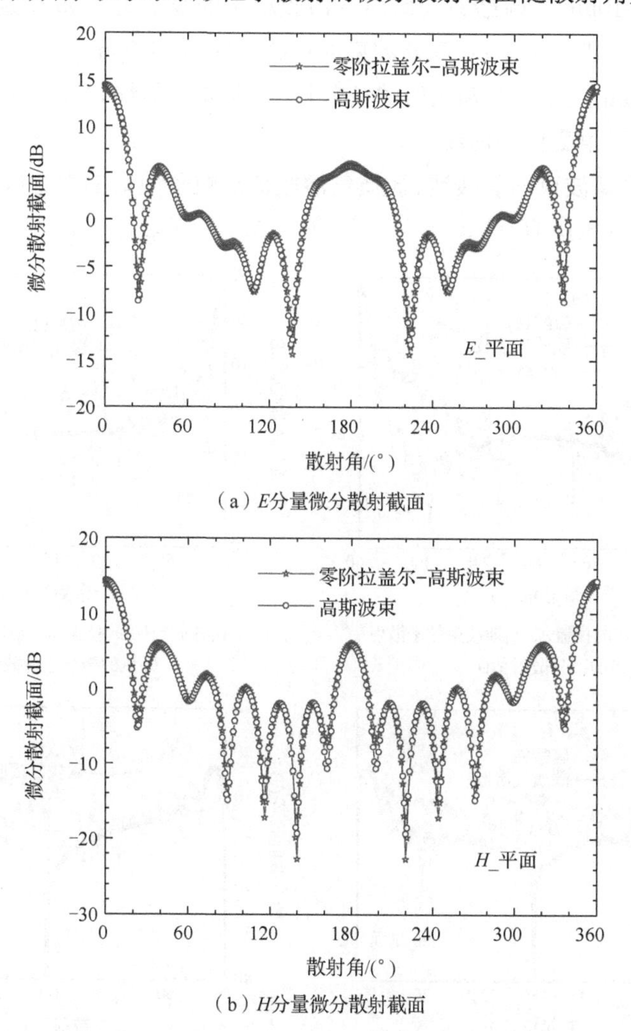

图 5.13　零阶拉盖尔-高斯波束和 x 轴方向极化的高斯波束分别与均匀球形粒子散射的微分散射截面随散射角变化曲线

由图 5.13 可知，在入射光束光斑相同的情况下，零阶 ($l=0$) 拉盖尔-高斯波束和 x 轴方向极化的高斯波束分别与均匀球形粒子作用的微分散射截面随散射角变化曲线能较好吻合，从而验证了本书作者所提计算方法和程序的正确性，这是对接下来计算拉盖尔-高斯波束与雾霾主要组分单个硫酸铵、硫酸、硝酸铵和碳质气溶胶粒子散射特性的程序的可靠性验证。

本小节计算在轴拉盖尔-高斯波束与均匀球形硫酸铵和碳质气溶胶单个粒子的散射特性。在波长 $\lambda=0.55\mu\text{m}$ 在轴拉盖尔-高斯波束的照射下（束腰中心的位置 $x_0=y_0=0$，$z_0=10\mu\text{m}$），硫酸铵和碳质气溶胶粒子的复折射率 m 分别为 $1.52+\text{i}10^{-7}$ 和 $1.75+\text{i}0.44$。选取拉盖尔-高斯波束的束腰半径 $\omega_0=1.0\mu\text{m}$，单个均匀球形粒子的半径 $r=1.0\mu\text{m}$，计算在轴入射的拉盖尔-高斯波束与均匀球形粒子作用的微分散射截面随散射角变化的曲线。

拉盖尔-高斯波束与硫酸铵、碳质气溶胶球形粒子散射的微分散射截面随散射角变化曲线如图 5.14 所示。

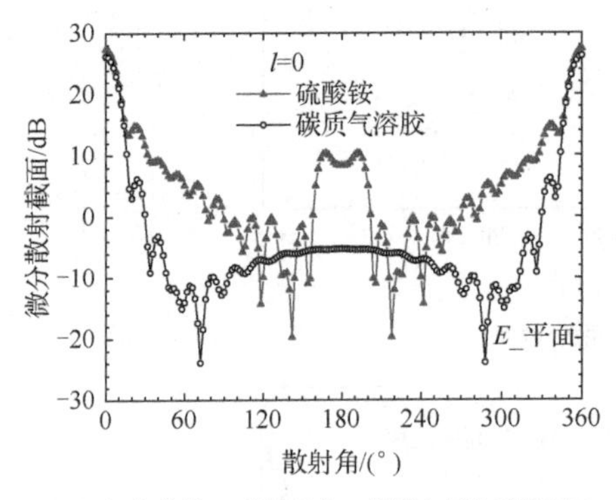

（a）拓扑荷数l=0的拉盖尔-高斯波束粒子散射E分量的微分散射截面

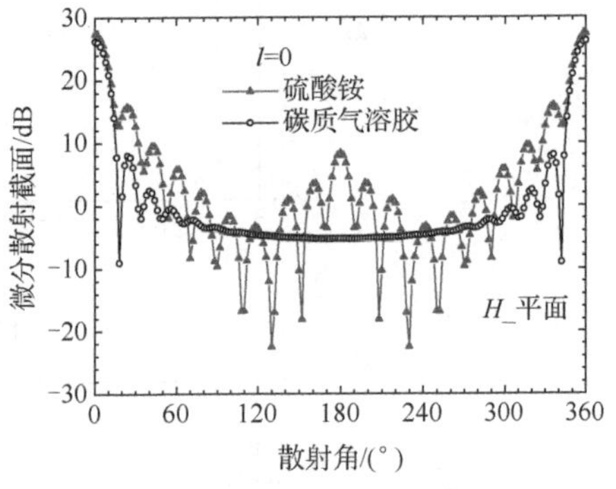

（b）拓扑荷数l=0的拉盖尔-高斯波束粒子散射H分量的微分散射截面

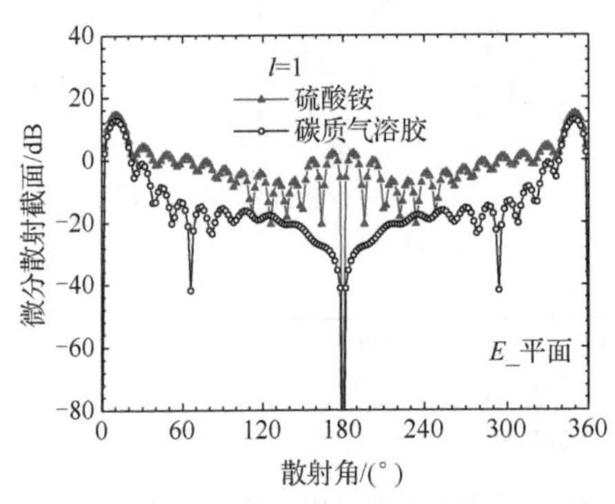

（c）拓扑荷数l=1的拉盖尔-高斯波束粒子散射E分量的微分散射截面

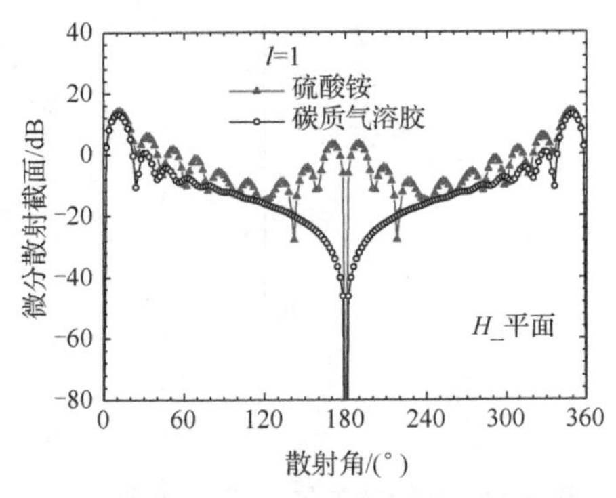

（d）拓扑荷数l=1的拉盖尔-高斯波束粒子散射H分量的微分散射截面

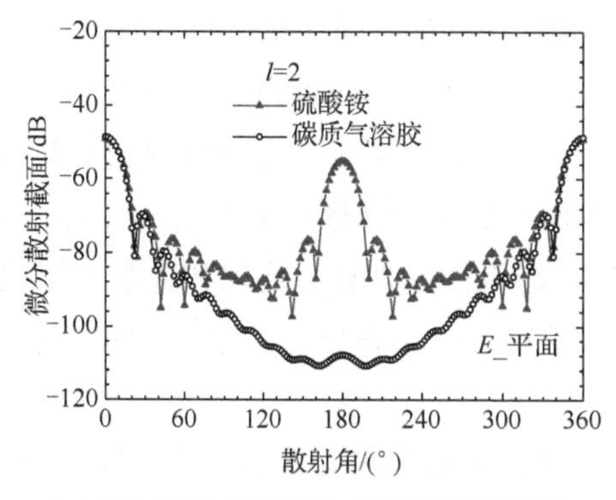

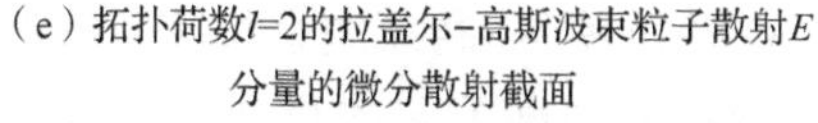
（e）拓扑荷数l=2的拉盖尔-高斯波束粒子散射E分量的微分散射截面

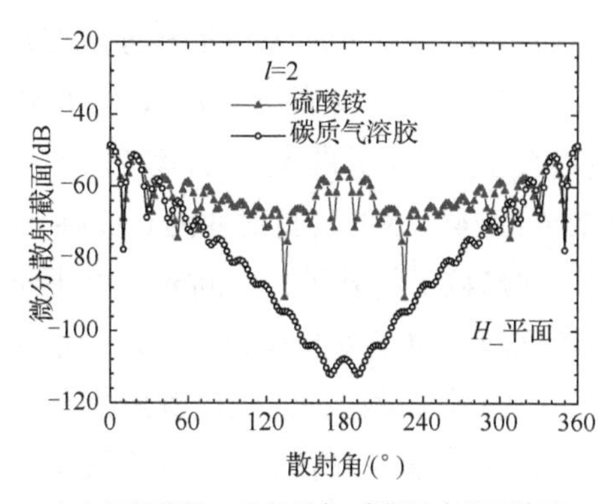

（f）拓扑荷数l=2的拉盖尔-高斯波束粒子散射H分量的微分散射截面

图 5.14　拉盖尔-高斯波束与硫酸铵、碳质气溶胶球形粒子散射的微分散射截面随散射角变化曲线

从图 5.14 可以看出，拉盖尔-高斯波束的微分散射截面随散射角变化曲线与拓扑荷数 l 的关系与贝塞尔波束基本相同，都是当拓扑荷数$l=1$时微分散射截面在散射角$\theta=180^\circ$的值趋向于负无穷大，也就是说散射强度的值等于 0。通过微分散射截面的对比，整体来看碳质气溶胶的微分散射截面较小，这主要因为碳质气溶胶粒子复折射率的虚部较大，其吸收特性较强。但是，对于后向和侧后向微分散射截面的值，由于硫酸铵气溶胶粒子散射特性的振荡较多，其部分值小于碳质气溶胶粒子。

5.4.3　均匀球形和分层球形气溶胶粒子对拉盖尔-高斯波束散射特性的比较

如高斯波束与分层球形粒子散射特性计算的原理所述，球形粒子散射的波束因子与入射波束的特性有关，米氏散射系数与分层球形粒子相关。关于米氏散射系数的计算方法，在第 3 章平面波与分层球形粒子散射系数的计算中已经进行说明，此处不再赘述。对于波束的球形粒子散射系数的计算，只要根据波束与球形粒子散射的原理将波束因子与分层球形粒子散射的米氏散射系数相乘，即可得到波束与球形粒子散射的散射系数。

本小节主要计算均匀硫酸铵和碳质气溶胶粒子与含水分层硫酸铵、碳质气溶胶粒子的散射特性，并就其微分散射截面随散射角的变化曲线进行对比。这里主要考虑到硫酸铵、硫酸和硝酸铵的复折射率较相近，其微分散射截面的规律也就基本相似，而碳质气溶胶的复折射率较大，并且 5.3.2 小节计算了硝酸铵气溶胶粒子对贝塞尔波束的散射特性。综上所述，本小节选取硫酸铵和碳质气溶胶粒子作为散射物质来研究均匀球形和分层球形粒子对拉盖尔-高斯波束的散射特性。选取拉盖尔-高斯波束的入射波长 $\lambda = 0.55\mu m$，束腰半径 $\omega_0 = 1.0\mu m$。在该波长下硫酸铵气溶胶粒子的复折射率为 $1.52 + i10^{-7}$，碳质气溶胶粒子的复折射率为 $1.75 + i0.44$，水的复折射率为 $1.333 + i1.96 \times 10^{-9}$。取均匀球形粒子半径 $r = 1.0\mu m$，分层球形粒子的外径 $r = 1.0\mu m$，内径 $r_1 = 0.8r$。下面分别计算均匀和含水分层硫酸铵气溶胶粒子以及均匀和含水分层碳质气溶胶粒子与在轴拉盖尔-高斯波束相互作用的微分散射截面随散射角的变化曲线。

在轴拉盖尔-高斯波束与硫酸铵均匀球形和含水分层球形粒子散射的微分散射截面随散射角变化曲线如图 5.15 所示，在轴拉盖尔-高斯波束与碳质气溶胶均匀球形和含水分层球形粒子散射的微分散射截面随散射角变化曲线如图 5.16 所示。

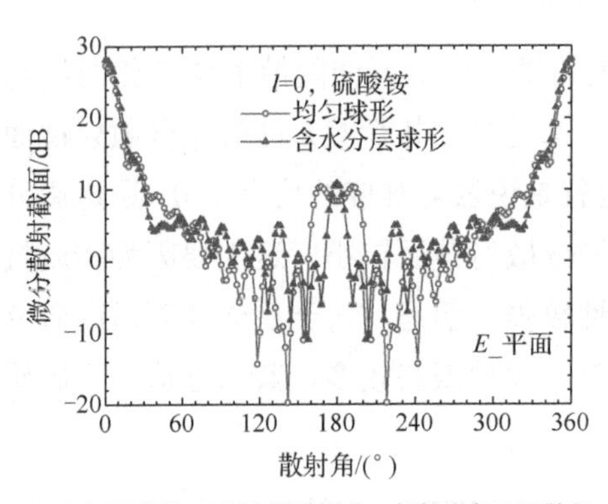

（a）拓扑荷数 l=0的在轴拉盖尔-高斯波束粒子散射 E分量的微分散射截面

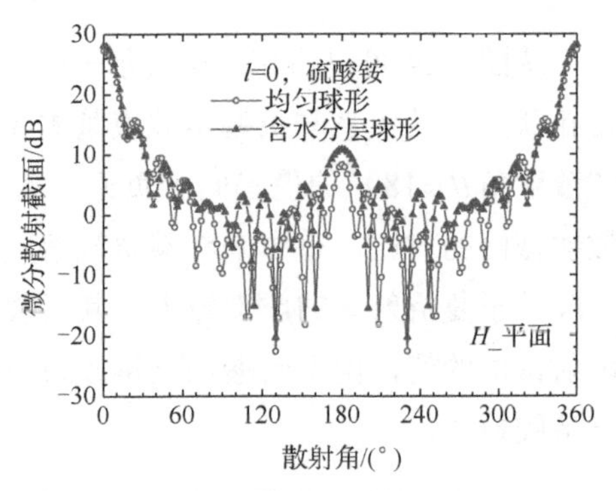

（b）拓扑荷数 l=0的在轴拉盖尔-高斯波束粒子散射 H分量的微分散射截面

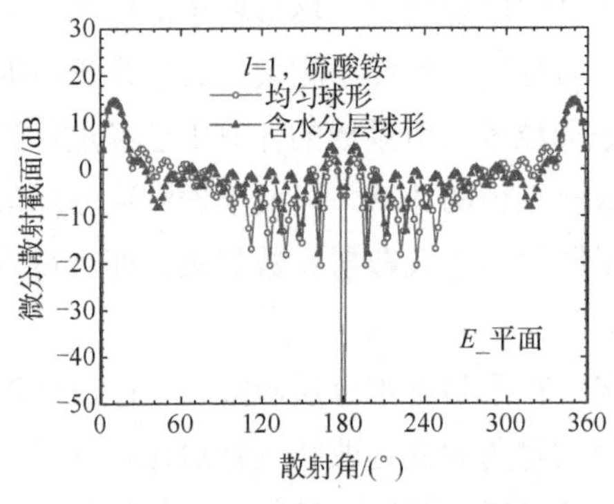

（c）拓扑荷数 l=1的在轴拉盖尔-高斯波束粒子散射 E分量的微分散射截面

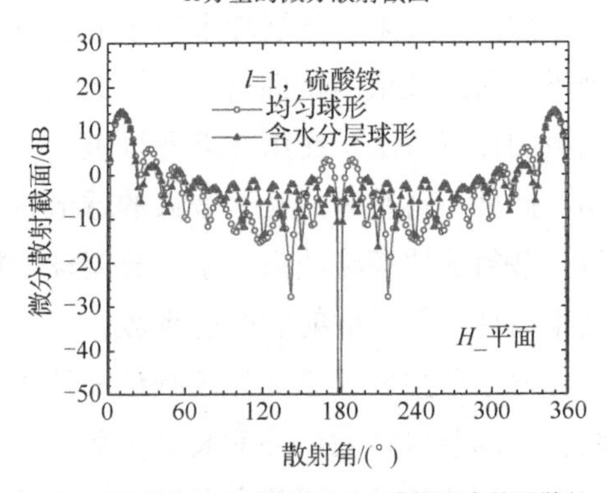

（d）拓扑荷数 l=1的在轴拉盖尔-高斯波束粒子散射 H分量的微分散射截面

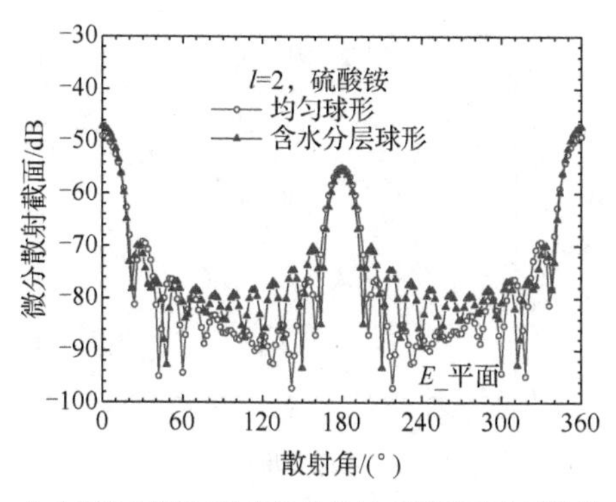

（e）拓扑荷数l=2的在轴拉盖尔-高斯波束粒子散射E分量的微分散射截面

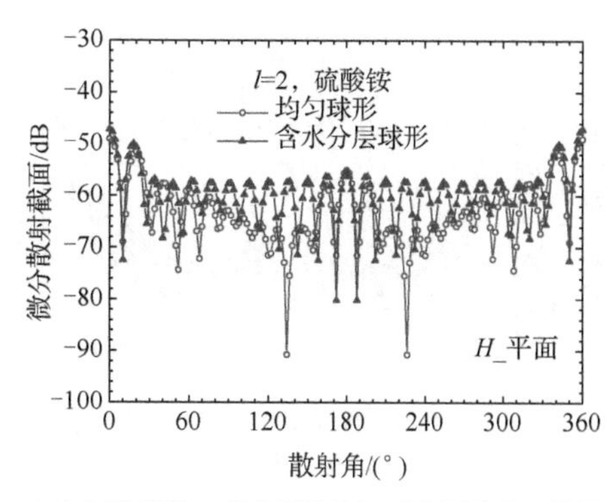

（f）拓扑荷数l=2的在轴拉盖尔-高斯波束粒子散射H分量的微分散射截面

图 5.15　在轴拉盖尔-高斯波束与硫酸铵均匀球形和含水分层球形粒子散射的微分散射截面随散射角变化曲线

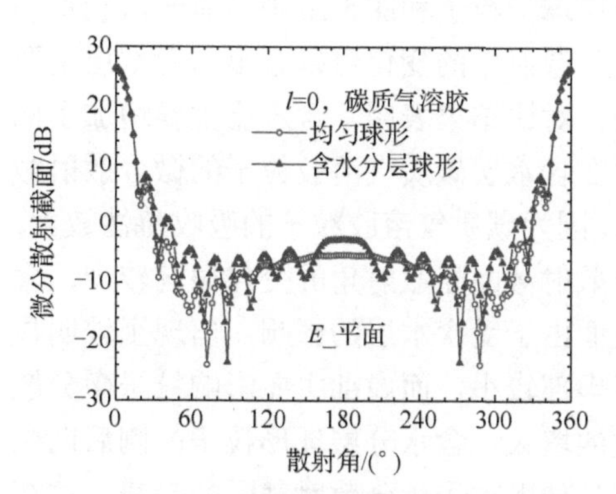

（a）拓扑荷数l=0的在轴拉盖尔-高斯波束粒子散射E分量的微分散射截面

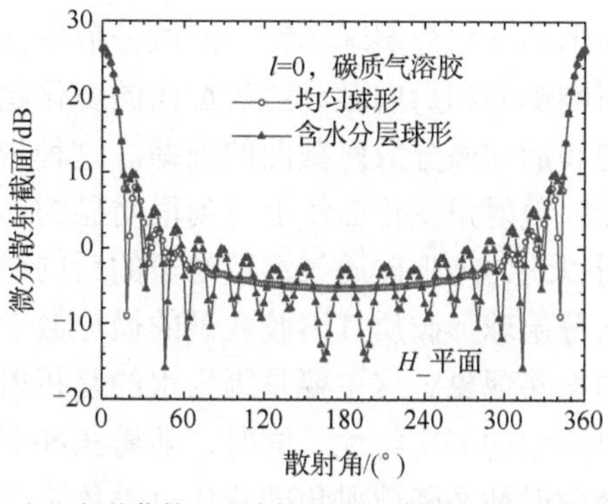

（b）拓扑荷数l=0的在轴拉盖尔-高斯波束粒子散射H分量的微分散射截面

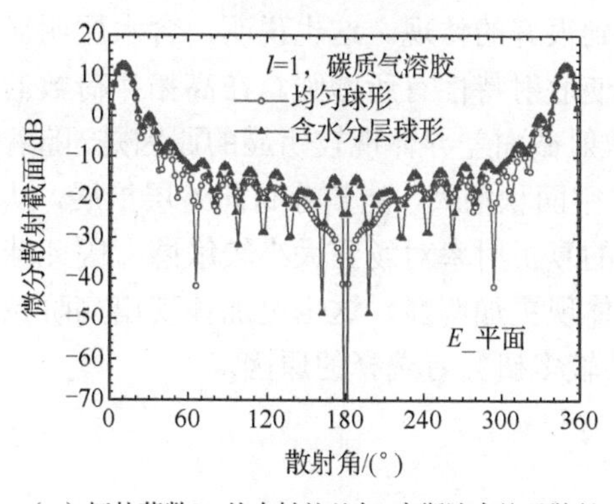

（c）拓扑荷数l=1的在轴拉盖尔-高斯波束粒子散射E分量的微分散射截面

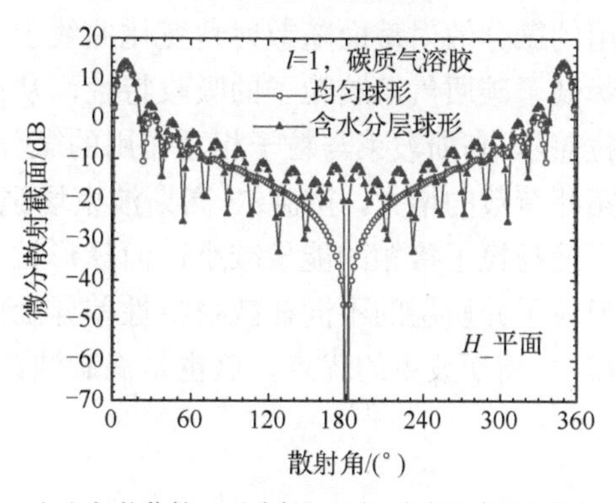

（d）拓扑荷数l=1的在轴拉盖尔-高斯波束粒子散射H分量的微分散射截面

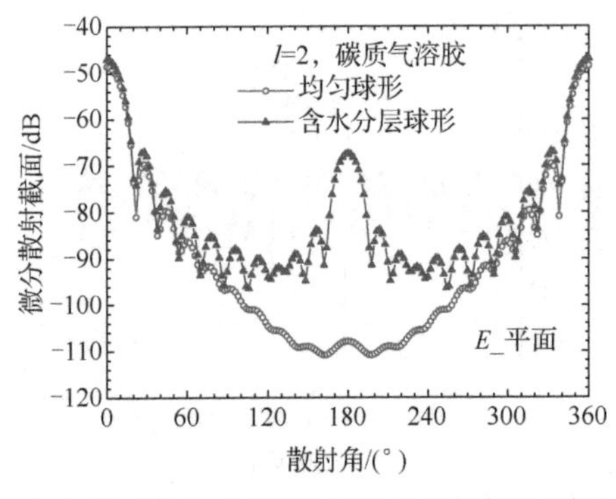

(e) 拓扑荷数l=2的在轴拉盖尔-高斯波束粒子散射E分量的微分散射截面

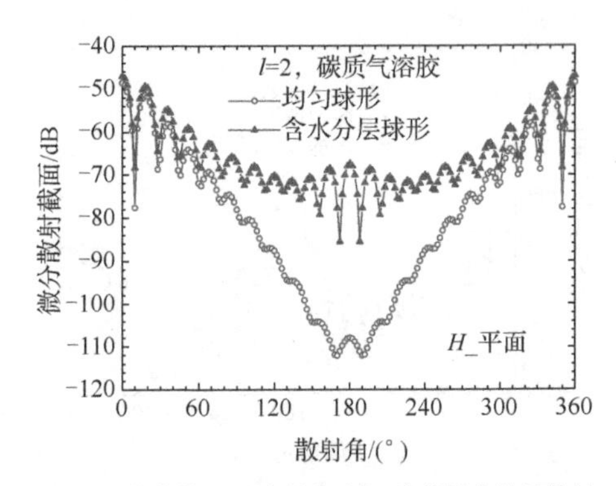

(f) 拓扑荷数l=2的在轴拉盖尔-高斯波束粒子散射H分量的微分散射截面

图 5.16　在轴拉盖尔-高斯波束与碳质气溶胶均匀球形和含水分层球形粒子散射的微分散射截面随散射角变化曲线

从图5.15中硫酸铵均匀球形和含水分层球形粒子和图5.16中碳质气溶胶均匀球形和含水分层球形粒子的微分散射截面随散射角的变化可以看出，含水层主要影响侧向和后向微分散射截面的变化趋势。对比结果表明，含水层主要增加了侧向和后向微分散射截面的振荡，这种规律在含水层碳质气溶胶粒子的微分散射截面随散射角变化曲线上得到很明显的体现。因为碳质气溶胶粒子的吸收特性较大，所以均匀球形碳质气溶胶粒子的后向微分散射截面随散射角的变化振荡较少，含水分层球形碳质气溶胶粒子的微分散射截面由于受含水层的影响，出现了较明显的振荡现象。这主要是因为水的复折射率虚部较小，而虚部主要影响粒子微分散射截面的振荡特性。同时，随着拓扑荷数的增大，含水分层球形粒子的侧后向微分散射截面随散射角的变化有整体大于均匀球形粒子微分散射截面的趋势，这在拓扑荷数$l=2$的拉盖尔-高斯波束与均匀球形、含水分层球形碳质气溶胶粒子作用的微分散射截面随散射角变化曲线上得到很好的体现。这也说明，含水层明显降低了碳质气溶胶粒子的吸收特性，从而使散射特性有所增强。在高拓扑荷数的拉盖尔-高斯波束与粒子相互作用的微分散射截面差异体现较明显的原因是，随着拓扑荷数的增大，拉盖尔-高斯波束场强中空面积增大，能量分布向外层扩展，从而使与粒子接触的能量减小，而球形粒子的复折射率对场强大小较敏感，因此球形粒子介质层的不同在散射特性差异上的体现更加明显，这也更加体现出高阶拉盖尔-高斯波束的优点，这也是涡旋波束被较多研究者选择的原因。

参 考 文 献

[1] 韩永，王体健，饶瑞中，等. 大气气溶胶物理光学特性研究进展[J]. 物理学报, 2008, 57 (11) : 7396-7407.

[2] 吴兑. 华南气溶胶研究的回顾与展望[J]. 热带气象学报, 2003, 19 (Z1) : 145-151.

[3] 徐强，王旭，王东琴，等. 灰霾中主要污染物粒子散射特性研究[J]. 大气与环境光学学报, 2017, 12 (2) : 100-108.

[4] 谭吉华. 广州灰霾期间气溶胶物化特性及其对能见度影响的初步研究[D]. 广州：中国科学院研究生院（广州地球化学研究所）, 2007.

[5] 徐强，王东琴，王旭，等. 大气高浓度气溶胶光学散射传输特性研究进展[J]. 大气与环境光学学报，2015, 10 (6) : 1-8.

[6] 刘侠，吴国华，曹丁象，等. 矢量多高斯-谢尔模型光束在大气湍流中上行链路中的传输特性[J]. 激光与光电子学进展, 2015, 52 (2) : 97-102.

[7] HULST H C. Light Scattering by Small Particle[M]. New York: Dover Publications, 1981.

[8] KERKER M. The Scattering of Light and Other Electromagnetic Radiation[M]. New York: Academic Press, 1969.

[9] BOHREN C F, HUFFMAN D R. Absorption and Scattering of Light by Small Particles[M]. New York: Wiley, 1983.

[10] CAO Z, ZHAI C. Polarization characteristics and transverse spin of Mie scattering[J]. Optical Express,2024,32(2): 1478-1488.

[11] ASANO S, YAMAMOTO G. Light scattering by a spheroidal particle[J]. Applied Optics, 1975, 14(1):29-49.

[12] WATERMAN P C. Matrix formulation of electromagnetic scattering[J]. IEEE-PIEE, 1965,53(8): 805-812.

[13] AYDIN K, DAISLEY S E. Relationships between rainfall rate and 35-GHz attenuation and differential attenuation: Modeling the effects of raindrop size distribution, canting, and oscillation[J]. IEEE Transactions on Geoscience and Remote Sensing,2002,40(11):2343-2352.

[14] MISHCHENKO M I. Extinction of light by randomly-oriented non-spherical grains[J]. Astrophys Space, 1990, 164(2): 1-13.

[15] MISHCHENKO M I,LACIS A A. Morphology-dependent resonances of nearly spherical particles in random orientation[J]. Applied Optics, 2003, 42(27): 5551-5556.

[16] APPLEYARD P G, DAVIES N. Calculation and measurement of infrared mass extinction coefficients of selected ionic and partially ionic insulators and semiconductors: A guide for infrared obscuration applications[J]. Optical Engineering, 2004, 43(2): 376-386.

[17] MISHCHENKO M I, TRAVIS L D, MACKOWSKI D W. T-matrix computations of light scattering by nonspherical particles: A review[J]. Journal of Quantitative Spectroscopy and Radiative Transfer, 1996, 55(5): 535-575.

[18] BRUNING J H, LO Y. Multiple scattering of EM waves by spheres part I-multipole expansion and ray-optical solution[J]. IEEE Transaction Antennas Propagation, 1971,19(3):378-390.

[19] XU Y L. Electromagnetic scattering by an aggregate of spheres[J]. Applied Optics, 1995, 34(21):4573-4588.

[20] WU Z S, WANG Y P. Electromagnetic scattering for multilayered sphere: Recursive algorithms[J]. Radio Science, 1991, 26(6):1393-1401.

[21] GOUESBET G, MAHEU B, GREHAN G. Light scattering from a sphere arbitrarily located in a Gaussian beam, using a Bromwich formulation[J]. Journal of the Optical Society of America A, 1988, 5(9): 1427-1443.

[22] GOUESBET G, GREHAN G, MAHEU B. Computations of the coefficients in the generalized Lorenz-Mie theory using three different methods[J]. Applied Optics, 1988, 27(23): 4874-4883.

[23] XU Q, CAO Y H, ZHANG Y Y, et al. The multiple scattering of laser beam propagation in advection fog and radiation fog[J]. International Journal of Optics, 2023, 2023(1): 9715482.

[24] CHEN R, ZHANG Y Y, XU Q, et al. Multiple scattering of Bessel beams propagating in advection fog and radiation fog[J]. Frontiers in Physics, 2024, 12(1): 1356528.

[25] QU T, LI H Y, WU Z S, et al. Scattering of aerosol by a high-order Bessel vortex beam for multimedia information transmission in atmosphere[J]. Multimedia Tools and Applications, 2020, 79(45): 34159-34171.

[26] QU T, WU Z S, SHANG Q C, et al. Scattering and propagation of a Laguerre-Gaussian vortex beam by uniaxial anisotropic bispheres[J]. Journal of Quantitative Spectroscopy and Radiative Transfer, 2018, 209: 1-9.

[27] HUI Y F, CUI Z W, HAN Y P. Implementation of typical structured light beams in discrete dipole approximation for scattering problems[J]. Journal of the Optical Society of America A: Optics and Image Science, and Vision, 2022, 39(9): 1739-1748.

[28] WANG J, CUI Z W, SHI Y Y, et al. Vortical differential scattering of twisted light by dielectric chiral particles[J]. Phtonics, 2023, 10(3): 237.

[29] WU F P, WANG J J, CUI Z C, et al. Polarization-sensitive photonic jet of a dielectric sphere excited by a zero-order Bessel beam[J]. Journal of Quantitative Spectroscopy and Radiative Transfer, 2022, 280(4): 108093.

[30] DUAN Q W, WANG J J, LI Q W, et al. Scattering of Gaussian beam by a large nonspherical particle based on vectorial complex ray model[J]. Journal of Quantitative Spectroscopy and Radiative Transfer, 2024, 313(1): 108848.

[31] 李顺，李正军，屈檀，等. 双零阶贝塞尔波束的传播及对单轴各向异性球的散射特性[J]. 物理学报，2022, 71 (81) : 180301.

[32] LI Z J, YANG X J, QU T, et al. Light scattering of a uniform uniaxial anisotropic sphere by an on-axis high-order Bessel vortex beam[J]. Journal of the Optical Society of America A: Optics and Image Science, and Vision, 2023, 40(3):510-520.

[33] 王旭. 大气气溶胶粒子对平面波/波束的散射特性[D]. 西安: 西安电子科技大学, 2017.

[34] 葛觐铭. 西北沙尘气溶胶光学特性反演与沙尘暴的卫星监测[D]. 兰州: 兰州大学, 2010.

[35] 冯倩，邹斌，赵崴. 可见光波段非球形沙尘气溶胶散射和辐射特性的理论模拟[J]. 大气与环境光学学报，2015, 10 (1) : 1-10.

[36] PURCELL E M, PENNYPACKER C R. Scattering and absorption of light by nonspherical dielectric grains[J]. Astrophysical Journal, 1973, 186(12): 705-714.

[37] DRAINE B T, FLATAU P J. Discrete-dipole approximation for periodic targets: Theory and tests[J]. Journal of the Optical Society of America A, 2008, 25(11): 2693-2703.

[38] 黄朝军，吴振森，刘亚锋. 大气气溶胶粒子散射相函数的数值计算[J]. 红外与激光工程, 2012, 41 (3) : 580-585.

[39] 毛节泰，张军华，王美华. 中国大气气溶胶研究综述[J]. 气象学报, 2002, 60 (5) : 625-634.

[40] 饶瑞中. 现代大气光学[M]. 北京：科学出版社, 2012.

[41] DEIRMENDJIAN D. Electromagnetic Scattering on Spherical Polydispersions[M]. New York: American Elsevier Publishing Company, 1969.

[42] JUNGE C. The size distribution and aging of natural aerosols as determined from electrical and optical data in the atmosphere[J]. Journal of Applied Meteorology and Climatology, 1955, 12: 13-25.

[43] 汤双庆. 非球形混合气溶胶紫外和可见光的传输与散射特性[D]. 西安：西安电子科技大学, 2010.

[44] CHU T S, HOGG D C. Effects of precipitation on propagation at 0.63, 3.5, and 10.6 microns[J]. Bell System Technical Journal, 2014, 47(5): 723-759.

[45] MARSHALL J S, PALMER W M. The distribution of raindrops with size[J]. Journal of the Atmospheric Sciences, 1948,5 (4): 165-166.

[46] TAMPIERI F, TOMASI C. Size distribution models of fog and cloud droplets in terms of the modified gamma function[J]. Tellus, 1976, 28(4): 333-347.

[47] PODZIMEK J. Droplet concentration and size distribution in haze and fog[J]. Studia Geophysica et Geodaetica, 1997, 41: 277-296.

[48] 刘帅. 低能见度雾霾下高斯脉冲波束的传输特性研究[D]. 西安：西安电子科技大学, 2022.

[49] 黄红莲，黄印博，饶瑞中. 内混合强吸收气溶胶粒子光散射的等效性[J]. 强激光与粒子束，2007, 19 (7) : 1066-1070.

[50] THOMAS T P, TOON O B. Absorption of visible radiation in atmosphere containing mixtures of absorbing and nonabsorbing particles[J]. Applied Optics,1981, 20(20):3661-3668.

[51] MALLET M, ROGER J C, DESPIAU S, et al. A study of the mixing state of black carbon in urban zone[J]. Journal of Geophysical Research, 2004,109(D4): D04202.

[52] 胡波, 张武, 张镭, 等. 兰州市西固区冬季大气气溶胶粒子的散射特征[J]. 高原气象, 2003, 22 (4) : 354-360.

[53] 付培健, 王世红, 陈长和, 等. 探讨气候变化的新热点: 大气气溶胶的气候效应[J]. 地球科学进展, 1998, 13 (4) : 70-75.

[54] 李丽芳. 大气气溶胶粒子散射对激光大气传输影响的研究[D]. 太原: 中北大学, 2013.

[55] 李学彬, 胡顺星, 徐青山, 等. 大气气溶胶消光特性和折射率的测量[J]. 强激光与粒子束, 2007, 19 (2) : 207-210.

[56] 李学彬, 宫纯文, 黄印博, 等. 大气气溶胶粒子折射率虚部反演方法研究[J]. 光子学报, 2009, 38 (2) : 401-404.

[57] 李学彬, 韩永, 徐青山, 等. 两种粒子计数器相结合测量大气气溶胶粒子折射率虚部[J]. 过程工程学报, 2006, 6 (S2) : 1-4.

[58] 李学彬, 蒋兴浩, 徐青山, 等. 测量气溶胶单粒子折射率方法研究[J]. 光学技术, 2007, 33 (5) : 645-647.

[59] 李万彪. 大气物理——热力学与辐射基础[M]. 北京: 北京大学出版社, 2010.

[60] 盛裴轩. 大气物理学[M]. 北京: 北京大学出版社, 2013.

[61] MISHCHENKO M I, TRAVIS L D, LACIS A A. 微粒的光散射、吸收和发射[M]. 王江安, 吴荣华, 马治国, 等, 译. 北京: 国防工业出版社, 2013.

[62] 邵士勇, 黄印博, 魏合理, 等. 单分散长椭球形气溶胶粒子的散射相函数研究[J]. 光学学报, 2009, 29 (1) : 108-113.

[63] 徐强, 潘丰, 白进强, 等. 离散偶极子法研究雾霾随机团簇粒子的光散射特性[J]. 大气与环境光学学报, 2018, 13 (5) : 370-377.

[64] COLLNGE M, DRAINE B. Discrete-dipole approximation with polarizabilities that account for both finite wavelength and target geometry[J]. Journal of the Optical Society of America A, 2004, 21 (10): 2023-2028.

[65] DRAINE B T, FLATAU P J. Discrete dipole approximation for scattering calculations[J]. Journal of the Optical Society of America A, 1994, 11(4): 1491-1499.

[66] PENA O, PAL U. Scattering of electromagnetic radiation by a multilayered sphere[J]. Computer Physics Communications, 2009, 180(11):2348-2354.

[67] 李金刚. 雾霾粒子散射特性研究[D]. 西安: 西安电子科技大学, 2020.

[68] 王东琴. 灰霾等高浓度气溶胶中主要污染物粒子散射特性的研究[D]. 西安: 西安电子科技大学, 2015.

[69] EDEN M. A two-dimensional growth process[J]. Berkeley Symposium on Mathematical :Statistics and Probability, 1961, 4(4): 223-239.

[70] RÁCZ Z, PLISCHKE M. Active zone of growing clusters: Diffusion-limited aggregation and the Eden model in two and three dimensions[J]. Physical Review A, 1985,31(2):985-994.

[71] WITTEN T A, SANDER L M. Diffusion-limited aggregation, a kinetic critical phenomenon[J]. Physical Review Letters, 1981, 47(19): 1400-1415.

[72] WITTEN T A, SANDER L M. Diffusion-limited aggregation[J]. Physical Review B Condensed Matter, 1983, 27(9):5686-5697.

[73] 王广厚. 遗传算法研究原子团簇[J]. 物理学进展, 2000, 20 (3) : 53-77.

[74] KESSLER D A. Transparent diffusion-limited aggregation in one dimension[J]. Philosophical Magazine Part B, 1998, 77(5): 1313-1321.

[75] 李敬生, 王成刚, 边选霞. 金属超细微颗粒簇团形貌特征的模拟研究[J]. 有色金属, 1998, 50 (1) : 80-83.

[76] TURKEVICH L A, SCHER H. Occupancy-probability scaling in diffusion-limited aggregation[J]. Physical Review Letters, 1985, 55(9): 1026-1029.

[77] PAUL M. Formation of fractal clusters and networks by irreversible diffusion-limited aggregation[J]. Physical Review Letters, 1983, 51(13): 1119-1122.

[78] 黄朝军. 烟尘和雾霾气溶胶凝聚粒子光散射及传输特性研究[D]. 西安: 西安电子科技大学, 2018.

[79] 类成新, 张化福, 刘汉法. 随机分布烟尘簇团粒子缪勒矩阵的数值计算[J]. 物理学报, 2009, 58 (10) : 7168-7175.

[80] GOODARZ-NIA I, SUTHERLAND D N. Floc simulation: Effects of particle size and shape[J]. Chemical Engineering Science, 1975, 30(4):407-412.

[81] TSINOPOULOS S, VSELLOUNTOS E J, POLYZOS D. Light scattering by aggregated red blood cells[J]. Applied Optics, 2002,41(7):1408-1417.

[82] 李正军. 各向异性粒子系对平面波/高斯波束的散射[D]. 西安: 西安电子科技大学, 2012.

[83] CRUZAN O R. Translational addition theorems for spherical vector wave functions[J]. Quarterly of Applied Mathematics, 1962, 20(3): 33-40.

[84] XU Y L. Electromagnetic scattering by an aggregate of spheres: Far field[J]. Applied Optics, 1997, 36(36): 9496-9508.

[85] GENG Y L. Analytical solution of electromagnetic scattering by a general gyrotropic sphere[J]. IET Microwaves Antennas & Propagation, 2012, 6(11): 1244-1250.

[86] 孙玉稳, 孙霞, 银燕, 等. 华北平原中西部地区秋季 (10 月) 气溶胶观测研究[J]. 高原气象, 2013, 32 (5) : 1308-1320.

[87] 王珉, 胡敏. 青岛沿海地区大气气溶胶浓度与主要无机化学组成[J]. 环境科学, 2001, 22 (1) : 6-9.

[88] 胡向峰, 秦彦硕, 段英, 等. 基于航测数据的河北中南部雾霾天气气溶胶及云凝结核研究[J]. 干旱气象, 2016, 34 (3) : 481-493.

[89] 雷丽芝. 雾霾天气红外辐射传输特性研究[D]. 西安: 西安电子科技大学, 2015.

[90] 王奎. 基于辐射传输模型的北京地区夜间霾监测方法研究[D]. 重庆: 重庆交通大学, 2017.

[91] 秦艳, 章阮, 籍裴希, 等. 华北地区霾期间对流层中低层气溶胶垂直分布[J]. 环境科学学报, 2013, 33 (6) : 1665-1671.

[92] 孙玉稳, 赵利品, 孙霞, 等. 石家庄地区大气气溶胶粒子谱拟合及分析[J]. 中国粉体技术, 2011, 17 (1) : 35-38.

[93] 宋正方. 应用大气光学基础[M]. 北京: 气象出版社, 1990.

[94] GOUESBET G, GREHAN G, MAHEU B, et al. Generalized Lorenz-Mie Theory[M]. Berlin: Springer-Verlag, 1998.

[95] DOICU A, WRIEDT T. Computation of the beam-shape coefficients in the generalized Lorenz-Mie theory by using the translational addition theorem for spherical vector wave functions[J]. Applied Optics, 1997, 36: 2971-2978.

[96] 颜兵. 非同心球对高斯波束散射的研究[D]. 西安: 西安电子科技大学, 2009.

[97] REN K F, GOUESBET G, GREHAN G. Integral localized approximation in generalized Lorenz-Mie theory[J]. Applied Optics, 1998, 37(19):4218-4225.

[98] 郑子健. 涡旋光束在大气气溶胶信道中粒子的散射特性研究[D]. 北京: 北京邮电大学, 2020.

[99] DURNIN J, MICELI J J, EBERLY J. Diffracting-free beams[J]. Physics Review Letter, 1987, 58:1499-1501.

[100] MITRI F G. Electromagnetic wave scattering of a high-order Bessel vortex beam by a dielectric sphere[J]. IEEE Transcation on Antennas and Propagation, 2011, 59(11):4375-4379.

[101] MITRI F G. Arbitrary scattering of an electromagnetic zero-order Bessel beam by a dielectric sphere[J]. Optical Letter. 2011, 36(5):766-768.

[102] MITRI F G. Three-dimensional vectorial analysis of an electromagnetic non-diffracting high-order Bessel trigonometric beam[J]. Wave Motion, 2012,49(5):561-568.

[103] CUI Z W, HAN Y, CHEN A. Electromagnetic scattering of a high-order Bessel trigonometric beam by typical particles[J]. Chinese Physics Letter, 2015,32(9):094205.

[104] PRESTON T, REID J. Angular scattering of light by a homogeneous spherical particle in a zeroth-order Bessel beam and its relationship to plane wave scattering[J]. Journal of the Optical Society of America A: Optics, Image Science, and Vision, 2015, 32(6): 1053-1062.

[105] CHEN Z Y, HAN Y, CUI Z W. Scattering analysis of Bessel beam by a multilayered sphere[J]. Optics Communications, 2015,340(3):5-10.

[106] QU T, WU Z S, SHANG Q C, et al. Electromagnetic scattering by a uniaxial anisotropic sphere located in an off-axis Bessel beam[J]. Journal of the Optical Society of America A: Optics, Image Science, and Vision, 2013, 30(8): 1661-1669.

[107] 韩璐. 椭球粒子与激光有形波束的相互作用研究[D]. 西安: 西安电子科技大学, 2014.

[108] 徐强, 李金刚, 王旭, 等. 高阶矢量贝塞尔涡旋波束的单球形气溶胶粒子散射特性研究[J]. 激光与光电子学进展, 2019, 56 (14) : 256-263.

[109] 徐强, 潘丰, 黄莉, 等. 角谱法分析拉盖尔高斯光束矢量远场特性[J]. 中国激光. 2017, 44 (8) : 0805001.

[110] 丁攀峰, 蒲继雄. 拉盖尔高斯涡旋光束的传输[J]. 物理学报, 2011, 60 (9) : 338-342.

[111] QU T, WU Z S, SHANG Q C, et al. Analysis of the radiation force of a laguerre Gaussian vortex beam exerted on a uniaxial anisotropic sphere[J]. Journal of Quantitative Spectroscopy & Radiative Transfer, 2015,162(9):103-113.

[112] 王娟, 任洪亮. 拉盖尔-高斯光束捕获双层球的捕获力计算[J]. 中国激光, 2015, 42 (6) : 232-238.

[113] 赵继芝, 江月松, 欧军, 等. 球形粒子在聚焦拉盖尔-高斯光束中的散射特性研究[J]. 物理学报, 2012, 61 (6) : 210-216.

[114] 徐强, 李金刚, 王旭, 等. 拉盖尔高斯光束矢量远场单球粒子的散射特性[J]. 中国激光, 2018, 45 (6) : 140-146.

缩略语对照表

缩略语	英文全称	中文全称
CCA	cluster-cluster aggregation	簇团聚合
DDA	discrete dipole approximation	离散偶极子近似
DLA	diffusion limited aggregation	扩展限制凝聚
DSCS	differential scattering cross section	微分散射截面
EBCM	extended boundary condition method	扩展边界条件法
FDTD	finite difference time domain	时域有限差分
GLMT	generalized Lorenz-Mie theory	广义洛伦茨-米氏理论
GMMT	generalized multi-particles Mie theory	广义多球米氏理论
GOA	geometrical optics approximation	几何光学近似
SIEM	surface integral equation method	表面积分方程法
TSP	total suspended particulate	总悬浮颗粒物